实用模具设计与制造丛书

先进注射模具设计与 Moldex3D 模流分析

主　编　翟豪瑞　熊　新

副主编　张玉秋　郑竹安　石小龙

参　编　王永庆　胡卫卫　胡振宇　葛海龙　陶　康

　　　　李楚晴　范刘策　项伟能　尹　浩

机 械 工 业 出 版 社

Moldex3D 作为一款专业的模流分析软件,对先进注射模具设计能起到很好的指导性作用。本书详细介绍了先进注射模具设计的相关内容,包含塑料注射成型工艺简介、塑料的加工特性、塑料产品的工艺性设计、先进注射模具基本结构与注射机、先进注射模具浇注系统与冷却系统及其他重要系统设计,阐述了 Moldex3D 模流分析的必备知识,包含 CAE 模流分析及 Moldex3D 简介、Moldex3D 前处理网格划分步骤、Moldex3D 分析运算及后处理结果、汽车塑件模流分析及模具设计、Moldex3D 模流分析技术指引及附录等内容。

本书可作为注射模具设计与 Moldex3D 模流分析的入门及提高教材,也适合从事塑料注射成型加工、注射模具设计、注射产品结构件设计的工程技术人员参考,还可供高等院校相关专业师生参考。

图书在版编目(CIP)数据

先进注射模具设计与 Moldex3D 模流分析/翟豪瑞,熊新主编. —北京:机械工业出版社,2023.9

(实用模具设计与制造丛书)

ISBN 978-7-111-73823-7

Ⅰ.①先… Ⅱ.①翟… ②熊… Ⅲ.①注塑-塑料模具-计算机辅助设计-应用软件-教材 Ⅳ.①TQ320.66-39

中国国家版本馆 CIP 数据核字(2023)第 168892 号

机械工业出版社(北京市百万庄大街 22 号   邮政编码 100037)
策划编辑:孔 劲   责任编辑:孔 劲 章承林
责任校对:张爱妮 张 薇   封面设计:马精明
责任印制:任维东
河北鑫兆源印刷有限公司印刷
2024 年 1 月第 1 版第 1 次印刷
184mm×260mm · 23 印张 · 552 千字
标准书号:ISBN 978-7-111-73823-7
定价:89.00 元

电话服务   网络服务
客服电话:010-88361066   机 工 官 网:www.cmpbook.com
        010-88379833   机 工 官 博:weibo.com/cmp1952
        010-68326294   金 书 网:www.golden-book.com
封底无防伪标均为盗版   机工教育服务网:www.cmpedu.com

前　言

　　模具是制造业重要的基础工艺装备，被誉为"工业之母"，工业产品的大批量生产和新产品的开发都离不开模具，模具被公认为"现代工业发展的基石"。近几年汽车行业得到了迅猛发展，尤其自主品牌汽车的高质量发展，离不开汽车模具行业的发展与支持。据统计，在一款汽车的制造过程中，需要约 500 副注射模具，其中包括汽车门板内饰件、杂物箱、前后保险杠、车灯外壳、主副仪表板、中央通道等大型注射模具，以及风箱、散热器各类接插件等精密注射模具。注射模具在汽车模具中所占的比重不言而喻。随着国产汽车发展的日新月异、突飞猛进，车型更新换代的速度越来越快，消费者对汽车的质量要求越来越高，从而对模具开发与设计的要求也越来越高。现代工业产品的发展和生产率的提高，在很大程度上取决于模具的发展和技术经济水平。目前，模具技术已经成为衡量一个国家、一个地区、一家企业制造水平的重要标志之一。为满足汽车工业对汽车模具设计人才需求的日益增加，以及应用型本科院校车辆工程、汽车服务工程、机械设计制造及其自动化、材料成型与控制工程等专业和高等专科职业类技术学院的机电一体化、模具设计与制造、汽车制造与装配技术等专业课程建设的需求，特组织编写了本书。

　　本书由盐城工学院汽车工程学院的翟豪瑞、熊新担任主编，上海联宏科技张玉秋、盐城工学院郑竹安和石小龙担任副主编。本书涵盖了塑件注射工艺及先进注射模具设计基础知识、模流分析软件 Moldex3D 一般分析流程、汽车塑件模流分析及模具设计等丰富内容。其中，第 4、5、6、7、10 章由翟豪瑞、熊新编写，第 1、2、3、11 章由张玉秋、郑竹安、石小龙和王永庆编写，第 8、9 章由盐城工业职业技术学院胡卫卫和江西交通职业技术学院胡振宇编写，附录由江苏盐城摩比斯汽车零部件有限公司葛海龙和陶康编写，盐城工学院研究生李楚晴、范刘策和本科生项伟能、尹浩等参与了书中部分图形的绘制工作。感谢厦门理工学院葛晓宏教授和大连理工大学常颖教授/博导，他们在对本书审稿后提出了宝贵意见。

　　本书广泛汲取了国内外专家学者的研究成果，在本书的参考文献中未能逐一注明，在此对相关人员谨表谢意。最后感谢盐城工学院教材出版基金对本书出版的支持，感谢科盛科技股份有限公司在 Moldex3D 软件、模流分析基础知识及部分案例上对本书的支持，感谢珠海祥力模流分析科技有限公司王永庆工程师为本书提供的部分案例，感谢东莞理工学院机械工程学院肖毅老师对本书编写的支持。

　　由于编者水平有限，书中难免存在错误和不当之处，敬请读者批评指正。

编　者

目　录

第1章 塑料注射成型工艺简介

本章首先简介模具和塑料注射成型工艺在工业生产中的地位，其次重点介绍注射成型工艺原理和工艺参数、注射成型制造缺陷，最后概述塑料零件常用材料及其特性。

1.1 模具和塑料注射成型工艺在工业生产中的地位

1.1.1 模具在工业生产中的地位

模具是工业产品生产所需的重要工艺装备，现代工业生产离不开模具，模具工业已成为工业发展的基础，许多新产品的开发和研制在很大程度上都依赖于模具生产，特别是在汽车、摩托车、轻工、电子、航空、航天等行业尤为突出。单就汽车产业而言，一个型号的汽车所需模具达几千副，价值上亿元，而当汽车更换车型时约有80%的模具需要更换。另外，电子和通信产品对模具的需求也非常大，在发达国家往往占到模具市场总量的20%之多。电子、汽车、电机、电器、仪器、仪表、通信和军工等产品中，60%~80%的零部件都要依靠模具成型。用模具成型的制件所表现出来的高精度、高复杂性、高一致性、高生产率和低消耗，是其他加工制造方法无法比拟的。模具在很大程度上决定着产品的质量、效益和开发能力，因此模具工业已经成为国民经济的重要基础工业。模具工业发展的关键是模具技术的进步。模具作为一种高附加值和技术密集型产品，其技术水平的高低已成为衡量一个国家制造水平的重要标志之一。世界上许多国家，特别是一些工业发达国家都十分重视模具技术的开发，大力发展模具工业，积极采用先进技术和设备提高模具制造水平，并且已经取得了显著的经济效益。

如今，世界模具工业的发展已经超过了新兴的电子工业。可以预言，随着工业生产的不断发展，模具工业在国民经济中的地位将日益提高，并在国民经济发展过程中发挥越来越重要的作用。

1.1.2 塑料注射成型工艺在生产中的地位

现代塑料注射成型生产中，塑料制件的质量与塑料成型模具、塑料成型设备和塑料成型工艺密切相关。其中，塑料成型模具质量最为关键，其功能是双重的。即，赋予塑料熔体以期望的形状、性能、质量、冷却并推出成型的制件。模具是决定最终产品性能、规格、形状及尺寸精度的载体。塑料成型模具是使塑料成型生产过程顺利进行、保证塑料成型制件质量不可缺少的工艺装备，是体现塑料成型设备高效率、高性能和合理先进塑料成型工艺的具体实施者，也是新产品开发的决定性环节。由此可见，为了周而复始地获得符合技术经济要求及质量稳定的塑料制件，塑料成型模具的质量是关键，它最能反映整个塑料成型生产过程的技术含量及经济效益。

随着我国经济与国际接轨以及国家经济建设持续稳定发展，塑料制件的应用快速上升，模具设计与制造和塑料成型的各类企业日益增多，塑料成型工业在基础工业中的地位日益重要并对国民经济的影响越发明显。塑料作为三大合成高分子材料之一，是20世纪以来发展最迅速的材料，塑料因其具有较高的比强度、优异的耐蚀性和绝缘性等使用性能，以及良好的加工性能和低廉的价格，已被广泛应用于航空航天、汽车工业、半导体、计算机、家电、通信、光电、日常用品、医疗器件等及其他众多领域。塑料注射产品应用领域如图 1-1 所示。

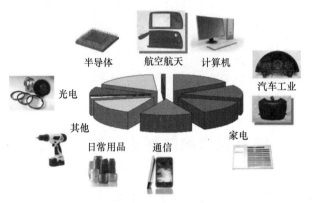

图 1-1　塑料注射产品应用领域

1.2　注射成型工艺原理和工艺参数

普通注射成型是塑料成型的一种重要方法，几乎适用于所有的热塑性塑料和某些热固性塑料。注射成型的成型周期短（几秒到几分），成型制品质量可由几克到几十千克，能一次成型外形复杂、尺寸精确、带有金属或非金属嵌件的塑料产品。因此，该方法适应性强，生产率高，也可以称为注射 3D 打印技术。

1.2.1　注射成型工艺原理

注射成型是将颗粒状或粉状塑料从注射成型机台的进料单元送进加热的料筒中，经过加热熔融塑化成为黏流态熔体，在注射机螺杆或柱塞的高压推动下，以很高的流速通过喷嘴，注入模具型腔，经一定时间的保压、冷却定型后可保持模具型腔所赋予的形状，然后开模分型获得成型塑件。典型的注射成型机台包含进料单元、射出单元、塑化单元、控制单元、模具单元、锁模/顶出单元、结构床体等，如图 1-2 所示。

注射成型通常是一个非稳态的周期性过程。所谓非稳态是指整个注射成型过程是随时间不断变化的，而非一成不变；周期性则指注射成型是一个周而复始的循环过程。一个典型的注射成型过程由以下步骤组成。

（1）塑料的预塑化与熔化　依靠螺杆的机械能及加热块的热能，将进料单元的粉状、粒状或条状固体塑料熔融并赋予高压，完成射出前准备。

（2）熔融塑料的射出　螺杆倒退再前进将塑料熔体推进并射出。此时熔体自进料单元流经喷嘴、注入口、流道、浇口而进入型腔，完成充填过程，如图 1-3a 和图 1-4 所示。

（3）保压过程　在高分子熔体已完全填满型腔状态下，继续施以高压并追加注入更多熔体，以预补偿因冷却而造成的塑料体积收缩，并确保型腔完全填满，如图 1-3b 所示。

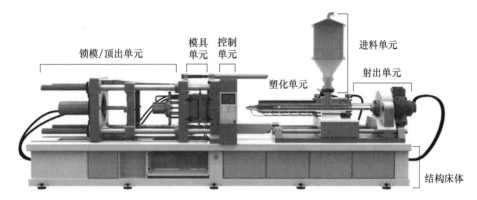

图 1-2　典型的注射成型机台

（4）静置　令模具在定压下静置以减小产品的收缩现象。若为热塑性塑料，常配合冷却以加强结晶及固化；反之，若为橡胶或热固性塑料，则配合加热来加强交联及熟化，如图 1-3b 所示。

（5）顶出固化塑料　打开型腔，将成品、浇注系统及废料顶出，如图 1-3c 所示。

重复步骤（1）~（5），整个注射成型过程可用图 1-3 表示。

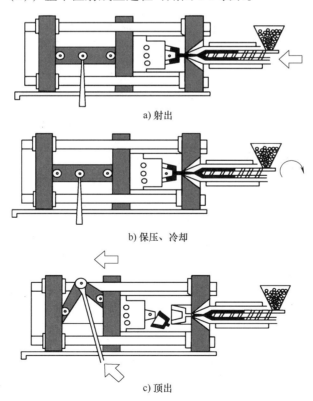

a) 射出

b) 保压、冷却

c) 顶出

图 1-3　整个注射成型过程

由于高分子熔体属于黏弹性流体，也就是说它具有流体的黏性特性和固体的弹性特性相混而成的特殊流变特性，因而在理论分析上十分复杂。为简化起见，一般在工程分析上常常把它当成纯黏性流体来处理。高分子熔体还具有渐退记忆的特性，一方面高分子熔体对加工过程中外界所施加的应力或应变会"记忆"起来并以弹性效应表现出来，另一方面如果加工时间够长，该记忆将因应力松弛而逐渐"消退"掉。整个成型过程中对产品力学性质影响最显著的，应是型腔内充填、保压及冷却等过程，因此模具设计在注射加工的产品质量控制上扮演了举足轻重的角色。

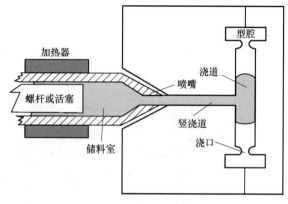

图 1-4　注射成型过程中的充填情形

1.2.2　注射成型工艺参数

正确的注射成型工艺条件可以保证塑料熔体良好塑化，顺利充模、冷却与定型，从而生产出合格的塑件。注射成型工艺参数主要包括温度、压力和时间，各参数的具体作用和选取依据参见表 1-1。

表 1-1　注射成型工艺参数的作用及选取依据

工艺参数		作用或要求	选取依据	备注
温度	料筒温度	塑化物料使其保持熔融流动状态	物料的黏流温度、熔点，以及塑件的具体结构等	对充填或塑件性能指标的影响见图 1-5a
	喷嘴温度	控制物料充填流速	通常略低于料筒最高温度	防止熔料产生流涎或早凝堵塞喷嘴
	模具温度	确保物料顺利充填和冷却，控制生产周期	物料的结晶性，塑件的尺寸与结构、性能要求，生产率等	对充填或塑件性能指标的影响见图 1-5b
压力	塑化压力	影响物料的塑化效果和塑化能力	物料的种类及组成，塑化质量，生产率等	塑化压力高，物料、温度均匀，塑化效果好，效率低
	注射压力	克服熔体流动阻力，使熔料获得足够的充模速度及流动长度	物料种类，塑件具体结构等	对充填或塑件性能指标的影响见图 1-5c
	保压压力	1. 维持浇口压力，防止物料倒流 2. 压实融体，增密物料，补偿收缩	塑件壁厚、密实度、外观要求等	对充填或塑件性能指标的影响见图 1-5d
	锁模力	克服熔料在型腔内产生的胀模力	由型腔压力和塑件在合模轴线垂直面上的投影决定	设备校核主要参数之一
时间		主要包括：注射时间、保压时间、冷却时间、开模时间等。注射成型周期见图 1-6	为了提高效率，可以对所占比例高的时间段进行优化	各时间大致比例见图 1-7

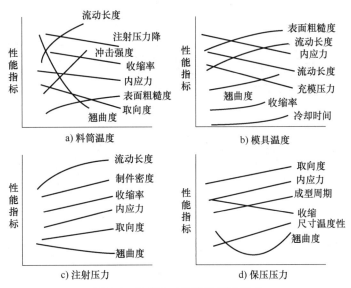

图 1-5　各参数对性能指标的影响

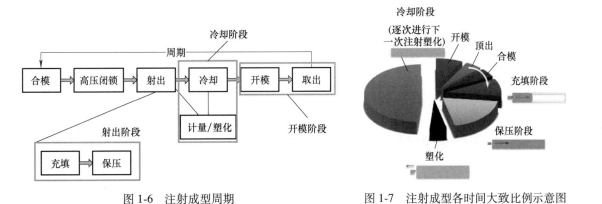

图 1-6　注射成型周期　　　　　　　图 1-7　注射成型各时间大致比例示意图

1.3　注射成型制造缺陷

　　注射成型是一项涉及模具设计制造、原材料特性、预处理方法、成型工艺和操作技术的系统工程。成型制品质量的好坏不但取决于注射机的注射计量精度和模具的设计加工技术，还和加工环境、制品冷却时间、后处理工艺等息息相关。因此，成型制品难免出现各种缺陷。通过分析各种缺陷的形成机理，可以看出塑料的材料特性、模具的结构及其加工精度、注射成型工艺和成型设备的精密程度是导致缺陷产生的主要因素。

　　一般来说，根据聚合物注射成型制品的外观质量，尺寸精度，力学、光学、化学性能等，可以将注射制品的常见缺陷分为三大类。

　　1）外观类：主要包括熔接痕、凹痕、暗斑、分层剥离、喷射、气泡、流痕等。

　　2）工艺类：主要包括充填不足、飞边、异常顶出、流道粘模等。

　　3）性能类：主要包括应力不均匀（残余应力）、脆化、翘曲变形、密度不均匀等。

注射制品常见缺陷如图 1-8 所示。

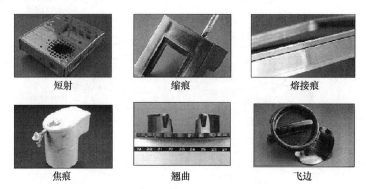

短射	缩痕	熔接痕
焦痕	翘曲	飞边

图 1-8　注射制品常见缺陷

在塑料制品注射成型过程中，制品的缺陷是由多方面原因造成的，下面主要从材料、工艺、模具三方面进行讨论。

1）材料方面：主要包括选材不当、原料中混入挥发气体或其他杂质、材料未进行烘干、颗粒不均匀等。

2）工艺方面：主要包括压力、温度、时间、速度。其中，压力主要是注射压力、保压压力、背压三个方面影响成型质量。温度主要是模具温度、喷嘴温度、料筒温度、背压螺杆转速引起的摩擦生热。时间主要包括保压时间、开/合模时间、材料的塑化时间三方面。速度则主要包括螺杆的转速和注射速度。

3）模具方面：主要包括浇注方式、浇口的位置和大小、排气性、加工精度等。

1.4　塑料零件常用材料及其特性

1.4.1　塑料的分类

塑料产品开发及加工制程的模流分析或实物的验证，材料特性都占有非常重要的角色。由高分子塑料的分子结构及交联情形，可将高分子塑料分为热固性塑料及热塑性塑料两大类，具体分类如图 1-9 所示。

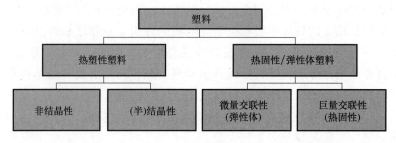

图 1-9　塑料的分类

1. 热固性塑料

塑料在加工过程中受热发生聚合反应，通过交联剂的作用分子链间产生化学交联，形成紧密的网状结构。由于交联分子链的作用使分子结构较为紧密强劲，因此一般而言热固性塑料具有较好的高温性能及抗化学性能。热固性塑料交联情况如图 1-10 所示。由于交联反应本身是不可逆的化学反应，因此热固性塑料在加工后并不会如热塑性塑料般受热软化，若温度过高则发生裂解而不会有软化变形的现象。常见的热固性塑料包括环氧树脂、酚醛树脂、聚酯树脂、聚氨酯等。

2. 热塑性塑料

热塑性塑料的高分子链间并无永久性的化学交联，只有微弱的物理作用力以及由于链间纠缠所造成的暂时性物理交联，此交联会随加工过程而有纠缠及去纠缠的现象，因此热塑性塑料会随加热而有软化变形乃至于流动的现象；随温度下降则有固化变硬的情形，为可逆过程。热塑性塑料交联情况如图 1-11 所示。

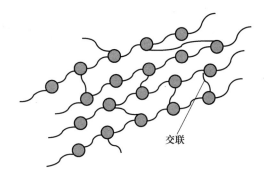

图 1-10 热固性塑料交联情况

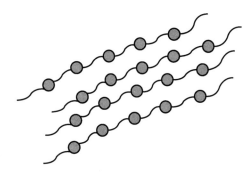

图 1-11 热塑性塑料交联情况

热塑性塑料随其分子链排列情形又可以分为结晶性塑料及非结晶性塑料两大类。

（1）结晶性塑料 塑料高分子链排列整齐，在凝固过程中有晶核到晶球的生成过程，并依照固定样式排列高分子链。一般而言，由于具备晶格结构，因此在发生相变化（如熔解）时，须突破结构的能量障壁，使晶格结构崩溃。因此结晶性塑料具备明显的相转移温度及潜热值。结晶性塑料的特性为不透明、在链排列方向及垂直排列方向具有不均匀的物理性质（各向异性），以及明显而狭窄的相变化区域。

由于高分子链本身微观分布的随机性质，实际上并无百分之百的结晶性塑料存在，在微观上必有凌乱分布的非结晶区域，造成结晶度高低不同。事实上所有结晶性塑料在某种程度上应该称为半结晶性塑料。由于结晶过程中需要将高分子链排入晶格中，因此对于具有较佳绕曲性、官能基小、结构简单的高分子较易形成结晶性塑料。

常见的结晶性塑料包括 PE、PP、POM、PEO、PPO、PA 等。

（2）非结晶性塑料 塑料高分子链凌乱排列纠缠，未形成井然有序的排列结构，在凝固过程中没有晶核及晶粒生长过程，仅是自由的高分子链被"冻结"的现象。就宏观而言，非结晶性塑料没有明显的相转移温度，熔化过程为一区域而非固定熔点。多具透明外观，各方向性质差异不大，物理性质较为均匀。

常见的非结晶性塑料包括 PS、PMMA、PC、PVC 等。在加工过程中由于流动排向及温度梯度的影响，容易产生流动引发结晶的现象，使塑料发生色泽变化及结晶放热的问题。

1.4.2 汽车塑件常用热塑性塑料和热固性塑料的特性

汽车塑件应根据其使用要求、外观要求及工艺要求选择不同的材料和添加剂，使材料的整体性能达到理想的要求。

1. 汽车仪表板常用材料

汽车仪表板（instrument panel，IP）材料的选用需要考虑下列因素。

（1）表面处理的要求　仪表板的中部面板、左右空调出风口饰板经常需要在表面增加桃木纹理，因此需选用结晶性材料，如 ABS、PC/ABS。结晶性材料 PP 也经常采用，但必须经过表面活化处理后才能喷漆，工艺复杂，且喷漆质量较难控制。

（2）表面光泽度要求　仪表板表面光泽度通常要求低于 5，采用 PP 可达到此要求。如果采用 PVC 和 ABS，其表面光泽度甚至可以达到低于 3 的要求。

（3）结构强度要求　中部面板、组合仪表饰框结构复杂且精巧，通常采用较硬的PC/ABS。

（4）温度要求　仪表板前端材料耐高温要求达到 120℃以上，阳光直射区域耐高温要求达到 110℃以上，阳光非直射区域耐高温要求达到 90℃以上。

仪表板常用材料见表 1-2。

表 1-2　仪表板常用材料

材料名称	维卡软化温度/℃	适用范围
PC/ABS	110~125	IP 骨架，各饰板，除霜除雾器
SMAH	120	IP 骨架，高模量结构件，脆性结构件
PPO	160	IP 骨架，脆性结构件
PP	120 左右	IP 骨架，杂物箱出风口
ABS	95~105	各零部件
POM	150	喇叭罩盖，运动部件
HDPE	98	吹塑风管

注：SMAH 表示苯乙烯-顺丁烯二酸酐塑料，其他材料中文含义见附录 B。

2. 汽车内饰塑件常用材料

汽车内饰塑件通常以 PP 为主要材料，同时为了改善 PP 的性能，会加入很多添加剂构成复合材料，如 PP-T10、PP-T20、PP/PE、PP-EPDM-T25（20）、PP-M20、PP-TV10、PP+TD10 等。内饰的一些零件为了达到某些特定的功效也会使用一些其他的材料，如：

1）门中上护板采用 ABS。这种材料较硬、易着色、易黏附、易电镀。

2）按钮、开关零件采用 ABS。这种材料绝缘性能好。

3）烟灰盒采用耐热 ABS。这种材料硬度高、耐热。

4）扶手采用 PVC、PP+GF20%。这两种材料机械强度好。

5）成型垫/盒采用 PP 发泡。这种材料与 PUR 发泡相比强度高、柔韧性好。

6）装饰盖板、简装版内饰采用纤维板（木板）。

7）出风口采用 PC/ABS 共混塑料。

汽车内、外饰常用材料的密度见表1-3。

表1-3　汽车内、外饰常用材料的密度

材料名称		密度/ (g/cm³)	材料名称	密度/ (g/cm³)	材料名称		密度/ (g/cm³)	材料名称	密度/ (g/cm³)
玻璃		2.4~2.6	ABS	1.02~1.05	SMC		1.8~1.85	PA	1.04~1.17
PP		0.9~0.91	PMMA	1.18	PPS		1.36	橡胶（普通）	0.93
PC		1.20	PBT	1.38	TPE		1.5~1.9	泡沫（仪表板用）	0.14（半硬质）
PE		0.91~0.97	PET	1.37	FRP		1.2~1.6	泡沫（座椅用）	0.034~0.046
POM		1.4~1.42	PF	1.32	EVA		0.91~0.93	陶瓷	4.0
PS		1.05	PUR（原料）	1.03~1.5	毛毡		0.12	PP-T20	1.04
PES		1.37	HDPE	0.95	皮革		0.87		
PVC	硬	1.35~1.45	PA	6	1.14	石棉	板材	1.16		
	软	1.16~1.35		66	1.15		布	0.98		
PB		0.92	EPDM	0.96	沥青		1.61		

注：PES 表示聚丁二酸乙二酯，SMC 表示片状模塑料，FRP 表示纤维增强塑料，其他材料中文含义见附录 B。

3. 汽车软性塑件常用材料

1）顶棚：PET+PPE+PET，棉麻+无纺布+植绒面料；PET+PUR+PET，棉麻+PUR+植绒面料。

2）隔热垫：铝箔+阻燃隔热材料+铝箔，玻璃棉+无纺布。

3）前围减振垫：EVA+PUR/毛毡，PVC+PUR/毛毡。

4）减振垫：PUR 发泡，毛毡，硬质毛毡，EPDM（三元乙丙橡胶）等。

5）仪表板表皮：皮革+PUR 发泡。

4. 汽车外饰部分零件常用材料

1）前后保险杠：PP+EPDM+T10。

2）前后轮罩挡泥板：PP。

3）胶条：EPDM，PVC。

4）通风隔栅：PP-T30，PP-T40。

5）扣手护盖：ASA。

6）牌照板：PP+EPDM+T10。

7）牌照板饰框、装饰件：PC/ABS（可以电镀）。

5. 汽车地毯常用材料

汽车地毯材料一般包括：PET 毯坯、PVC 人造革、隔声垫、胶黏剂等。

（1）PET 毯坯　PET 毯坯是以 PET 长丝为原料织造、被 EVA 或 PE 涂层制造而成的。其绒层为 70% PP+30% PET，底层为 PET。

（2）PVC 人造革　PVC 人造革地毯是以 PVC 为原料通过压延、发泡工艺制造而成的。

思 考 题

1. 什么是塑料? 简述其优缺点。
2. 简述塑料的注射成型工艺性能。
3. 简述注射成型塑件的几种缺陷。
4. 简述热塑性塑料与热固性塑料的区别。
5. 简述常用汽车用塑料性能及成型特点。

第 2 章　塑料的加工特性

本章重点介绍塑料的加工特性原理模型。塑料的加工特性包括塑料的热物理性质及力学性能、流变性质、热力学与热性质。

塑料原料一般为颗粒状,在注射成型过程中经加热后让塑料从固态变成熔融状态,并赋予形状和功能后再凝固成固态。所以了解不同材料的流动特性、热性质、热力学、动力学性质、化学性质与力学性能,掌握材料性质的程度将决定塑件的应用特性、功能、成型参数、成品品质以及 CAE 预测的准确度。

2.1　塑料的热物理性质及力学性能

塑料的热物理性质及力学性能可区分为以下几种。

1) 容积性质,包括比体积、密度及 $p\text{-}v\text{-}T$(压力-比体积-温度)关系。
2) 热卡性质,包括比热容、热导率、熔化热、结晶热。
3) 转变温度,包括玻璃化转变温度、熔点。
4) 弹性模量(拉伸模量)。
5) 体积模量。

2.1.1　容积性质

(1) 比体积及密度　比体积是密度的倒数,即单位质量的物质所占有的体积。在加工过程中由于相变化的结果,如塑料由固态经加热熔融为液态,经加工后又冷却为固态成品。塑料的比体积或密度随其相态(固态或液态)有所不同,也会随温度及压力而改变。

一般而言,液态的塑料由于高分子链活动较自由,所包含的自由体积较大,因此具有较大的比体积(较小的密度);而固态的塑料由于分子链聚集较为紧密,因此具有较小的比体积(较大的密度)。液、固态间的比体积(密度)差异是塑料加工后产生收缩的原因之一。

如图 2-1 所示,对于结晶性塑料,如 HDPE,比体积或密度在熔点附近会发生跳跃式变化,变化较大;而非结晶性塑料,如

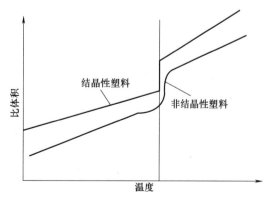

图 2-1　结晶性塑料与非结晶性塑料的比体积随温度变化关系

PS，比体积或密度变化则是渐进的。密度与塑料微观的聚集态结构有关，一般而言，结晶性塑料因结构较为紧密，密度要比非结晶性塑料大。

（2）p-v-T 关系　由于塑料的比体积或密度是相态、温度、压力等的函数，通常可利用状态方程或 p-v-T 方程加以定量化。将试验获得的模式参数代入此类半经验方程中，即可求得塑料在某一温度、压力下的比体积或密度。塑料的 p-v-T 变化情形可利用 p-v-T 测量仪测量，并由数据求解获得 p-v-T 模式参数。

2.1.2　热卡性质

（1）比热容或热容量　比热容或热容量定义为欲将单位质量的塑料温度提高 1℃所需的热量，是塑料温度容易改变与否的度量。比热容越高，塑料温度越不容易变化；反之亦然。比热容可利用差示扫描量热仪（DSC）测量热流与温度变化情形加以取得。

（2）热导率　热导率是塑料热传导特性的度量。热导率越高，传热效果越佳，塑料在加工过程中温度分布越均匀，越不会因热量局部堆积而产生热点。热导率及比热容与塑料的传热、冷却性质密切相关，也影响到冷却时间长短。热导率可利用 p-v-T 测量系统取得不同温度下塑料的热导率。

塑料的热导率一般较低，为 $4.2\times10^{-3}\sim4.6\times10^{-2}\mathrm{W}/(\mathrm{m\cdot K})$，在发生相变时有明显变化，一般随温度升高而增加，对于结晶性塑料尤为明显；对于非结晶性塑料，其热导率随温度变化的关系则较为平缓。

由于塑料具有较低的热导率，在设计时应考虑散热问题。绝缘流道的设计即为利用塑料较低的热导率来保持流道内塑料始终维持在熔融状态。

（3）熔化热与结晶热　熔化热与结晶热均属于相转变热。熔化热是指将单位质量的塑料由固态熔化为液态所需热量；结晶热则指单位质量结晶性塑料在结晶过程中所释放的热量。熔化热及结晶热数值可由 DSC 测量而得。

熔化热是用来破坏塑料晶格热的能量。由于结晶性塑料的分子结构较为紧密结实，破坏晶体结构所需跨越的能量壁垒明显，因此熔化热较为明显。如结晶性塑料 HDPE 的熔化热为 264.8J/g，LDPE 为 131.2J/g。非结晶性塑料则无显著的熔化热数据。结晶性塑料与非结晶性塑料的能量（熔值）随温度变化关系如图 2-2 所示。

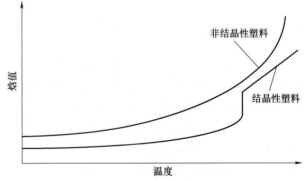

图 2-2　结晶性塑料与非结晶性
塑料的焓值随温度变化关系

2.1.3　玻璃化转变温度和熔点

（1）玻璃化转变温度（T_g）　玻璃化转变温度是指高聚物中微观高分子链中的链段开始运动的温度。若使用温度低于玻璃化转变温度，分子链段运动大部分被冻结，高聚物呈现刚性硬脆的玻璃态；若使用温度高于玻璃化转变温度，分子链段可自由运动，高分子则呈现柔软蜷曲的橡胶态。

玻璃化转变温度是高分子发生玻璃态向橡胶态相转变的温度，此温度与产品设计和使用温度范围有很大关系。一般而言，固体高聚物，如塑料其使用温度范围取在玻璃化转变温度以下；若对高聚物蜷曲柔软性有所需求，如橡胶则使用温度取在玻璃化转变温度以上。

（2）熔点（T_m）　物质从结晶状态变为液态的过程称为熔融。结晶性塑料的熔融与低分子晶体的熔融过程是相似的，都属于热力学一级相转变过程。但是，两者的熔融过程又是有差异的。低分子的晶体熔融温度范围很窄，只有 0.2℃ 左右，整个熔融过程的温度基本保持不变。而结晶性塑料的晶体却边熔融边升温，整个熔融过程发生在一个较宽的温度范围内，这一范围称为熔限。晶体全部熔化的温度定义为该结晶性塑料的熔点（T_m）。对于非结晶性塑料，从达到玻璃化转变温度时开始软化，但从高弹态转变为黏流态的液相时，却没有明显熔点，而是有一个向黏流态转变的黏流温度 T_f。塑料加工温度范围通常在其熔点 T_m 或者黏流温度 T_f 以上。塑料的熔点、黏流温度及玻璃化转变温度均可以通过 DSC 测量获得。对于大部分结晶性塑料，玻璃化转变温度（℃）与熔点（℃）之间存在以下经验关系：

$$\frac{T_m}{T_g}=\begin{cases}1.5 & \text{对称结构高分子}\\ 2 & \text{非对称结构高分子}\end{cases}$$

添加增塑剂后塑料的 T_m 比未添加者低，共聚物的 T_m 则更低。塑料的玻璃化转变温度、熔点、加工温度范围以及使用温度范围之间的定性关系如图 2-3 所示。加工温度一般取在塑料熔点或黏流温度以上、塑料流动特性良好的区域，同时应低于塑料的热降解温度，防止热分解现象发生。加工温度一般取在熔点以上 60~80℃，热降解温度以下 10~30℃。

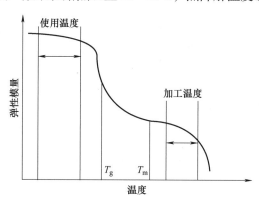

图 2-3　塑料的玻璃化转变温度、熔点、加工温度范围以及使用温度范围之间的定性关系

加工温度范围越窄，代表加工越不易进行。对于热稳定性良好的塑料，所允许的加工温度范围可达 50~60℃；对于热稳定性差或热敏感性塑料，该范围仅为 5~15℃。

2.1.4　弹性模量（拉伸模量）

弹性模量是材料刚性的度量，用 E 表示。弹性模量越高，代表材料抗拉伸的能力越高。其计算公式如下：

$$E=\frac{\text{拉伸应力}}{\text{拉伸应变}}=\frac{\sigma}{\varepsilon}=\frac{\text{单位截面面积拉伸力}}{\text{单位长度的应变量}}=\frac{F/A}{(L-L_0)/L} \tag{2-1}$$

常见聚合物的弹性模量见表 2-1。

表 2-1　常见聚合物的弹性模量

聚合物类型	弹性模量 E/Pa	聚合物类型	弹性模量 E/Pa
天然橡胶	10.5×10^5	聚苯乙烯（PS）	$(3.3 \sim 3.4) \times 10^9$
聚乙烯（PE）	0.2×10^9	环氧树脂（EP）	2.5×10^9
聚酰胺（PA）	1.9×10^9	聚丙烯（PP）	3.1×10^9
聚甲基丙烯酸甲酯（PMMA）	3.2×10^9	聚碳酸酯（PC）	2.0×10^9

2.1.5　体积模量

体积模量是一个比较稳定的材料常数，用于描述均质各向同性固体的弹性，可表示为单位面积的力，表示不可压缩性。因为在各向均压下材料的体积总是变小的，故体积模量 B 值永远为正值，单位为 MPa。其计算公式如下：

$$B = \frac{流体静压力}{体积应变量} = \frac{流体静压力}{单位体积的体积变化量} = \frac{p}{\Delta V/V_0} \tag{2-2}$$

体积模量的倒数则称为可压缩度，表示材料柔性的大小，即材料在受均压下体积缩小的难易程度。

可压缩度用 β 表示。其计算公式如下：

$$\beta = 1/B \tag{2-3}$$

泊松比是指材料在单向受拉或受压时，横向正应变与轴向正应变的绝对值的比值，也称为横向变形系数，它是反映材料横向变形的弹性常数，泊松比用 ν 表示。其计算公式如下：

$$\nu = \frac{单位宽度的宽度变化}{单位长度的长度变化} = \frac{侧向应变量}{轴向应变量} \tag{2-4}$$

通常，对各向同性材料而言，弹性模量 E、体积模量 B、切变模量 G 和泊松比 ν 之间存在以下关系：

$$E = 2G(1+\nu) = 3B(1-2\nu) \tag{2-5}$$

泊松比通常在 $0 \sim 0.5$ 之间，各范围区间代表的物理意义见表 2-2。常见聚合物的泊松比见表 2-3。

表 2-2　不同泊松比的物理意义

泊松比 ν	物理意义	泊松比 ν	物理意义
0.5	拉伸时总体积不变，即不可压缩体	$0.490 \sim 0.499$	弹性体典型值，$E = 3G$
0	不发生侧向收缩	$0.2 \sim 0.4$	塑料的典型值

表 2-3　常见聚合物的泊松比

聚合物类型	泊松比 ν	聚合物类型	泊松比 ν
聚乙烯（PE）	0.49	环氧树脂（EP）	0.40
聚酰胺（PA）	0.44	聚苯乙烯（PS）	0.38
聚甲基丙烯酸甲酯（PMMA）	0.40	聚丙烯（PP）	0.38

2.2　塑料的流变性质

在注射成型中，高分子的流变行为也扮演了举足轻重的角色。当熔胶射入型腔时，熔胶的流变性质决定了流动阻力与流动行为，如何将型腔充填，需要多大的射压、多高的模温等。即要多大的射压才能使熔胶通过浇道及浇口射入型腔；如何安排流道进浇位置以避免不必要的包封与熔合线的产生。充填完毕时分子排向情形，熔胶冷却时结晶的生成及应力松弛则决定成型品的收缩及翘曲变形。因此，正确的流变学观念将有助于产品与模具设计，并能有效进行射出成型的问题排除，并能发挥计算机辅助工程（CAE）分析的最大效益。研究聚合物流变学对聚合物的合成、加工、机械加工和模具设计等均具有重要意义。

2.2.1　黏度

黏度为影响塑料成型流动特性的最重要物理性质之一。考虑一个不可压缩的流体夹在两个平板中，如图 2-4 所示。

其上、下两板的面积均为 A，两板间相隔一个很小的距离 y。假设施以 F 的外力可以使上层平板以 v 的速度等速移动，而下板仍固定不动。这种流动称为简单剪切流动。由试验发现在达到稳定状态后，(F/A) 正比于 (v/y)，即：

$$\frac{F}{A} = \eta \frac{v}{y} \qquad (2\text{-}6)$$

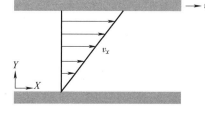

图 2-4　两个平板间的剪切流

即单位面积上所需施加的外力与 Y 方向上单位长度间的速度变化量成正比；其中 η 为流体的黏度。对于流体而言，黏度是流动阻力的度量，即流动难易性的指标。黏度越大，流体越不易流动；反之，黏度越小，则流体越容易流动。用连续力学的方式，式（2-6）可改写为

$$\tau_{xy} = \eta \dot{\gamma} \qquad (2\text{-}7)$$

式中，τ_{xy} 称为切应力；$\dot{\gamma}$ 称为剪切率，剪切率代表流动时流场中各点的变形速率的差异，即为各流体层间流速差的变化率。因此，剪切率即为流场速度梯度。

1. 非牛顿流体与分子构形的影响

牛顿流体黏度不会随着剪切率改变，主要的影响因子为流体的组成、温度和压力。人们所熟悉的流体，如水、甘油、熔融金属等，均由简单分子所构成，其相对分子质量很低，大多不超过 100，在流动时可以视为多个球形粒子彼此碰撞及摩擦的相互运动所表现出来的行为，所以在恒温状态下此类流体通常保有固定的黏度。此类流体一般称为牛顿流体，如图 2-5a 所示。高分子材料的流动阻力（黏度）会受分子链的排向与构象影响，而排向与构象会因在不同的流场而改变，因此黏度（流动阻力）会随剪切率的变化而变化，如图 2-5b 所示。

对于相对分子质量较小的高分子，因其分子链较短，相互碰撞造成的摩擦阻力较小，因此黏度也较小。而较长的分子与分子之间的碰撞阻力较大，又因为分子链的纠缠现象使得流

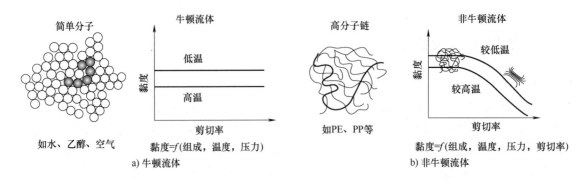

图 2-5　牛顿流体与非牛顿流体

动阻力更大，故黏度会随着相对分子质量增加而大幅增加。对于低相对分子质量的熔融高分子，因分子链较短，不足以有纠缠效应，因此低相对分子质量下熔胶的黏度与相对分子质量的一次方成正比。而当相对分子质量到达一定长度时，开始有纠缠效应，熔胶更难流动，此时的黏度随着相对分子质量呈现 3.4 次方增加的关系。

2. 剪切率效应

有许多液体的黏度会随剪切率的变化而变化，对于这些流体统称为非牛顿流体，式（2-6）又特称为牛顿黏度定律。在牛顿流体中，因分子间彼此的摩擦与碰撞而产生能量的损耗也为流动的阻力，所以牛顿流体的行为可以在许多气体或低相对分子质量的流体或溶液中观察得到。由于牛顿流体的黏度在恒温下与剪切率大小无关，其对剪切率所作的图将呈现一条水平直线（图 2-6）。切应力与剪切率的关系为线性关系，在切应力对剪切率的作图上即为通过原点的直线。这种通过原点的直线意味只要流体受到一点切应力，流体就必须反映出剪切率，即流体立即开始流动，而无法在任何受作用力的情况下维持其原始状态。

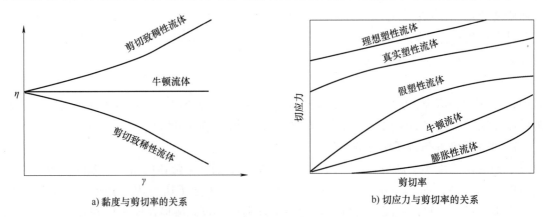

图 2-6　不同流体黏度和切应力与剪切率的关系

对于高分子流体而言，最常见的切应力与剪切率的关系为假塑性流体。此种流体，其切应力增加的速率比其相对应的剪切率的增加速率略慢，这意味着随剪切率上升，其黏度将下降（图 2-6a、b），因此又称作剪切致稀性流体。另外还有一种流体，其切应力增加的速率比相对应的剪切率增加速率快，因此黏度会随剪切率上升而增加（图 2-6），称此类流体为膨胀性流体，又称为剪切致稠性流体。

由于高分子流体的流变特性大多符合假塑性流体的性质，因此以下将特别讨论假塑性流体。图 2-7 所示即为一般高分子流体在稳定剪切流动下的切应力与黏度对剪切率的变化情形，特别注意本图是以双对数图绘制而成。可以看出图形上约可以区分为三个区域：在剪切率极低的情况下为第一牛顿区，此时流体的黏度为定值，称为零剪切率黏度（η_0）。当剪切率逐渐上升，可以观察得到流体的黏度快速下降。其趋势在双对数图形上约略为线性，称之为假塑性区。当剪切率继续上升，黏度于是接近一个固定值，称之为无限大剪切率黏度（η_∞），此区域称为第二牛顿区，即在高剪切率区域中再次表示出类似牛顿流体的行为。

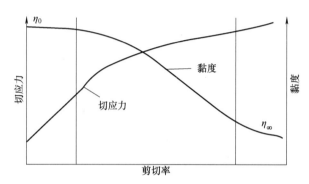

图 2-7　黏度及切应力与随剪切率的变化

随着剪切率继续上升，分子链被流场迫使排列得更整齐，随着剪切率上升被排向后的分子链已无足够时间回复到原来蜷曲且具有严重纠缠的状态，而使黏度随剪切率的上升而继续下降，此时所表现出来的黏度变化与假塑性流体相近，故称为假塑性区。当剪切率很高时，被排向的分子已完全没有机会再回到原来纠缠的状况，而展现出完全被流场的切应力排列的状况，此时的流动阻力最小，黏度最小。此外，分子链一旦因其热运动或流场扰动而彼此纠缠，将不再有足够的时间自纠缠中借蠕动沿键方向解脱出来，反而可能受流场应力的拉扯而断裂，导致相对分子质量下降，高分子材质裂化。

3. 温度效应

高分子流体的黏度除了对剪切率的变化十分敏感外，也会因温度上升而导致黏度下降，温度下降则使黏度上升。这种黏度受温度影响而变化的现象同时也可以在一般牛顿流体中观察得到。因此，一般加工程序中常以提高加工温度（如较高的熔胶温度及模温）来达到降低流体黏度的目的；但必须注意不可以超出高分子材料的加工温度范围。如图 2-8 所示，黏度对剪切率的变化曲线会随温度的上升向图形左下方移动，可以注意到此黏度-剪切率曲线在不同温度下有相类似的变化曲线，这种相似性提供了一种分析上的方便性。人们可以使用简化变量法来将不同温度下的黏度-剪切率曲线组合而成一条主曲线。

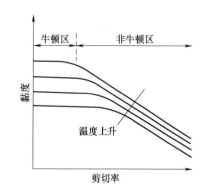

图 2-8　不同温度下的黏度-剪切率曲线

4. 压力效应

压力虽然也会影响高分子流体的黏度，但在一般射出成型的充填过程中，压力尚未大到足以显著改变流体黏度。但对高速薄件射出，压力大于100MPa，黏度随压力提高的效应会开始显著。

2.2.2 黏弹性流体

高分子流体在许多状况下，除了有上述流体的黏度行为外，也会展现出如固体的弹性行为，这种流体称之为黏弹性流体。物质是否会展现出黏弹性与观察时间有关，平常看似固体的材料，若将观察时间拉长至百年、千年时，也可观察到流动的特性。

高分子流体由于黏弹性会在流动时展现出不同的现象，如：

（1）爬杆效应　高分子熔体或浓溶液之所以出现爬杆效应（图2-9a），其原因是：转轴表面线速度较高，靠近转轴表面的分子链被拉伸排向，并缠绕在轴上，经拉伸排向后的分子链段有自发恢复到自由卷曲状态的倾向，造成在转轴上的液体受到拉力，因而产生了向心法向应力，使液体产生向心运动，直到与液体的惯性力（离心力）相平衡。液体的向心流动必然造成圆环中心的密度和压力增大的状况。压力的增大表现在各个方向上，其中也使与转轴轴线平行的方向上产生应力，称为轴向应力。由于液体上部的压力较低，因此液体产生了沿轴上升的运动（与重力平衡）。这种现象也称为韦森堡效应。

（2）模口膨胀　高分子材料在熔融状态下具有黏弹性，在应力作用下分子链会排向，当应力释放的时候，分子链会倾向恢复卷曲的状态，使流体产生往径向膨胀的倾向。当熔胶在射出成型过程中，在较大的压力下通过较小的浇口，会在浇口处遇到较大的阻力而使熔胶在流道中发生较大的切应力或拉伸应力，通过流道之后熔胶所受到的应力会急剧减小，在分子链回复力的作用下，熔胶体积会迅速膨胀，挤出物的截面面积比口模出口截面面积大，此现象称为模口膨胀（图2-9b）。此现象为材料弹性行为的展现，或可视为材料的记忆现象。

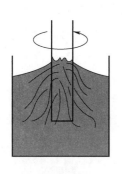
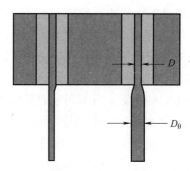

a) 爬杆效应　　　　　　　　　　b) 模口膨胀

图2-9　爬杆效应和模口膨胀

（3）无管虹吸　大家熟悉的虹吸管现象，对水而言，连接烧杯中水的管子开口必须低于杯中水平面，虹吸现象才能作用。使管子高出液面一段距离，高分子流体却能继续虹吸现象，如图2-10所示。其主要原因被认为是高分子链受流场的拉伸与排向造成的。分子一旦出现排向行为，材料各向异性的特性便相应而生，使得各方向应力出现差异，因此可以利用不同方向的正向应力差值来评估分子排向的程度与弹性行为的强度。

（4）弹性回缩　如在一管中分别注入水及高分子流体，一段时间后停止注入动作，通过水的管子于流动停止时，波前随即停止；而高分子流体即使停止注入动作，流体的波前仍继续往前移动一段距离，后又渐渐往后缩回一小段距离。由此可明显观察到流体具有弹性回缩的行为。

（5）流动不稳定性　当高分子流体自挤出模中被挤出时，其表面光滑且平坦，随着挤出速率的增加，高分子流体的切应力也随着增加，当挤出速率增加到使其相对的切应力超过某一临界值时，挤出

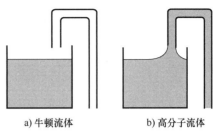

a) 牛顿流体　　　　　b) 高分子流体

图 2-10　无管虹吸现象

物表面开始起变化，原本光滑平坦渐渐转变成不光滑或呈现如鲨鱼的表皮一般，而随挤出速率继续增加，挤出物最后会呈现大型的扭曲变形状况，称之为熔体破裂。此种不稳定的现象会随着流体的弹性效应更加严重。

流动不稳定除了在挤出制程外，在射出成型中也常可观察到，如在产品表面会出现如老虎纹般的波浪纹、在浇口处出现不稳定的喷流现象等，这些现象被认为与材料的黏弹性有关。

2.3　塑料的热力学与热性质

在射出成型制程中，射出温度必须高于熔融温度，如此材料才能顺利充填入型腔当中，而在顶出前，材料的温度必须冷却至固化温度（非结晶材料可以玻璃化转变温度为指标）以下以确保材料已固化。

热导率和比热容在射出成型中也扮演重要的角色，因材料在模具内不断地冷却、降温，而热导率与比热容即是决定材料冷却难易度的材料特性。

材料在不同的温度与压力下，密度（或比体积）会随之变化，压力、比体积与温度的关联性称之为 p-v-T 关系。材料在模具内其温度与压力不断变化，因此只有掌握 p-v-T 的行为，才能准确地掌握材料的体积变化，以预测产品收缩与翘曲行为。

2.3.1　比热容

材料的比热容即为改变单位质量及温度所需的热焓变化，依此定义可以测量材料在温度变化的过程中热焓变化的数据来推得比热容。比热容的数据可以用于估算在射出成型的过程中，将材料于高温的熔融态冷却至可成型的温度所需要带走的能量。

比热容也可依测量方式分成固定压力的比定压热容 c_p 与固定体积的比定容热容 c_V 两种测量值，其计算公式分别为

$$c_p = \left(\frac{\mathrm{d}Q}{\mathrm{d}T}\right)_p \tag{2-8}$$

$$c_V = \left(\frac{\mathrm{d}Q}{\mathrm{d}T}\right)_V \tag{2-9}$$

表 2-4 为部分聚合物与钢的比热容。可以观察到，一般聚合物的比热容是钢的 3～5 倍。

表 2-4　部分聚合物与钢的比热容

材料	比热容/[J/(kg·K)]
ABS	1250~1700
POM	1500
PA66	1700
PC	1300
PE	2300
PP	1900
PS	1300
PVC	800~1200
钢（AISI 1020）	460
钢（AISI P20）	460

可以利用差示扫描量热仪（DSC）来测量温度变化时材料的热焓变化，即可计算出比热容。一般来说，若不考虑相变的状况下，高分子材料的比热容会随着温度上升略为增加，测出的 c_p 值会有峰值，这是因为材料在熔化或结晶过程中会有潜热现象（是指在温度保持不变的条件下，物质在从某一个相转变为另一个相的相变过程中所吸入或放出的热量），是一个状态量。因任何物质在仅吸入（或放出）潜热时均不致引起温度的升高（或降低），这种热量对温度变化只起潜在作用。

2.3.2　熔点与玻璃化转变温度

图 2-11 所示为半结晶性高分子 DSC 测量曲线，当材料经过相变时，热焓变化会有明显的吸热或放热发生（相变的潜热），而对于结晶性材料，材料在升温测量时可以观察到吸热峰，而峰的位置即为熔融温度，峰的总面积即为熔化热。反之降温测量的是结晶温度与结晶热。而对于非结晶性材料，则无法观察到结晶峰以及明显的熔化峰。

对于非结晶性聚合物，高分子链在材料中的分布是完全随机的，只能在相当短的范围内（数个共价键）观察到偶然的排序，然而对于结晶性材料，则可观察到大量的三维且大尺度的有序结构。

在足够低的温度下，所有聚合物都是硬质固体。在足够高的温度下，每个聚合物分子最终获得足够的热能，以使其分子链自由移动，使其展现为黏性熔融流体。

因此，除了熔化与固化外，DSC 也可观察到高分子材料另一个相变行为（玻璃化转变），当材料处于 T_g 以下时，分子链因热运动动能不足，无法有大规模的运动，此时材料会呈现类似玻璃的硬且脆的玻璃态，而温度稍微高于 T_g，材料则呈现较柔软的橡胶态。因此，对于 T_g 比室温高的材料，如 PS，在室温下是硬且脆的；而如 LDPE，其 T_g 低于室温，在室温下呈现较软的现象。从图 2-11 中也可观察到高分子的 T_g 并非一个确定的值，而是一个范围。

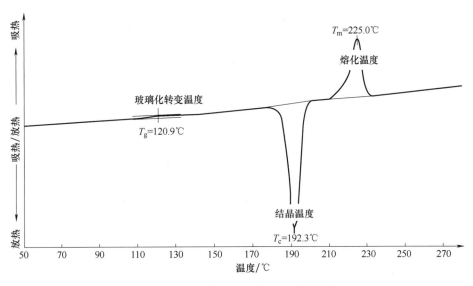

图 2-11　半结晶性高分子 DSC 测量曲线

2.3.3　p-v-T 状态方程

1. 定义

塑料在不同温度下与常见的物质一样会有热胀冷缩的物理变化，同时在不同压力下因受压缩，其密度（或比体积）也会改变。体积受温度和压力影响的关联性，称之为 p-v-T 关系，当温度上升时体积会膨胀，压力高时材料受压缩因此体积会变小。

同时，当材料经过相转换时（如 T_g 或熔点），体积也会有不同的变化行为，大部分情况下，p-v-T 三者之间的关系可视为状态函数，即固定两者，第三者即已确定，因此体积受温度的变化率可以定义为热膨胀系数，而体积受压力的变化率可定义为压缩系数。如果以状态方程来描述 p-v-T 三者之间的关系，可表示为

$$f(p,v,T)=0 \tag{2-10}$$

一个变量的变化影响另外两个变量，给定任何两个变量可以确定第三个，可以将比体积表示如下：

$$v=f(p,T) \tag{2-11}$$

式中，f 为必须通过试验确认的函数。

2. 非平衡状态对 p-v-T 的影响

高分子的长链结构使得可能发生的分子的构象甚多，且分子越巨大可能出现的构象排列组合数量越多。当分子伸直排列具有较低的焓时，也具有较低的熵。根据热力学第二定律，倾向越低的焓、越高的熵，越能稳定存在于自然界。因此一般状况焓与熵处于竞争的状态。在较高温的状态下，熵的贡献较重要，因此分子链容易处于随机卷曲状。而温度越低，将转换成焓主导，分子倾向较规则地排列（结晶）。

对于半结晶性高分子材料在固态下也可以是完全非结晶性的，这意味着材料中的分子链以完全随机的方式定向，因结晶属于动力学的行为，虽然热力学允许结晶排列的发生，但仍

需要有足够的时间让分子运动排列入晶格。而分子的结晶状况也可从宏观的体积变化观察到。随着温度变化，非结晶性聚合物的比体积变化会依循图 2-12 中的曲线 AD。在该区域，

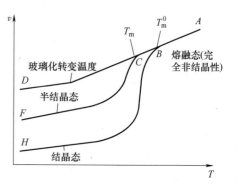

材料处于玻璃态，但材料被加热时，通过玻璃化转变温度 T_g，其变柔软化并变成橡胶状。经过此温度，材料的性质会有很大的转化，当温度高于 T_g，材料将变得较软且更容易变形。当温度持续升高时，比体积将增加沿着 CBA 曲线走。随着温度一直上升，自由体积不断增加，导致材料由橡胶状聚合物最终变成黏性流体。

实际上，并不存在完全结晶性聚合物，而是聚合物会同时包含有序和无序区域。这些半结晶性聚合物通常具有对应于有序和无序部分的 T_g 和 T_m，

图 2-12　高分子与温度变化的比体积示意图

并且依循类似于 FCBA 的途径。T_m^0 代表高分子的相对完全结晶状态的熔融温度，因为半结晶性聚合物包含具有许多缺陷以及各种长度的分子链长度和微晶的分布，所以展现出 T_m 会比 T_m^0 低并且为一熔融范围区间，并且 T_m 的测量值也会受材料先前热历程而有变化。

3. 热导率

傅里叶热传导定律表达式如下：

$$\frac{dQ}{dt} = -\lambda A \frac{dT}{dx} \tag{2-12}$$

式中，dQ/dt 为传热速率；λ 为热导率；A 为接触面积；dT/dx 为温度梯度。

而热导率代表的是材料热传导的能力，相对于金属，塑料材料的热导率较低，约为金属的 1/1000，因此，相对来讲塑料可视为绝热体，塑料的热导率通常对温度并不敏感，随着温度上升而略有增加，然而对分子的结构较为敏感，会随着结晶度的提高而增加，因结晶结构分子排列较为紧密，因此热传导性也会较佳。

思　考　题

1. 阐述剪切率对黏度的影响及黏度对塑料注射成型过程的影响。

2. 简述黏弹性流体的现象及理论模型。

3. 绝大多数的聚合物熔体都表现为非牛顿流体，试写出非牛顿流体的指数流动规律，并表述其意义。

4. 简单阐述一下 p-v-T 之间的关系。

5. 简述塑料的应力与应变之间的关系。

6. 什么是塑料的熟化现象？简单阐述熟化反应对黏度的影响。

第 3 章 塑料产品的工艺性设计

本章介绍塑料产品的设计工艺性能，包括塑件结构设计的一般原则，塑件的尺寸、精度和表面质量。

塑件主要根据使用要求进行设计。要想获得合格的塑件，除考虑充分发挥所用塑料的性能特点外，还应考虑塑件的结构工艺性，在满足使用要求的前提下，塑件的结构、形状应尽可能地做到简化模具结构，且符合成型工艺特点，从而降低成本，提高生产率。

合理的塑件结构工艺性是保证塑件符合使用要求和满足成型条件的一个关键问题。塑件结构工艺性设计的主要内容包括塑件的尺寸和精度、表面粗糙度、形状、壁厚、脱模角度、加强肋、支承面、圆角、孔、螺纹、齿轮、嵌件、铰链、标记、符号及文字等。

3.1 塑件结构设计的一般原则

3.1.1 黄金准则：均匀的厚度分布

塑料是热的不良导体，以图 3-1 所示平板模型的冷却机制为例，热传方程所导出的冷却时间会正比于产品厚度的二次方，即

$$t_c = \frac{t^2}{\pi^2 \alpha} \ln\left(\frac{8}{\pi^2} \times \frac{T_{melt} - T_{mold}}{T_E - T_{mold}} \right) \tag{3-1}$$

式中，t_c 为冷却时间，表示由 T_{melt} 冷却至 T_{mold} 所需时间；T_{melt} 与 T_{mold} 分别为塑料加工温度与模具温度；t 为产品厚度；T_E 为顶出温度；α 为塑料热扩散系数。

塑件厚度分布除了决定冷却效果，也会影响射出成型的充填及保压过程，如图 3-2 所示，壁厚的剧烈变化是较差的设计（图 3-2a），因为它在塑料成型过程中不具有收缩的过渡区域。如果必须做这样的厚度与差异设计，则建议要像图 3-2b 一样保留一个足够的缓冲区域，当然如果能维持均一的厚度是最好的（图 3-2c）。

缓冲区间建议的梯度变化如图 3-3 所示，也就是如果厚度段差为 t，则建议缓冲区间的长度为 $3t$，如果能把段差的起始点和终点调整为更平缓的厚度变化，则是较佳的设计方式。因为对塑料而言，任何锐角的存在都是不利的，可能会在这些部位累积较大的成型应力。

以图 3-4 所示的原始设计而言，采用中央进料方式充填，充填流动波前接近圆形，造成塑件左右两端未填满而上下两端已充填完毕，并发生过度保压的时间，造成产品翘曲变形。

为提升塑料在左右两侧的流动，如图 3-5 所示采用导流设计将塑件在对角线（填色区域）增加厚度，以提升流动速度，使流动较为均匀，可同时填满整个模具。此类设计适用

于厚度较薄的塑件产品。

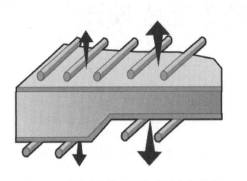

图 3-1　不同厚度的不同流动行为与散热

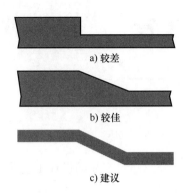

图 3-2　产品厚度设计

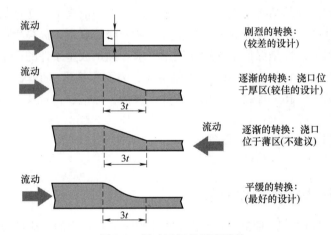

图 3-3　缓冲区间的厚度设计

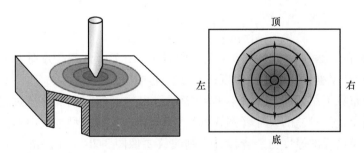

图 3-4　在均匀厚度设计时发生过度保压

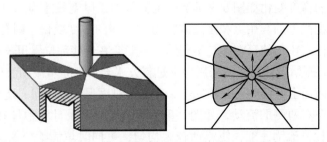

图 3-5　导流设计

虽然产品设计的黄金法则是必须维持均匀的厚度，但是很难完全实现，主要是产品的设计经常会考虑外观、强度、装配、成本等需求。

3.1.2　厚度与流动长度

在注射成型过程中，塑料所能流动的长度与其流动性及厚度设计有关，最简单的方式就是检查产品的流长比是不是在合理的范围内。以图 3-6 所示模型为例，良好的设计应该让熔胶可以从浇口顺利流动到充填末端，其中熔胶的充填顺畅与否与流动路径所遇到的阻力有关。

图 3-6　流长比与流动长度（L）和厚度（t）模型

因为产品厚度与流动长度都会影响流动能力，所以产品设计通常以"流长比"这个数值来检查设计是否优良，其定义为

$$\frac{L}{t}=\frac{塑料从浇口流动到充填末端的充填距离}{塑料产品平均厚度} \tag{3-2}$$

如图 3-7 所示，产品设计的流长比数值可以辅助判断成型的难度，流长比小于 100，此设计对塑胶而言是非常容易充填的。而大部分产品的流长比在 100~200 之间，薄壁产品会超过 200，这时候就必须检查是否需要调整设计以避免短射等缺陷发生。若是流长比超过300，则是非常难充填的产品设计，需要搭配流动性好的塑料，甚至料商必须设计出专用于这种产品的高流动性塑料或是使用高速注射机来生产。表 3-1 为不同塑料建议的流长比范围。

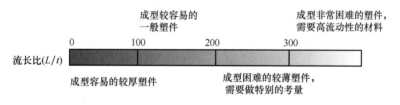

图 3-7　流长比与成型难度的关系

表 3-1　不同塑料建议的流长比范围

塑料	流长比	塑料	流长比
ABS	100~200	PET	200~350
ASA	182~230	PMMA	110~170
HDPE	200~270	POM	100~250
HIPS	250~340	PP	230~340
LDPE	200~300	PPO	100~200
LLDPE	180~250	PPS	120~185
PA6	160~300	PS	150~200
PA66	180~300	PSU	60~120
PBT	140~220	SAN	170~200
PC	30~110		

优良的产品设计不仅可以降低成型难度，也可以降低生产成本。

3.1.3 圆角、倒角与倒角半径

在产品设计中，圆角、倒角与倒角半径也是非常重要的部分。在产品几何变化的交界处，例如图 3-8 所示中的竖直和水平部件交界处必须要有圆角设计，圆角半径越小，应力集中系数越大。

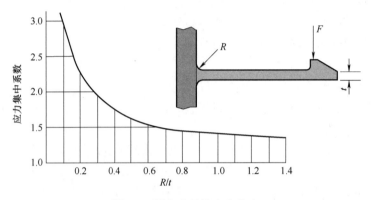

图 3-8　圆角半径的应力集中

下面以图 3-9 所示 CAE 分析结果来说明不同倒角半径设计的体积收缩率与切应力。可以发现，图 3-9a 中没有倒角设计的案例在段差处呈现较大的体积收缩率差异，倒角半径越大，则体积收缩率变化梯度较小，可以降低体积收缩率差异造成的翘曲变形。

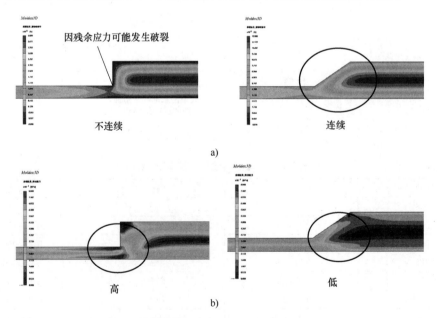

图 3-9　不同倒角半径设计的体积收缩率与切应力

而在图 3-9b 中，切应力在没有倒角设计的案例出现了应力局部集中的现象，此处会是产品结构较弱的地方，容易从这里断裂，随着倒角半径增大，切应力值也相应降低。

3.1.4　肋条与螺柱

对于肋条而言，最普遍的成型问题就是肋条背面容易出现凹痕，如图 3-10 所示。这是因为肋条处的产品厚度相对较厚，所以在这个地方的塑料散热较慢，较容易出现厚度小处收缩结束但厚度大处还在收缩的差异。

要降低凹痕风险就需要特别注意肋条的尺寸，一般建议肋条厚度小于产品厚度的一半，并且要预留至少 0.5° 的脱模角度，在肋条基底处也要有圆角设计，建议半径为 0.125t（t 为厚度），如图 3-11 所示。

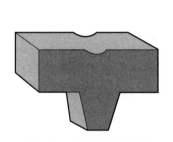

图 3-10　肋条背面的凹痕

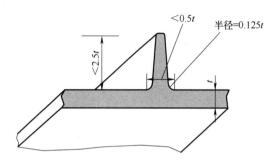

图 3-11　肋条的建议尺寸

几种塑料的肋条建议尺寸见表 3-2。其中，对于 PA 或 PBT 材料，允许的肋条厚度更严苛，建议小于产品厚度的 40%，如果产品表面要求高光，则肋条厚度必须更薄，但是可能会造成充填困难，所以有时候必须在产品品质与成型可行性之间做取舍。

表 3-2　几种塑料的肋条建议尺寸

塑料	最小凹痕	轻微凹痕
PC	50%t（高光面为 40%t）	66%t
ABS	40%t	60%t
PC/ABS	50%t	66%t
PA（纯料）	30%t	40%t
PA（含纤维）	33%t	50%t
PBT（纯料）	30%t	40%t
PBT（含纤维）	33%t	50%t

注：t 为产品厚度。

图 3-12a 所示肋条与产品厚度设计是不良的设计，因为会造成较严重的表面凹缩，此时可以利用增加肋条长度来缩减肋条厚度，以达到相同强度的等效设计。但是对图 3-12b 所示设计而言，减薄处的肋条高度过大，可能造成充填不易的问题，因此也可以修改为使用两根原始高度的肋条设计，如图 3-12c 所示。

同时也要尽量避免厚薄差异设计。因为厚薄差异设计不仅会在外观产生凹痕，也可能在内部产生气孔，如图 3-13 所示，应将原始大范围厚度大的部位修改为多根肋条的设计，并控制肋条的厚度。

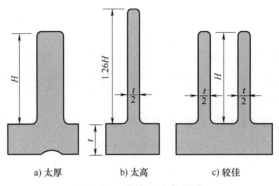

图 3-12 等效的肋条设计

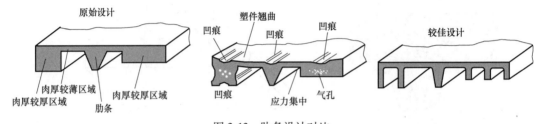

图 3-13 肋条设计对比

总结而言，肋条设计需要注意的尺寸如图 3-14 所示，假设产品厚度为 t，则肋条基底厚度需小于 $0.5t$，肋条高度小于 $3t$，基底圆角半径建议为 $0.25t \sim 0.4t$，脱模角度 θ 大于 $0.5°$，肋条间距至少为 $2t$。另外，为了避免产生气孔，可比较两处的球体体积，体积比（r''^3 / r'^3）若大于 1.34，则气孔产生概率较大。

另外一种常见的设计就是螺柱，其功用是和对手件锁紧固定。和肋条一样，常见的问题也是螺柱背面会有凹痕，因此建议的螺柱尺寸如图 3-15 所示，螺孔深度必须大于外部高度，通常深度差小于 $0.3t$。另外，在螺柱顶部的壁厚需参考螺柱头直径 D 的大小，建议顶部外围直径为（$2 \sim 2.4$）D。

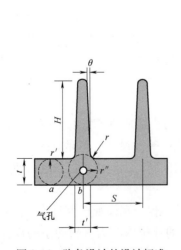

图 3-14 肋条设计的设计标准

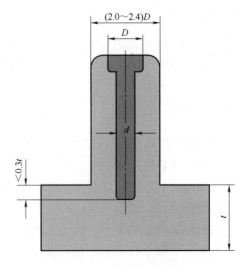

图 3-15 建议的螺柱尺寸

螺柱基底与产品相接处也要有去厚度设计，深度建议为 0.3*t*，坡度为 30°，如图 3-16 所示。

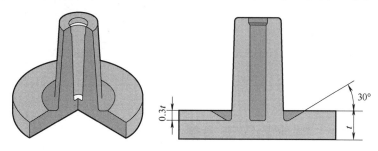

图 3-16　螺柱基底要有去厚度设计

3.1.5　脱模角度

肋条或者螺柱都需要有脱模角度，如图 3-17 所示，其目的是在脱模时降低产品与模具的摩擦力，角度越大则脱模阻力越小。因此，在产品与模具会接触到的地方，都应该要注意脱模角度是否足够，最小值建议为 0.5°。

若是产品表面有咬花设计，则脱模角度需要增加，若是角度不够，则会在脱模时刮伤产品表面。建议的设计值为每增加 0.001in（0.025mm）的咬花深度，就必须增加 1°~1.5°的脱模角度。

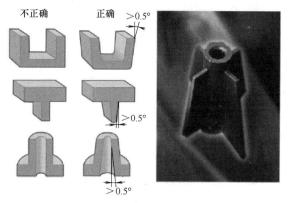

图 3-17　脱模角度设计

塑件脱模角度的选取应遵循以下原则：

1）塑料的收缩率大、壁厚时角度应取偏大值，反之取偏小值。

2）塑件结构比较复杂，脱模阻力比较大，应选用较大的脱模角度。

3）当塑件高度不大（一般小于 2mm）时，可以不设脱模角度；对型芯长或深型腔的塑件，角度取偏小值。但通常为了便于脱模，在满足制件的使用和尺寸公差要求的前提下可将角度值取大些。

4）一般情况下，塑件外表面的脱模角度取值可比内表面的小些，有时也根据塑件的预留位置（留于凹模或凸模上）来确定制件内、外表面的脱模角度。

5）热固性塑料的收缩率一般比热塑性塑料的小一些，故脱模角度也相应取小一些。一般情况下，脱模角度不包括在塑件的公差范围内。表 3-3 为常用塑料的脱模角度。

表 3-3　常用塑料的脱模角度

塑料名称	脱模角度	
	型腔	型芯
聚乙烯（PE）、聚丙烯（PP）、软质聚氯乙烯（FPVC）、聚酰胺（PA）、氯化聚醚（CPT）	25′~45′	20′~45′
硬质聚氯乙烯（RPVC）、聚碳酸酯（PC）、聚砜（PSU）	35′~40′	30′~50′

（续）

塑料名称	脱模角度	
	型腔	型芯
聚苯乙烯（PS）、聚甲基丙烯酸甲酯（PMMA）、ABS、聚甲醛（POM）	35′~1°30′	30′~40′
热固性塑料	25′~40′	20′~50′

3.2 塑件的尺寸、精度和表面质量

3.2.1 塑件的尺寸

塑件的尺寸首先受到塑料的流动性限制。在一定的设备和工艺条件下，流动性好的塑料可以成型较大尺寸的塑件；反之，能成型的塑件尺寸就较小。其次，塑件尺寸还受成型设备的限制，如注射机的注射量、锁模力和模板尺寸等；压缩成型和压注成型的塑件尺寸要受到压力机最大压力和压力机工作台面最大尺寸的限制。目前，世界上最大的注射机在法国，该注射机可以注射出总质量达 170kg 的塑件；世界上最小的注射机在德国，该注射机的注射量只有 0.1g，用于生产 0.05g 的塑件。

3.2.2 塑件的精度

塑件尺寸精度是指所获得的塑件尺寸与塑件图中尺寸的符合程度，即所获得塑件尺寸的准确度。影响塑件精度的因素有很多，主要包括以下几个方面。

1）模具的制造精度及磨损程度。这些会直接影响塑件的尺寸精度。

2）塑料收缩率的波动。一般结晶性塑料和半结晶性塑料（POM 和 PA 等）的收缩率比非结晶性塑料的大，范围宽，波动性也大，因此塑件的尺寸精度也较差。

3）成型工艺参数。成型工艺参数如料温、模温、注射压力、保压压力、塑化背压力、注射速度、成型周期等都会对塑件的收缩率产生影响。

4）模具的结构。如多型腔模一般比单型腔模的塑件尺寸波动大。对于多腔注射模，为了减少尺寸波动，需要进行一些其他方面的努力，如分流道采用平衡布置、模具各部位的温度应尽量均匀等。另外，模具的结构（如分型面选择、浇注系统的设计、排气、模具的冷却和加热等）以及模具的刚度等都会影响塑件的尺寸精度。

5）塑件的结构形状。如壁厚不均匀、严重不对称、很高很深，这些都会影响塑件的精度。

6）模具在使用过程中的磨损和模具导向部件的磨损。这些也会直接影响塑件的尺寸精度。对于工程塑料制品，尤其是以塑代钢的制品，设计者往往简单地套用机械零件的尺寸公差，这是很不合理的，许多工业化国家都根据塑料特性制定了模塑件的尺寸公差。我国也于 2008 年修订了《塑料模塑件尺寸公差》（GB/T 14486—2008）。设计者可根据所用的塑料原料和产品使用要求，根据标准中的规定确定塑件的尺寸公差。由于影响塑件尺寸精度的因素有很多，因此在塑件设计中正确、合理地确定尺寸公差是非常重要的。一般来说，在保证使用要求的前提下，精度应设计得尽量低一些。常用材料模塑件公差

等级的使用见表 3-4。

表 3-4　常用材料模塑件公差等级的使用（摘自 GB/T 14486—2008）

材料代号	材料品种		公差等级		
			标注公差尺寸		未注公差尺寸
			高精度	一般精度	
ABS	丙烯腈-丁二烯-苯乙烯共聚物		MT2	MT3	MT5
CA	乙酸纤维素		MT3	MT4	MT6
EP	环氧树脂		MT2	MT3	MT5
PA	聚酰胺	无填料填充	MT3	MT4	MT6
		30%玻璃纤维填充	MT2	MT3	MT5
PBT	聚对苯二甲酸丁二酯	无填料填充	MT3	MT4	MT6
		30%玻璃纤维填充	MT2	MT3	MT5
PC	聚碳酸酯		MT2	MT3	MT5
PDAP	聚邻苯二甲酸二烯丙酯		MT2	MT3	MT5
PEEK	聚醚醚酮		MT2	MT3	MT5
HDPE	高密度聚乙烯		MT4	MT5	MT7
LDPE	低密度聚乙烯		MT5	MT6	MT7
PESU	聚醚砜		MT2	MT3	MT5
PET	聚对苯二甲酸乙二酯	无填料填充	MT3	MT4	MT6
		30%玻璃纤维填充	MT2	MT3	MT5
PF	酚醛树脂	无机填料充填	MT2	MT3	MT5
		有机填料充填	MT3	MT4	MT6
PMMA	聚甲基丙烯酸甲酯		MT2	MT3	MT5
POM	聚甲醛	≤150mm	MT3	MT4	MT6
		>150mm	MT2	MT5	MT6
PP	聚丙烯	无填料充填	MT4	MT5	MT7
		30%无机填料充填	MT2	MT3	MT5
PPE	聚苯醚；聚亚苯醚		MT2	MT3	MT5
PPS	聚苯硫醚		MT2	MT3	MT5
PS	聚苯乙烯		MT2	MT3	MT5
PSU	聚砜		MT2	MT3	MT5
PUR-P	热塑性聚氨酯		MT4	MT6	MT7
PVC-P	软质聚氯乙烯		MT5	MT6	MT7
PVC-U	未增塑聚氯乙烯		MT2	MT3	MT5
SAN	丙烯腈-苯乙烯共聚物		MT2	MT3	MT5
UF	脲-甲醛树脂	无机填料充填	MT2	MT3	MT5
		有机填料充填	MT3	MT4	MT6
UP	不饱和聚酯树脂	30%玻璃纤维充填	MT2	MT3	MT5

3.2.3 塑件的表面质量

塑件的表面质量是指塑件成型后的表面缺陷状态，如常见的填充不足、飞边、收缩凹陷、气孔、熔接痕、银纹、翘曲变形、顶白、黑斑、尺寸不稳定及表面粗糙度等。塑件的表面粗糙度，除了在成型时从工艺上尽可能避免冷疤、云纹等疵点外，主要取决于模具成型零件的表面粗糙度。一般模具的表面粗糙度值要比塑件的低 1~2 级，塑件的表面粗糙度 Ra 值一般为 $1.6~0.2\mu m$，在模具使用中，由于型腔磨损而使表面粗糙度值不断加大，应随时给以抛光复原。透明制件要求型腔和型芯的表面粗糙度相同，而不透明制件则根据使用情况而定，非配合表面和隐蔽面可取较大的表面粗糙度值，除塑件外表面有特殊要求以外，一般型腔的表面粗糙度值要低于型芯的。此外，塑件的表面粗糙度与塑料的品种有关。不同加工方法和不同材料所能达到的塑件表面粗糙度见表 3-5。

表 3-5　不同加工方法和不同材料所能达到的塑件表面粗糙度（摘自 GB/T 14234—1993）

加工方法	材料		Ra 参数值范围/μm										
			0.025	0.050	0.100	0.200	0.40	0.80	1.60	3.20	6.30	12.50	25
注射成型	热塑性塑料	PMMA	●	●	●	●	●	●	●				
		ABS	●	●	●	●	●	●	●				
		AS	●	●	●	●	●	●	●				
		PC		●	●	●	●	●	●				
		PS		●	●	●	●	●		●			
		PP			●	●	●	●	●				
		PE			●	●	●	●	●				
		POM		●	●	●	●	●	●	●	●		
		PSF				●	●	●	●	●			
		PVC				●	●	●	●	●			
		PPO				●	●	●	●	●			
		CPE				●	●	●	●	●			
		PBP				●	●	●	●				
	热固性塑料	氨基塑料				●	●	●	●				
		酚醛塑料				●	●	●	●				
		聚硅氧烷塑料				●	●	●					
压制和挤胶成型		氨基塑料				●	●	●	●				
		嘧胺塑料			●								
		酚醛塑料				●	●	●	●	●			
		DAP					●	●	●	●			
		不饱和聚酯					●	●	●	●			
		环氧塑料				●	●	●	●				

（续）

加工方法	材料	Ra 参数值范围/μm										
		0.025	0.050	0.100	0.200	0.40	0.80	1.60	3.20	6.30	12.50	25
机械加工	有机玻璃	●	●	●	●	●		●	●	●		
	尼龙							●	●	●	●	
	聚四氟乙烯						●	●	●	●	●	
	聚氯乙烯							●	●	●	●	
	增强塑料							●	●	●	●	●

注：1. 模具型腔 Ra 数值应相应增大 2 级。

2. ● 表示有此项。

思 考 题

1. 为什么设计塑料制件时壁厚应尽量均匀？

2. 影响塑件尺寸精度的主要因素有哪些？

3. 简述均匀厚度的黄金准则，流长比的定义及意义。

4. 为何要设计脱模斜度？

第4章 先进注射模具基本结构与注射机

本章主要介绍热塑性塑料先进注射成型模具的分类及结构组成、典型结构及先进注射模具与注射机。先进塑料注射成型模具主要用于热塑性塑料制件的成型。注射成型的特点是生产率高，容易实现自动化生产。由于注射成型的工艺优点显著，所以塑料注射成型的应用最为广泛。近年来，随着成型技术的发展，热固性塑料的注射成型应用也日趋广泛。

4.1 先进注射模具的分类及结构组成

4.1.1 先进注射模具的分类

注射模具又称塑料注射模具，它是一种可以重复、大批量地生产塑料零件的生产工具。这种模具是靠成型零件在装配后形成的一个或多个型腔，来成型所需要的塑件形状。注射模具是所有塑料模中结构最复杂，设计、制造和加工精度最高，应用最普遍的一种模具。图4-1所示为常见的注射模具。

a) 凹模(型腔)   b) 凸模(型芯)

图 4-1 常见的注射模具

注射模具工作时必须安装在注射机上，由注射机来实现模具动模、定模的开合，并按下面的顺序成型所需的塑件：合模→注射熔体进入型腔→保压并冷却→开模→推出塑件→再合模。

注射模具有很多种分类方法。按注射模具的典型结构特征可分为单分型面注射模具、双分型面注射模具、斜导柱（弯销、斜导槽、斜滑块、齿轮齿条）侧向分型与抽芯注射模具、带有活动镶件的注射模具、定模带有推出装置的注射模具和自动卸螺纹注射模具等；按浇注系统的结构形式可分为普通流道注射模具、热流道注射模具；按注射模具所用注射机的类型可分为卧式注射机用模具、立式注射机用模具和角式注射机用模具；按塑料的性质可分为热塑性塑料注射模具、热固性塑料注射模具；按注射成型技术可分为低发泡注射模具、精密注射模具、气体辅助注射成型注射模具、双色注射模具、多色注射模具等。

4.1.2　先进注射模具的结构组成

先进注射模具的结构由塑件的复杂程度及注射机的结构形式等因素决定。先进注射模具可分为动模和定模两大部分，定模部分安装在注射机的固定模板上，动模部分安装在注射机的移动模板上，注射时动模与定模闭合构成浇注系统和型腔，开模时动模与定模分离，取出塑件。

根据模具上各个部分所起的作用，先进注射模具的总体结构组成如图 4-2 所示。

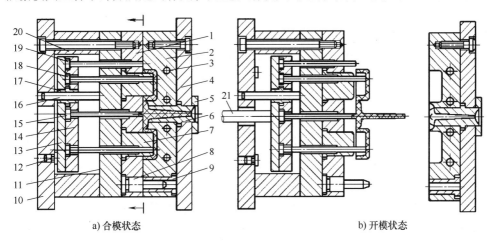

a) 合模状态　　　　　　　　　　　　b) 开模状态

图 4-2　先进注射模具的总体结构组成

1—动模板　2—定模板　3—冷却水道　4—定模座板　5—定位圈　6—浇口套　7—凸模　8—导柱
9—导套　10—动模座板　11—支承板　12—支承柱　13—推板　14—推杆固定板　15—拉料杆
16—推板导柱　17—推板导套　18—推杆　19—复位杆　20—垫块　21—注射机液压顶杆

1. 成型部分

成型部分是指与塑件直接接触，成型塑件内表面和外表面的模具部分，它由凸模（型芯）、凹模（型腔）以及嵌件和镶块等组成。凸模（型芯）形成塑件的内表面形状，凹模形成塑件的外表面形状，合模后凸模和凹模便构成了模具模腔。图 4-2 所示的模具中，模腔由动模板 1、定模板 2、凸模 7 等组成。

2. 浇注系统

浇注系统是熔融塑料在压力作用下充填模具型腔的通道（熔融塑料从注射机喷嘴进入模具型腔所流经的通道）。浇注系统由主流道、分流道、浇口及冷料穴等组成。浇注系统对塑料熔体在模内流动的方向与状态、排气溢流、模具的压力传递等起到重要的作用。

3. 导向机构

为了保证动模、定模在合模时的准确定位，模具必须设计有导向机构。导向机构分为导柱、导套导向机构与内外锥面定位导向机构两种形式。图 4-2 中的导向机构由导柱 8 和导套 9 组成。此外，大中型模具还要采用推出机构导向，图 4-2 中的推出导向机构由推板导柱 16 和推板导套 17 组成。

4. 侧向分型与抽芯机构

塑件上的侧向若有凹凸形状及孔或凸台，就需要有侧向的型芯或成型块来成型。在塑件被推出之前，必须先抽出侧向型芯或侧向成型块，然后才能顶离脱模。带动侧向型芯或侧向成型块移动的机构称为侧向分型与抽芯机构。

5. 推出机构

推出机构是将成型后的塑件从模具中推出的装置。推出机构由推杆、复位杆、推杆固定板、推板、主流道拉料杆、推板导柱和推板导套等组成。图 4-2 中的推出机构由推板 13、推杆固定板 14、拉料杆 15、推板导柱 16、推板导套 17、推杆 18 和复位杆 19 等组成。

6. 温度调节系统

为了满足注射工艺对模具的温度要求，必须对模具的温度进行控制，模具结构中一般都设有对模具进行冷却或加热的温度调节系统。模具的冷却方式是在模具上开设冷却水道（图 4-2 中 3），加热方式是在模具内部或四周安装加热元件。

7. 排气系统

在注射成型过程中，为了将型腔内的气体排出模外，常常需要开设排气系统。排气系统通常是在分型面上有目的地开设几条排气沟槽，另外许多模具的推杆或活动型芯与模板之间的配合间隙可起排气作用。小型塑件的排气量不大，因此可直接利用分型面排气。

8. 支承零部件

用来安装固定或支承成型零部件以及前述各部分机构的零部件均称为支承零部件。支承零部件组装在一起，构成注射模具的基本骨架。图 4-2 中的支承零部件有定模座板 4、动模座板 10、支承板 11 和垫块 20 等。

根据注射模具中各零部件的作用，上述八大部分可以分为成型零部件和结构零部件两大类。在结构零部件中，合模导向机构与支承零部件合称为基本结构零部件，因为两者组装起来可以构成注射模具的模架（已标准化）。任何注射模具均可以以这种模架为基础再添加成型零部件和其他必要的功能结构件来形成。

4.2　先进注射模具的典型结构

注射模具的典型结构有很多，按注射模具浇注系统基本结构的不同可分为单分型面注射模具、双分型面注射模具和热流道模具三类。其他模具，如有侧向抽芯机构的模具、有内螺纹机动脱模机构的模具、定模推出的模具和复合脱模的模具等，都是由这三类模具演变而来的。

4.2.1　单分型面注射模具

单分型面注射模具又称为两板式注射模具，是注射模具中最简单又最常见的一种结构形式。据统计，这种模具占全部注射模具的 70% 左右。图 4-3 所示为典型的单分型面注射模具。这种模具可根据需要设计成单型腔，也可以设计成多型腔。构成型腔的一部分在动模，另一部分在定模。主流道设在定模一侧，分流道设在分型面上。开模后由于拉料杆的拉料作用以及塑件因收缩包紧在型芯上，塑件连同浇注系统凝料一同留在动模一侧，动模一侧设置的推出机构将塑件和浇注系统凝料推出。

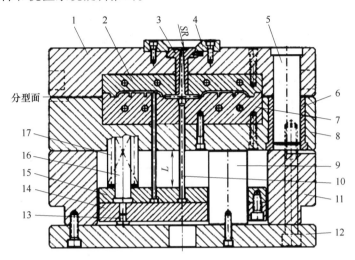

图 4-3　典型的单分型面注射模具

1—定模 A 板　2—定模镶件　3—浇口套　4—定位圈　5—导柱　6—导套　7—动模镶件　8—动模 B 板　9—支承柱
10—流道拉杆　11—垫块　12—动模底板　13—限位钉　14—推杆底板　15—推杆固定板　16—复位杆　17—复位弹簧

4.2.2　双分型面注射模具

双分型面注射模具的结构特征是有两个分型面，常常用于点浇口浇注系统的模具，也称三板式（动模板、中间板、定模座板）注射模具，如图 4-4 所示。在定模部分增加一个分型面（A—A 型面），分型的目的是取出浇注系统凝料，便于下一次注射成型；B—B 分型面为主分型面，分型的目的是打开模具推出塑件。与单分型面注射模具比较，其结构较复杂。

双分型面注射模具的工作原理为开模时，动模部分向后移动，由于图 4-4 中压缩弹簧 7 的作用，模具首先在 A—A 分型面分型，中间板（定模板）12 随动模部分一起后退，主流动道凝料从浇口套 10 中随之拉出。当动模部分移动一定距离后，固定在定模板 12 上的限位销 6 与定距拉板 8 左端接触，使中间板停止移动，A—A 分型面分型结束。动模部分继续后移，B—B 分型面分型。因塑件包紧在型芯 9 上，这时浇注系统凝料在浇口处拉断，然后在 B—B 分型面之间自行脱落或由人工取出。动模部分继续后移，当注射机的顶杆接触推板 16 时，推出机构开始工作，推件板 4 在推杆 14 的推动下将塑件从型芯 9 上推出，塑件在 B—B 分型面之间自行落下。

4.2.3　热流道模具

热流道模具又称无流道模具，包括绝热流道模具和加热流道模具。这种模具浇注系统内的塑料始终处于熔融状态，故在生产过程中不会（或者很少）产生两板式注射模具和三板式注射模具那样的浇注系统凝料。热流道模具既有两板式注射模具动作简单的优点，又有三板式注射模具熔体可以从型腔内任一点进入的优点。加之热流道模具无熔体在流道中的压

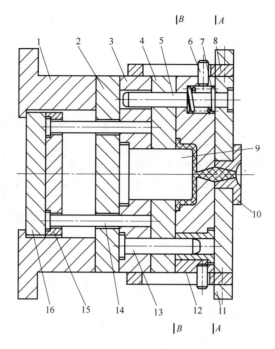

图 4-4　双分型面注射模具

1—支架　2—支承板　3—型芯固定板　4—推件板　5—导柱　6—限位销　7—压缩弹簧　8—定距拉板　9—型芯
10—浇口套　11—定模座板　12—中间板（定模板）　13—导柱　14—推杆　15—推杆固定板　16—推板

力、温度和时间的损失，所以它既提高了模具的成型质量，又缩短了模具的成型周期，是注射模具浇注系统技术的重大革新。在注射模具技术高度发达的日本、美国和德国等国家，热流道注射模具的使用非常普及，所占比例在 70% 左右。由于经济和技术方面的原因，热流道模具在我国目前使用并不普及，但随着我国注射模具技术的发展，热流道模具一定是我国注射模具浇注系统未来发展的主要方向。图 4-5 所示为典型的热流道注射模具。

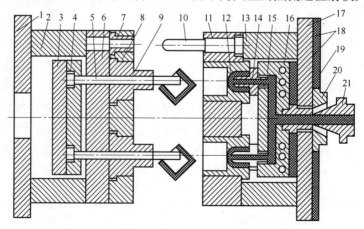

图 4-5　典型的热流道注射模具

1—动模座板　2—垫块　3—推板　4—推杆固定板　5—推杆　6—支承板　7—导套　8—动模板　9—型芯
10—导柱　11—定模板　12—凹模　13—垫块　14—喷嘴　15—热流道板　16—加热器孔　17—定模座板
18—绝热层　19—浇口套　20—定位圈　21—二级喷嘴

4.3　先进注射模具与注射机

注射模具是安装在注射机上的，因此在设计注射模具时应该对注射机的有关技术规范进行必要的了解，以便设计出符合要求的模具，同时选定合适的注射机型号。从模具设计角度考虑，需要了解注射机的主要技术规范，包括公称注射量、公称注射压力、公称锁模力、模具安装尺寸以及开模行程等。

4.3.1　注射机的分类

注射机发展很快，类型不断增加，注射机的分类方法较多，通常按注射机外形特征及注射装置和合模装置的排列方式进行分类，可以分为卧式注射机、立式注射机、角式注射机和多模注射机等几种。

（1）卧式注射机　卧式注射机是使用最广泛的注射成型设备，它的注射装置和合模装置在同一轴线上并水平排列，如图 4-6 所示。卧式注射机的优点是便于操纵和维修，机器重心低，比较稳定，成型后的塑件推出后可利用其自重自动落下，容易实现全自动操作等。卧式注射机对大、中、小型模具都适用，注射量在 $60cm^3$ 及以上的注射机均为螺杆式注射机。其主要缺点是模具安装较困难。

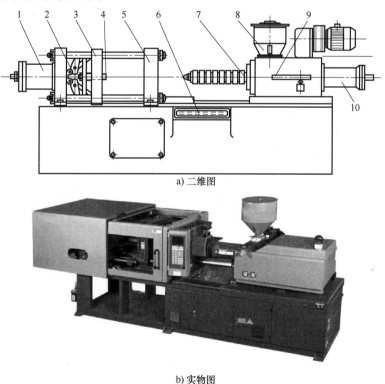

a) 二维图

b) 实物图

图 4-6　卧式注射机

1—锁模液压缸　2—锁模机构　3—移动模板　4—顶杆　5—固定模板　6—控制台
7—料筒及加热器　8—料斗　9—定量供料装置　10—注射液压缸

（2）立式注射机　立式注射机如图4-7所示。它的注射装置与合模装置的轴线呈一条线并竖直排列。立式注射机具有占地面积小、模具拆装方便、安放嵌件便利等优点；缺点是塑件顶出后常需要用手或其他方法取出，不易实现全自动化操作，机身重心较高，机器的稳定性差。立式注射机多为注射量在 $60cm^3$ 以下的小型柱塞式注射机。

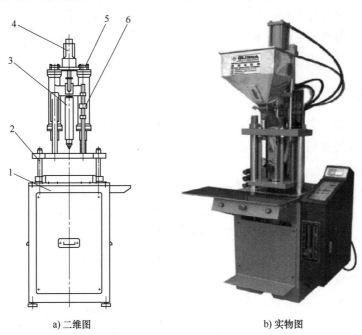

a) 二维图　　　　b) 实物图

图 4-7　立式注射机

1—机架　2—模板　3—螺杆机筒　4—注射螺杆　5—电动机　6—导柱

（3）角式注射机　角式注射机一般为柱塞式注射机，它的注射装置和合模装置的轴线相互垂直排列，如图4-8所示。其优点介于卧、立两种注射机之间。这种角式注射机主要是注射量在 $45cm^3$ 以下的小型注射机，它特别适合于成型自动脱卸有螺纹的塑件。

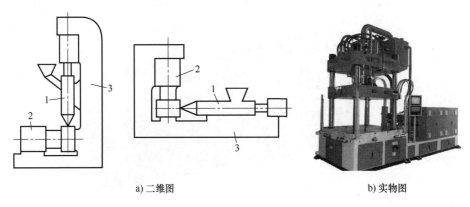

a) 二维图　　　　b) 实物图

图 4-8　角式注射机

1—锁模机构　2—料筒、加热器及注射液压缸　3—机体

角式注射成型模具的特点是熔料沿着模具的分型面进入型腔。由于开、合模机构采用纯

机械传动，所以角式注射机有无法准确可靠地注射和保持压力及锁模力，以及模具受冲击和振动较大的缺点。

（4）多模注射机　多模注射机是一种多工位操作的特殊注射机，如图4-9所示，它实际上是一种专用注射机。在下面工位注射结束后，绕固定轴3旋转180°后在上面工位上脱模，此时，在下面工位上对另一副模具进行注射。根据注射量和机器的用途，多模注射机也可将注射装置与合模装置进行多种形式的排列。

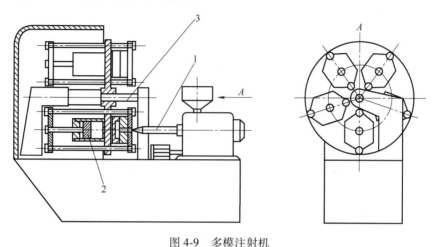

图 4-9　多模注射机

1—料筒加热器及注射液压缸　2—锁模机构　3—固定轴

根据注射成型工艺和成型技术的不同，多模注射机还可以分成热固性塑料注射、发泡注射、排气注射、高速注射、多色注射、精密注射、气体辅助注射等类型的注射机。我国生产的注射机主要是热塑性塑料通用型注射机和部分热固性塑料型注射机。

4.3.2　注射机型号规格的表示法

注射机型号规格的表示法主要有注射量、合模力、合模力与注射量同时表示三种方法。

（1）注射量表示法　注射量表示法是用注射机的注射量来表示注射机规格的方法，即注射机以标准螺杆（常用普通型螺杆）注射时的80%理论注射量表示。这种表示法比较直观，规定了注射机成型制件的体积范围。由于注射容量与加工塑料的性能、状态有着密切的关系，所以注射量表示法不能直接判断注射机规格的大小。

常用的卧式注射机型号有 XS-ZY-30、XS-ZY-60、XS-ZY-125、XS-ZY-500、XS-ZY-1000等。其中，XS 表示塑料成型机械；Z 表示注射成型；Y 表示螺杆式（预塑式）；125、500等表示注射机的最大注射量（单位为 cm^3 或 g）。

（2）合模力表示法　合模力表示法是用注射机最大合模力（kN）来表示注射机规格的方法，这种表示法直观、简单，注射机合模力不会受到其他取值的影响而改变，可直接反映出注射机成型制件面积的大小。合模力表示法不能直接反映注射机注射量的大小，也就不能反映注射机全部加工能力及规格的大小。

（3）合模力与注射量同时表示法　合模力与注射量表示法是目前国际上通用的表示方法，是用注射量为分子、合模力为分母表示设备的规格。如 XZ-63/50 型注射机，X 表示塑料机械；Z 表示注射机；63/50 表示注射量为 63cm³，合模力为 500kN。

国家标准采用注射量表示法（XS-ZY-注射量——改进型表示法），如型号为 XS-ZY-125 的注射机，XS 表示塑料成型机械；Z 表示注射成型；Y 表示螺杆式（无 Y 表示柱塞式）；125 表示公称注射量（单位为 cm³或 g）。

4.3.3　注射机的技术参数

注射机的技术参数是其设计、制造、选择与使用的基本依据。描述注射机性能的技术参数有注射量、注射压力、注射速度、塑化能力、锁模力、合模装置基本尺寸等。

我国的 SZ 系列注射机，用一次能注射出的理论注射量和锁模力来表征注射机的生产能力。例如 SZ-160/1000，表示该型号注射机的理论注射量约为 160cm³，锁模力约为 1000kN。

1. 注射装置的技术参数

（1）螺杆直径　螺杆的外径尺寸（mm），以 D 表示。

（2）螺杆有效长度　螺杆上有螺纹部分的长度（mm），以 L 表示。

（3）螺杆压缩比　螺杆加料段第一个螺槽容积 V_2 与计量段最末一个螺槽容积 V_1 之比，即 V_2/V_1。

（4）理论注射量　螺杆（或柱塞）头部截面面积与最大注射行程的乘积（cm³）。

（5）注射量　螺杆（或柱塞）一次注射的最大容积（cm³）或者一次注射物料的最大质量（g）。

（6）注射压力　注射时螺杆（或柱塞）头部施于预塑物料的最大压力（MPa）。

（7）注射速度　注射时螺杆（或柱塞）移动的最大速度（mm/s）。

（8）注射时间　注射时螺杆（或柱塞）完成注射行程的最短时间。

（9）塑化能力　单位时间内可塑化物料的最大质量（g/s）。

（10）喷嘴接触力　喷嘴与模具的最大接触力，即注射座推力（kN）。

（11）喷嘴伸出量　喷嘴伸出模具安装面的长度（mm）。

此外，还有喷嘴结构、喷嘴孔径和球面半径等技术参数。

2. 合模装置的技术参数

（1）锁模力　为克服塑料熔体胀开模具而施于模具的最大锁模力（kN）。

（2）成型面积　在分型面上最大的型腔和浇注系统的投影面积（cm²）。

（3）开模行程　模具的动模可移动的最大距离（mm）。

（4）模板尺寸　定模板和动模板的安装平面的外形尺寸（mm）。

（5）模具最大（最小）厚度　注射机上能安装闭合模具的最大（最小）厚度（mm）。

（6）模板最大（最小）开距　定模板和动模板之间的最大（最小）间距（mm）。

（7）拉杆间距　注射机拉杆的水平方向和竖直方向内侧的间距（mm）。

（8）推出行程　推出机构推出时的最大位移（mm）。

4.3.4　注射机有关工艺参数的校核

模具设计时，设计者必须根据塑件的结构特点和技术要求确定模具结构。模具的结构与注射机之间有着必然的联系，模具定位圈尺寸、模板的外围尺寸、注射量的大小、推出机构的设置及锁模力的大小等必须参照注射机的类型及相关尺寸进行设计，否则，模具就无法与注射机合理匹配，注射过程也就无法进行。

1. 型腔数量的确定和校核

型腔数量的确定是模具设计的第一步，型腔数量与注射机的塑化能力、最大注射量及锁模力等参数有关。另外，型腔数量还直接影响塑件的精度和生产的经济性。型腔数量的确定方法有很多种，下面介绍根据注射机性能参数确定型腔数量的几种方法。

1）按注射机的额定塑化能力确定型腔的数量 n：

$$nm_1+m_2 \leqslant kMT/3600 \tag{4-1}$$

式中　n——型腔数量；

m_1——单个塑件的质量（g）或体积（cm³）；

m_2——浇注系统凝料的塑料质量（g）或体积（cm³）；

k——注射机最大注射量的利用系数，一般取 0.8 左右，视设备的新旧而取值；

M——注射机的额定塑化能力（g/h 或 cm³/h）；

T——成型周期（s）。

2）按注射机的额定锁模力确定型腔的数量 n：

$$p(nA+A_j) \leqslant F_n \tag{4-2}$$

式中　F_n——注射机的额定锁模力（N）；

A——单个塑件在模具分型面上的投影面积（mm²）；

A_j——浇注系统在模具分型面上的投影面积（mm²）；

p——塑料熔体对型腔的成型压力（MPa），其大小一般是注射压力的 80%。

上述方法是确定或校核型腔数量的基本方法，具体设计时还需要考虑成型塑件的尺寸精度、生产的经济性及注射机安装模板尺寸的大小。随着型腔数量的增加，塑件的精度会降低（一般每增加一个型腔，塑件的尺寸精度便降低 4%~8%），同时模具的制造成本也会提高，但生产率会显著增加。

2. 最大注射量的校核

最大注射量是指注射机对空注射的条件下，注射螺杆或柱塞做一次最大注射行程时，注射装置所能达到的最大注射量。设计模具时，应满足注射成型塑件所需的总注射量小于所选注射机的最大注射量，即

$$nm+m_j \leqslant km_n \tag{4-3}$$

式中　n——型腔数量；

m——单个塑件的体积（cm³）或质量（g）；

m_j——浇注系统凝料量（cm³ 或 g）；

m_n——注射机最大注射量（cm³ 或 g）；

k——注射机最大注射量利用系数，一般取 0.8。

柱塞式注射机的允许最大注射量是以一次注射物料的最大质量（g）为标准的；螺杆式注射机以体积（cm³）表示最大注射量。

3. 锁模力的校核

注射时塑料熔体进入型腔内仍然存在较大的压力，它会使模具从分型面胀开。为了平衡

塑料熔体的压力，并锁紧模具保证塑件的质量，注射机必须提供足够的锁模力。它同注射量一样，也反映了注射机的加工能力，是一个重要参数。胀模力等于塑件和浇注系统在分型面上不重合的投影面积之和乘以型腔的压力。它应小于注射机的额定锁模力 F_n，这样才能在注射时不发生溢料和胀模现象，即满足

$$(nA_z+A_j)p \leqslant F_n \tag{4-4}$$

式中　A_z——塑件在模具分型面上投影面积之和（mm^2）；

　　　F_n——注射机的额定锁模力（N）。

型腔内的压力一般为注射机注射压力的 80% 左右。常用塑料注射成型时所选用的型腔压力见表 4-1。

表 4-1　常用塑料注射成型时所选用的型腔压力

塑料品种	高密度聚乙烯（HDPE）	低密度聚乙烯（LDPE）	聚苯乙烯（PS）	AS	ABS	聚甲醛（POM）	聚碳酸酯（PC）
型腔压力/MPa	10~15	20	15~20	30	30	35	40

4. 注射压力的校核

塑料成型所需要的注射压力是由塑料品种、注射机类型、喷嘴形式、塑件形状以及浇注系统的压力损失等因素决定的。对于黏度较大的塑料以及形状细薄、流程长的塑件，注射压力应取大些。由于柱塞式注射机的压力损失比螺杆式大，所以注射压力也应取大些。注射压力的校核是核定注射机的额定注射压力是否大于成型时所需的注射压力。

5. 模具与注射机安装部分相关尺寸的校核

注射模具是安装在注射机上生产的，在设计模具时必须使模具的有关尺寸与注射机相匹配。与模具安装有关的尺寸包括浇口套球面尺寸、定位圈尺寸、模具的最大和最小厚度以及模板上的安装螺孔尺寸等。

（1）浇口套球面尺寸　设计模具时，浇口套内主流道始端的球面必须比注射机喷嘴头部球面半径略大一些，如图 4-10 所示，即 SR 比 SR_1 大 1~2mm；主流道小端直径要比喷嘴直径略大，即 d 比 d_1 大 0.5~1mm。

（2）定位圈尺寸　为了使模具在注射机上的安装准确、可靠，定位圈的设计很关键。模具定位圈如图 4-10 中 3 所示，其外径尺寸必须与注射机的定位孔尺寸相匹配。通常采用间隙配合，以保证模具主流道的中心线与注射机喷嘴的中心线重合，一般模具的定位圈外径尺寸应比注射机固定模板上的定位孔尺寸小 0.2mm 或以下。

（3）模具的最大和最小厚度　模具的总高度必须位于注射机可安装模具的最大模厚与最小模厚之间，同时应校核模具的外形尺寸，使模具能从注射机的拉杆之间装入。

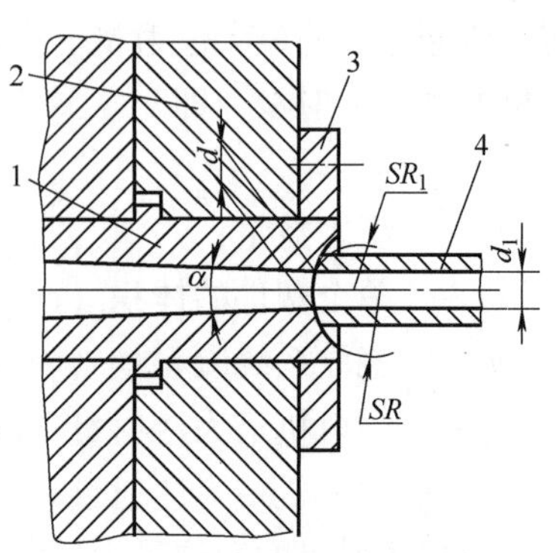

图 4-10　模具浇口套定位圈形状及其与注射机喷嘴的关系

1—浇口套　2—定模座板
3—定位圈　4—注射机喷嘴

（4）安装螺孔尺寸　注射模具在注射机上的安装方法有两种，一种是用螺钉直接固定，另一种是用螺钉和压板固定。当用螺钉直接固定时，模具动、定模座板与注射机模板上的螺孔应完全吻合；而用压板固定时，只要在模具固定板需安放压板的外侧附近有螺孔就能紧固，因此压板固定具有较大的灵活性。

6. 开模行程的校核

注射机的开模行程受合模机构的限制，注射机的最大开模距离必须大于脱模距离，否则塑件无法从模具中取出。由于注射机的合模机构不同，开模行程可按下面三种情况校核：

（1）注射机的最大开模行程与模具厚度无关的校核　当注射机采用液压和机械联合作用的合模机构时，最大开模程度由连杆机构的最大行程所决定，并不受模具厚度的影响。对于图 4-11 所示的单分型面注射模具，其开模行程校核公式为

$$s \geqslant H_1 + H_2 + (5 \sim 10)\,\text{mm} \tag{4-5}$$

式中　s——注射机最大开模行程（mm）；

H_1——推出距离（脱模距离）（mm）；

H_2——包括浇注系统在内的塑件高度（mm）。

对于图 4-12 所示的双分型面注射模具，需要在开模距离中增加定模座板与中间板之间的分开距离 a。a 的大小应保证可以方便地取出浇注系统的凝料，此时开模行程校核公式为

$$s \geqslant H_1 + H_2 + a + (5 \sim 10)\,\text{mm} \tag{4-6}$$

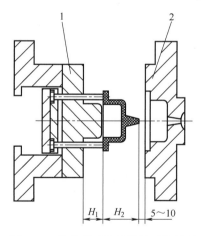

图 4-11　单分型面注射模具开模行程
1—动模　2—定模座板

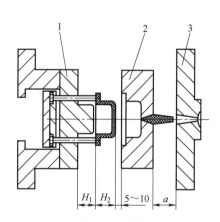

图 4-12　双分型面注射模具开模行程
1—动模板　2—中间板　3—定模座板

（2）注射机最大开模行程与模具厚度有关的校核　对于全液压式合模机构的注射机和带有丝杠开模合模机构的直角式注射机，其最大开模行程受模具厚度的影响。此时最大开模行程等于注射机移动模板与固定模板之间的最大距离 s 减去模具厚度 H_m。对于单分型面注射模具，校核公式为

$$s - H_m \geqslant H_1 + H_2 + (5 \sim 10)\,\text{mm} \tag{4-7}$$

对于双分型面注射模具，校核公式为

$$s - H_m \geqslant H_1 + H_2 + a + (5 \sim 10)\,\text{mm} \tag{4-8}$$

（3）具有侧向抽芯机构时的校核　当模具需要利用开模动作完成侧向抽芯时，开模行

程的校核应考虑侧向抽芯所需的开模行程，如图 4-13 所示。若设完成侧向抽芯所需的开模行程为 H_c，当 $H_c \leq H_1 + H_2$ 时，H_c 对开模行程没有影响，仍用上述各公式进行校核；当 $H_c > H_1 + H_2$ 时，可用 H_c 代替前述校核公式中的 $H_1 + H_2$ 进行校核。

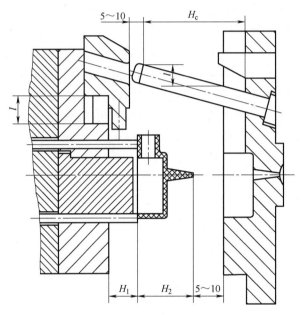

图 4-13　具有侧向抽芯时的开模行程

7. 推出装置的校核

各种型号注射机的推出装置和最大推出距离不尽相同，设计时应使模具的推出机构与注射机相适应。通常是根据开合模系统推出装置的推出形式（中心推出还是两侧推出）、注射机的顶杆直径、顶杆间距和顶出距离等校核模具推出机构是否合理、推杆推出距离能否达到使塑件顺利脱模的目的。

思　考　题

1. 什么是注射模具？为什么说注射模具经济价值高，是模具中结构最复杂、最有发展潜力的模具？

2. 简述注射模具的分类及各类模具的结构特点。

3. 注射模具主要由哪几部分组成？最重要的是哪几大系统？最复杂的是哪几大系统？

4. 根据注射装置和合模装置的排列方式进行分类，注射机可以分成哪几类？各类的特点是什么？

5. 简述卧式注射机的优缺点及常用技术参数。

6. 设计注射模具时，应对注射机的哪些有关工艺参数进行校核？

第 5 章　先进注射模具浇注系统与冷却系统

　　本章主要介绍先进注射模具的浇口设计、浇注系统设计、冷却系统设计。流道系统是螺杆输送的熔胶自浇口进入型腔的过渡机构，流道系统的设计是否适当，将决定射出成品的功能性、加工性与经济性。流道系统主要包含竖流道、热流道、冷流道、浇口。在射出成型各项工业技术之中，设计良好的冷却系统将缩短生产周期并提高产品质量。相反，不当的冷却系统设计将成为引起不均匀收缩和翘曲的主要原因之一。冷却系统主要介绍注射成型系统中的传热原理，模具温度变化对于塑件品质的影响，冷却管路的一般设计指南，冷却效率和冷却液流量之间的关系及预估冷却时间的基本原理。

5.1　浇口设计

5.1.1　浇口的作用

　　浇口是连接分流道与型腔之间的一段细短通道，其作用是使从分流道流过来的塑料熔体以较快的速度进入并充满型腔，型腔充满后，浇口部分的熔体能迅速地凝固而封闭浇口，防止型腔内的熔体倒流。浇口的形状、位置和尺寸对塑件的质量影响很大。注射成型时许多缺陷都是由于浇口设计不合理而造成的，所以要特别重视浇口的设计。

　　按浇口截面尺寸大小不同的结构特点，浇口可分为限制性浇口和非限制性浇口两大类。限制性浇口是整个浇注系统中截面尺寸最小的部位，通过截面面积的突然变化，使分流道送来的塑料熔体产生突变的流速增加，提高剪切速率，降低黏度，获得理想的流动状态，从而迅速均衡地充满型腔。对于多型腔模具，调节浇口的尺寸，还可以使非平衡布置的型腔达到同时进料的目的，提高塑件的均一质量。另外，限制性浇口还起着较早固化，防止型腔中熔体倒流的作用。非限制性浇口是整个浇注系统中截面尺寸最大的部位，它主要对中大型筒类、壳类塑件型腔起引料和进料后的施压作用。

5.1.2　浇口的类型及特点

　　浇口的种类很多，根据浇口去除方式，可将其分为手工去浇类浇口和自动去浇类浇口两大类。

1. 手工去浇类浇口

　　(1) 直接式浇口　直接式浇口也称为竖流道浇口，如图 5-1 所示，通常使用在一模一腔的两板式注射模具设计中。直接式浇口的设计容易在人工移除浇口后在产品几何表面上留下浇口的痕迹，因此浇口位置应设计在非产品外观要求表面。此外，直接式浇口的设计让熔胶以最小的压降充填至型腔中，增加了充填与保压的压力传递效益。

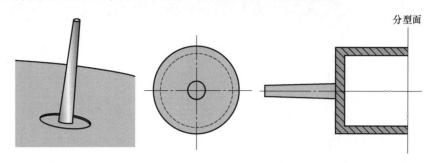

图 5-1　直接式浇口

直接式浇口的尺寸与射出机喷嘴和产品几何厚度相关，浇口与机台喷嘴接口端的直径须比射出机喷嘴直径大 1mm 以上，而与成品接口端的直径建议为产品几何厚度的两倍（至少大于 1.5mm）。由于浇口处的尺寸大于产品几何厚度，因此直接式浇口的收缩量会增加浇口处的残余应力。浇口的脱模角度建议为 1°~2.4°，过小的脱模角度可能在产品顶出时，使竖流道无法与竖流道的衬套脱离；而过大的脱模角度则会浪费过多的塑料且增加冷却时间。

优点：构造简单，压力损失少，充填性良好，尺寸精确，品质佳。

缺点：后加工浇口会留下痕迹，影响产品外观，一次只能成型一个成型品。

（2）侧边式浇口　侧边式浇口为基本类别的浇口，如图 5-2a 所示，又称标准浇口，该浇口断面多为矩形，其断面边缘接至塑件的侧边、上方或下方，且浇口搭接处常位于模具的分型线上。侧边式浇口多应用于多分型面模具设计，可以通过流道方向、位置与型腔连接，以利于自动进行后续的成型步骤，如组装、装饰和检查等。典型侧边式浇口厚度建议尺寸为塑件厚度的 2~10 倍，浇口长度通常不能过长，否则会造成巨大的压降。

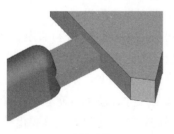
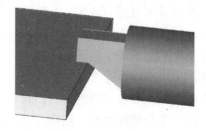

a) 侧边式浇口　　　　　　　　　　b) 重叠式浇口

图 5-2　侧边式浇口和重叠式浇口

优点：浇口与成型品分离容易，可防止塑料逆流，浇口可产生剪切热，再次提升熔胶温度，促进充填，浇口尺寸易控制。

缺点：压力损失大，流动性不佳，平板状或面积大的成型品易造成流痕不良现象。

（3）重叠式浇口　重叠式浇口为侧边式浇口的一种变形，浇口与塑件的侧壁或表面有重叠，如图 5-2b 所示。通过重叠式浇口可以避免喷流现象的发生，以达到减少产品表面缺陷的目的，但浇口放置的位置、方向与几何产品造型仍需设计与考量。重叠式浇口的优缺点与侧边式浇口相似，但重叠式浇口不易在单一作业中移除，故建议浇口放置于注重外表面位置，或放置于不同移除浇口处。

重叠式浇口的建议尺寸与侧边式浇口尺寸相似，浇口厚度为塑件厚度的 60% ~ 75%，或是 0.4 ~ 6.4mm；宽度为塑件厚度的 2 ~ 10 倍，或是 1.6 ~ 12.7mm；浇口面长度不能过长，应该避免超过 1.0mm，最佳建议值为 0.5mm。

（4）扇形浇口　扇形浇口边缘宽大，厚度也逐渐降低，如图 5-3a 所示。扇形浇口允许熔体快速充填型腔，或者通过宽大入口来减缓熔体对易折、易弯型芯的冲击。对于以减少翘曲和提高尺寸稳定性为主的宽大制件成型，扇形浇口可以产生均匀且单向推进的熔体流动。

扇形浇口尺寸：浇口面是构成扇形浇口的重要组成部分，对应于熔体进入型腔前的一个开阔带。由于靠近型腔一侧的浇口面宽度尺寸很大，所以浇口面厚度相对于制件壁厚而言非常薄。尽管如此，流经该浇口面的熔体仍然能获得低的剪切速率。厚度 h 约 1mm 的浇口面应用十分普遍，而通常宽度 $W \geqslant 25$mm。对于特别大的制件，扇形浇口面的宽度可以超过 750mm。通常情况下，扇形浇口面宽度与型腔进浇部位尺寸一致。

优点：可均匀充填，防止成型品变形，可得到良好外观的成型品，几乎无不良现象发生。

缺点：后加工不易，浇口切除困难，浇口残留痕迹大。

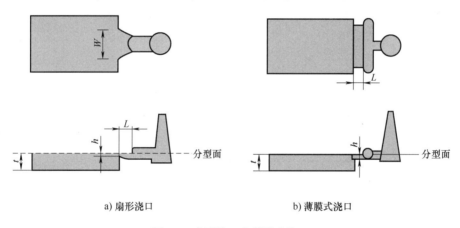

a) 扇形浇口　　　　　　　　b) 薄膜式浇口

图 5-3　扇形浇口和薄膜式浇口

（5）薄膜式浇口　薄膜式浇口与扇形浇口类似，如图 5-3b 所示，只是前者进浇部位对应的制件边缘是平直的。薄膜式浇口由直流道、熔体分配流道和浇口面组成。其中，熔体分配流道的长度基本上与型腔宽度或长度相等。该类浇口常用于注射丙烯酸制件和注射要求翘曲度很小的平板制件。薄膜式浇口实际上是扇形浇口的一种不良翻版，因为它不可能获得平坦的熔体流动前沿，从而造成型腔中的熔体流动也不均匀。

薄膜式浇口尺寸：此类浇口尺寸不大，厚度 h 为 0.25 ~ 0.63mm，长度 L 约为 0.63mm。

优点：流动较均匀，可减少熔接痕和防止成型品翘曲变形。

缺点：浇口移除困难，影响产品外观。

（6）盘状式浇口、环状式浇口、幅状式浇口　盘状式浇口也称隔膜式浇口，如图 5-4a 所示，通常用于圆筒状或圆环状制件，这类制件一般具有较大内径，对内、外表面的同轴度要求很严格，且不允许出现熔接线。隔膜式浇口基本上是环绕制件内边缘的飞边型浇口（溢料浇口）。由于流经隔膜的熔体来自与圆盘同心的直流道，所以该浇口能够均匀地将熔体前沿分配给型腔。

盘状式浇口尺寸：浇口的典型厚度 h 为 0.25~1.25mm。

环状式浇口常用于圆筒状或圆环状制件，但一般不采用，如图 5-4b 所示。通过环状式浇口的熔体先围绕型芯自由流动，然后像挤出管一样向下充填型腔。

环状式浇口尺寸：浇口的典型厚度 h 为 0.25~1.6mm。

幅状式浇口也称四点浇口或十字浇口，如图 5-4c 所示。幅状式浇口通常用于管状制件，特点是容易去浇口，节省材料，但熔接线无法消除，很难保证制件圆度。

幅状式浇口尺寸：浇口的典型厚度为 0.8~4.8mm，宽度为 1.6~6.4mm。

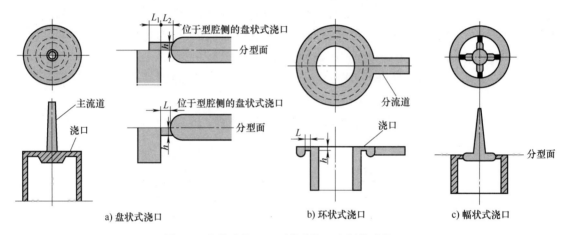

a) 盘状式浇口　　　　　　b) 环状式浇口　　　　　c) 幅状式浇口

图 5-4　盘状式浇口、环状式浇口和幅状式浇口

（7）护耳式浇口　护耳式浇口通常用于平板和薄壁制件成型，如图 5-5 所示，以减少型腔内的切应力。围绕浇口产生的高切应力被局限在耳槽（护耳）内，制件脱模后，耳槽被切除。护耳式浇口广泛用于成型 PC、丙烯酸、SAN 和 ABS 类塑料。

护耳式浇口尺寸：耳槽的最小宽度 W 为 6.4mm，最小厚度 h 是制件壁厚（对应型腔深度）的 75%。

2. 自动去浇类浇口

该类浇口在开模或制件顶出过程中，被模具上的相应机构自动折断或剪断。自动去浇类浇口主要具有以下特点：避免人工去除浇口这样的二次操作；保持注射循环时间一致；浇口残迹最小。自动去浇类浇口有点浇口、潜伏式浇口、牛角式浇口和热流道阀浇口。

（1）点浇口　点浇口也称针式浇口或针点式浇口，如图 5-6 所示，常用于三板式注射模具结构，即浇注系统单独在一块模板（流道板）上，型腔和型芯分别在另外两块模板上。倒锥形截面流道穿过中间模板，与开模方向平行。当主分型面开启时，制件上的小直径针式浇口即被扯断，然后在流道板分型时再从浇注系统中取出。或者流道板先分型，从浇口套中拉出浇注系统，最后在主分型面开启时，扯断制件上的小直径针式浇口。

点浇口尺寸：典型的浇口直径为 0.25~1.6mm。由于浇口截面非常小，所以流经这类浇口的熔体剪切速率可能比材料推荐的极限剪切速率大。

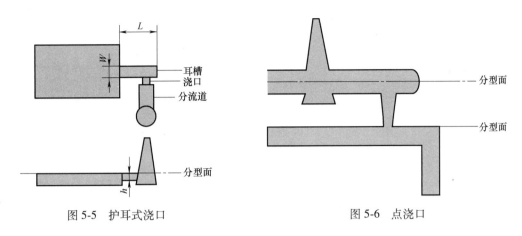

图 5-5　护耳式浇口　　　　　　　　　　图 5-6　点浇口

优点：当需要多个浇口来保证熔体均衡充模，或者希望缩短流动路径以满足保压需求时，应用点浇口特别有效。

缺点：塑料进入成品型腔时压降较大，浇口固化较快，降低了保压对成型品的效果，所产生的流道废料量较大，模具成本高。

（2）潜伏式浇口　潜伏式浇口又称隧道式浇口或剪切式浇口，如图 5-7 所示，用于两板式注射模具结构中。其特点为：在分流道与型腔之间加工有一条锥道，当制件连同分流道被顶出时，浇口从制件上切除。

如果模具中有大直径顶杆位于制件的非功能区，则潜伏式浇口可直接开设在顶杆侧面，以避免加工连接浇口的竖直井。如果由该顶杆构成的浇口或浇口井在制件隐蔽面上，则该浇口凝料将不需要去除。

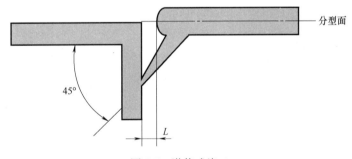

图 5-7　潜伏式浇口

位于圆筒制件内壁的潜伏式多点浇口可以替代隔膜式浇口，以实现自动去浇口。但由于浇口结构不连续，所以在向型腔均匀分配熔体流动前沿方面不如隔膜式浇口，不过可以接受。

潜伏式浇口尺寸：典型的浇口直径为 0.25~2.0mm。通常，浇口与分流道连接端做成锥角，以方便脱出浇口凝料。

优点：浇口与塑件分离可自动化，浇口残痕小，浇口位置在成型品的外侧或内侧可自由设定。

缺点：压力损失大，适用于简单塑件。

（3）牛角式浇口　典型的牛角式浇口直径为 0.25~1.4mm，如图 5-8 所示。牛角式浇口加工困难，浇口由粗变细，末端连接型腔底面的进浇口。牛角式浇口是隧道式浇口的变体，牛角式浇口可以在标准隧道式浇口无法到达的区域提供进浇，并且具备自动去除浇口的功能，其主要的限制在于弯曲的设计易导致浇口附近的材料在顶出时有明显的变化。

优点：后加工容易，可自动化。

缺点：压力损失大，模具结构复杂，费用高。

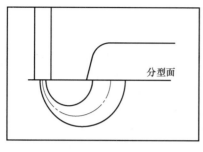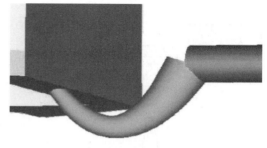

图 5-8　牛角式浇口

（4）热流道阀浇口　热流道阀浇口在热喷嘴内装置可动的隐藏性针杆，以控制浇口的开启与关闭，如图 5-9 所示。充填、保压开启阀针让塑料充填至型腔内，等到凝固之前再关闭浇口，如此便可以减少成型流道的熔胶与裁切浇口的步骤。阀针开启的应用，可以变化出更多样式，但由于热流道阀浇口设计与实际制作上的困难，以及模具开发费用较高，通常热流道阀浇口应用在较大型且注重品质的产品上，即便应用较大的浇口，使用热流道阀浇口也不会在塑件上留下浇口痕迹。因为保压周期针阀的控制，应用热流道阀浇口可以得到较佳的保压周期与较稳定的塑件品质。热流道阀浇口的大小与针阀的应用、塑料材料、产品几何特征及浇口数目息息相关。

优点：节省材料，成型周期短。

缺点：会在产品表面留下印痕。

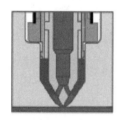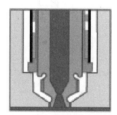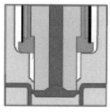

a) 热尖式浇口　　　b) 热竖式浇口　　　c) 侧边式浇口　　　d) 开式浇口

图 5-9　热流道阀浇口

综上所述，不同的浇口形式对塑料熔体的充填特性、成型质量及塑件的性能会产生不同的影响。各种塑料因其性能的差异而对不同形式的浇口会有不同的适应性，设计模具时可参考表 5-1 所列常用塑料所适用的浇口形式。

表 5-1　常用塑料所适用的浇口形式

塑料种类	浇口形式					
	直接式浇口	侧边式浇口	薄膜式浇口	点浇口	潜伏式浇口	环状式浇口
硬聚氯乙烯（HPVC）	●	●				
聚乙烯（PE）	●	●		●		
聚丙烯（PP）	●	●		●		
聚碳酸酯（PC）	●	●		●		

（续）

塑料种类	浇口形式					
	直接式浇口	侧边式浇口	薄膜式浇口	点浇口	潜伏式浇口	环状式浇口
聚苯乙烯（PS）	●	●		●	●	
橡胶改性苯乙烯						
聚酰胺（PA）	●	●		●	●	
聚甲醛（POM）	●	●	●	●	●	●
丙烯腈-苯乙烯	●	●		●		
ABS	●	●	●	●	●	
丙烯酸酯	●	●				

注："●"表示塑料适用的浇口形式。

5.1.3　浇口设计准则

如前所述，浇口的形式很多，但无论采用什么形式的浇口，其开设的位置对塑件的成型性能及成型质量的影响都很大，因此，合理选择浇口的开设位置是提高塑件质量的一个重要设计环节。另外，浇口位置的不同还会影响模具的结构。选择浇口位置时，需要根据塑件的结构与工艺特征和成型的质量要求，并分析塑料原材料的工艺特性与塑料熔体在模内的流动状态、成型的工艺条件，综合进行考虑。

1）浇口位置尽量选择在分型面上，以便于清除及模具加工，因此能用侧边式浇口时不用点浇口。

2）浇口位置距型腔各部位距离尽量相等，并使流程最短，使熔体能在最短的时间内同时填满型腔的各部位。

3）浇口位置应选择对着塑件的厚壁部位，便于补缩，不会形成气泡和收缩凹陷等缺陷。熔体由薄壁型腔进入厚壁型腔时，会出现再喷射现象，使熔体的速度和温度突然下降，从而不利于填充，如图 5-10 所示。图 5-10 中 a 不合理，b 合理。

4）在细长型芯附近避免开设浇口，以免料流直接冲击型芯产生变形错位或弯曲。熔体的温度高、压力大，对镶件冲击的频率大，若镶件薄弱，必然被冲弯，甚至被冲断，如图 5-11 所示。图 5-11 中，a、b 不合理，c 较合理。

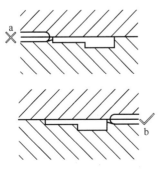

图 5-10　宜从厚壁处进料

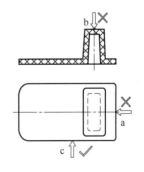

图 5-11　浇口不宜对着薄弱型芯

5）在满足注射要求的情况下，浇口的数量越少越好，以减少熔接痕。若熔接痕无法避免，则应使熔接痕产生于塑件的不重要表面及非薄弱部位。但对于大型或扁平塑件建议采用多点进料，以防止塑件翘曲变形和填充不足，如图 5-12 所示。图 5-12 中，b 和 c 是可以考虑的浇口位置，而 a 则是不合理的。

6）浇口位置应有利于模具排气。熔体进入型腔后，不能先将排气槽（如分型面）堵住，否则型腔内的气体无法排出，会影响熔体流动，使塑件产生气泡、熔接痕或填充不足等缺陷，如图 5-13 所示。如果从 a 处进料，熔体先将分型面堵住，会造成 b 处困气。

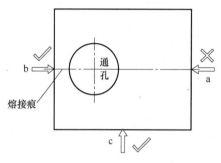

图 5-12 避免产生熔接痕

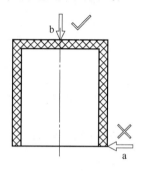

图 5-13 避免困气

7）浇口位置不能影响塑件外观和功能。如前所述，任何浇口都会在塑件表面留下痕迹，为了不影响塑件外观，应将浇口设置于塑件的隐蔽部位。但有时由于塑件的形状或排位的原因，浇口的位置必须外露，对此，一要将浇口做得漂亮些，二要将情况预先告诉客户。模具生产的塑件有一定的局限性，只能做到尽善，做不到尽美。

8）浇口不能太大也不能太小。浇口太大，则熔体经过浇口时，不会产生升温的效应，也很难有防倒流的作用；浇口太小，则阻力大，且会产生蛇纹、气纹和填充不足等缺陷。浇口尺寸由塑件大小、几何形状、结构和塑料种类决定，在设计过程中，可先取小尺寸，再根据试模状况进行修正。

9）在非平衡布置的模具中，可以通过调整浇口宽度尺寸（而不是深度）来达到进料平衡。

10）一般浇口的截面面积为分流道截面的 3% ~ 9%，浇口的截面形状为圆形（点浇口）或矩形（侧边式浇口），浇口长度为 0.5 ~ 2.0mm，表面粗糙度 $Ra \leqslant 0.4\mu m$。

11）在侧边式浇口模具中，应避免从枕位处进料，因为熔体急剧拐弯会造成能量（温度和压力）的损失。无法避开时要在枕位进料处做斜面，减小熔体流动阻力。

12）浇口数量的确定方法是：浇口数量取决于熔体流程 L 与塑件壁厚 T 的比值，一般每个进料点应控制在 $L/T = 50 \sim 80$。在任何情况下，一个进料点的 L/T 值不得大于 100。在实际设计工作中，浇口数量还要根据塑件结构形状、塑料熔融后的黏度等因素加以调整。

13）可通过经验或模流分析，来判断塑件因浇口位置而产生的熔接痕是否会影响塑件的外观和强度，如果会影响，可加设冷料穴加以解决。

14）在浇口（尤其是潜伏式浇口）附近应设置冷料穴，并设置拉料杆，以利于流道脱模。

15）若模具要采用自动化生产，则浇口应保证能够自动脱落。

5.2　普通浇注系统设计

浇注系统是指从注射模具入口到型腔之间的熔体流动通道，浇注系统有时也被称为流道系统。通过浇注系统，塑料熔体将模具型腔充填满并使注射压力有效传递到型腔的各个部位，使塑件组织密实并防止成型缺陷的产生。在注射成型模具中，常见的浇注系统有普通浇注系统（冷流道）和热流道浇注系统。普通浇注系统一般由主流道、分流道、浇口、冷料穴、竖流道等组成，如图 5-14 所示。

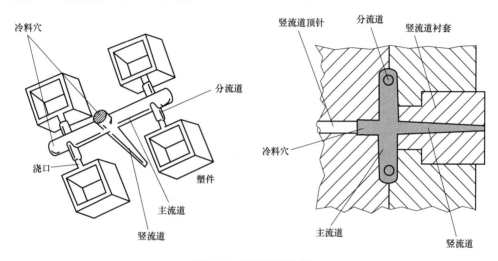

图 5-14　普通浇注系统

5.2.1　普通浇注系统的设计原则

（1）质量第一原则　浇注系统的设计对塑件质量的影响极大，首先浇口应设置在塑件上最易清除的部位，同时尽可能不影响塑件的外观；其次浇口位置和形式会直接影响塑件的成型质量，不合理的浇注系统会导致塑件产生熔接痕、填充不良、流痕等缺陷。

（2）进料平衡原则　在单型腔注射模具中，浇口位置距型腔各个部位的距离应尽量相等，使熔体同时充满型腔的各个角落；在多型腔注射模具中，到各型腔的分流道应尽量相等，使熔体能够同时填满各型腔。另外，相同的塑件应保证从相同的位置进料，以保证塑件的互换性。

（3）体积最小原则　型腔的排列尽可能紧凑，浇注系统的流程应尽可能短，流道截面形状和尺寸大小要合理，浇注系统体积越小会有以下好处。

1）熔体在浇注系统中热量和压力的损失越少。

2）模具的排气负担越轻。

3）模具吸收浇注系统的热量越少，模具温度控制越容易。

4）熔体在浇注系统内流动的时间越短，注射周期也越短。

5）浇注系统凝料越少，浪费的塑料越少。

6）模具的外形尺寸越小。

（4）周期最短原则　一模一腔时，应尽量保证熔体在差不多相同的时间内充满型腔的各个角落；一模多腔时，应保证各型腔在差不多相同的时间内填满。这样既可以保证塑件的成型质量，又可以使注射周期最短。设计浇注系统时还必须设法减小熔体的阻力，提高熔体的填充速度，分流道要减少弯曲，需要拐弯时尽量采用圆弧过渡。但为了减小熔体阻力而将流道表面抛光至表面粗糙度值很小的做法往往是不可取的，原因是适当的表面粗糙度值可以将熔体前端的冷料留在流道壁上（流道壁相当于无数个微型冷料穴）。在一般情况下，流道表面粗糙度 Ra 值可取 $0.8 \sim 1.6 \mu m$。

5.2.2 普通浇注系统设计的内容和步骤

（1）选择浇注系统的类型　根据塑件的结构、大小、形状以及塑件批量大小，分析其填充过程，确定是采用侧边式浇口浇注系统、点浇口浇注系统，还是热流道阀浇口浇注系统，进而确定模架的规格型号。

（2）浇口的设计　根据塑件的结构、大小和外观要求，确定浇口的形式、位置、数量和大小。

（3）分流道的设计　根据塑件的结构、形状、大小以及塑料品种，确定分流道的形状、截面尺寸和长短。

（4）辅助流道的设计　根据后续工序或塑件结构，确定是否要设置辅助流道，以及辅助流道的形状和大小的设计。

（5）主流道的设计　确定主流道的尺寸和位置。

（6）拉料杆和冷料穴的设计　根据分流道的长短及塑件的结构、形状，确定冷料穴的位置和尺寸。

5.2.3 普通浇注系统各部件设计

1. 主流道设计

主流道是指紧接注射机喷嘴到分流道为止的那一段锥形流道，熔融塑料进入模具时首先经过主流道。主流道直径的大小，与塑料流速及充模时间的长短有密切关系。直径太大时，则造成回收冷料过多，冷却时间增长，而包藏空气增多也易造成气泡和组织松散，极易产生涡流和冷却不足。另外，直径太大时，熔体的热量损失会增大，流动性降低，注射压力损失增大造成成型困难；直径太小时，则增加熔体的流动阻力，同样不利于成型。

主流道或主流道衬套（浇口套）的尺寸设计有标准可依。就流动分析而言，有三个关键的主流道尺寸需要确定：孔径 D、长度 L 和锥度角 α，如图 5-15 所示。其中，主流道孔径由注射机的喷嘴孔径决定，主流道长度是指孔口球半径底部到主流道底部的距离，主流道锥度角一般取 $2° \sim 6°$。为了避免熔体由喷嘴进入主流道时产生过量剪切，主流道孔径必须略大于喷嘴孔径，通常，前者比后者大 0.5mm 左右。表 5-2 列出了注射机喷嘴的典型孔径尺寸。

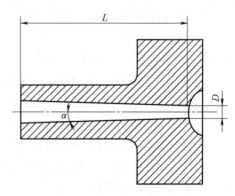

图 5-15　典型的主流道尺寸

表 5-2　注射机喷嘴的典型孔径尺寸

米制尺寸	英制尺寸
2.4mm	3/32in（0.094in）
4.0mm	5/32in（0.156in）
5.6mm	7/32in（0.219in）
7.1mm	9/32in（0.281in）
8.7mm	11/32in（0.344in）

通常情况下，应当设计尽可能小的主流道。主流道底部的最小直径由注射压力和连接主流道的分流道直径决定，主流道底部直径应比与之相连的分流道直径大。驱使熔体充模流动的压力不应超过额定注射压力的 75%，但是，有时熔体流经主流道产生的压降与剩余流长的压降几乎相等。偶尔，熔体流经主流道的剪切速率会比浇口处的剪切速率大，这种现象通常发生在多型腔注射模具中。假设采用 32 型腔注射模具，单点进浇，且浇口直径不大，此时，熔体在主流道的流速可能是浇口处的 32 倍。

2. 倾斜式主流道设计

一般来说，要求主流道的位置应尽量与模具中心重合，否则会有如下不良后果。

1）主流道偏离模具中心时，导致锁模力和胀型力不在一条线上，使模具在生产时受到扭矩的作用，这个扭矩会使模具一侧张开产生飞边，或者使型芯错位变形，最终还会导致模具导柱，甚至注射机拉杆变形等严重后果。

2）主流道偏离模具中心时，顶棍孔也要偏离模具中心，塑件推出时，推杆板也会受到一个扭力的作用，这个扭力传递给推杆后，会导致推杆磨损，甚至断裂。

因此，设计时应尽量避免主流道偏离模具中心，但在侧边式浇口浇注系统中，常常由于以下原因，主流道位置必须偏离模具中心。

1）一模多腔中的塑件大小悬殊。

2）单型腔，塑件较大，中间有较大的碰穿孔，可以从内侧进料，但中间碰穿孔偏离模具中心。

如果主流道偏离模具中心不可避免，那么可以采取以下几种措施来避免或减轻不良后果对模具的影响。

1）增加推杆固定板导柱（中托边）来承受顶棍偏心产生的扭力。

2）模具较大时，也可采用双顶棍孔或多顶棍孔。

3）固定板受到多点推力的作用时，较易平衡推出。

4）采用倾斜式主流道，避免顶棍孔偏心，如图 5-16 所示。图 5-16 中，浇口套的倾斜角度 α 和塑料品种有关。对韧性较好的塑料，如 PVC、PE、PP 和 PA 等，其倾斜角度 α 最大可达 30°；对韧性一般或较差的塑料，如 PS、PMMA、PC、POM、ABS 和 SAN 等，其倾斜角度 α 最大可达 20°。

3. 浇口套的设计

由于主流道要与高温塑料及喷嘴接触和碰撞，所以模具的主流道部分通常设计成可拆卸或可更换的衬套，简称浇口套。

（1）浇口套的作用

1）使模具安装时进入定位孔方便，而且在注射机上能很好地定位并与注射机喷嘴孔吻合，并且能经受塑料熔体的反压力，不致被推出模具。

2）作为浇注系统的主流道，将料筒内的塑料熔体导流到模具型腔内，在注射过程中保证熔体不会溢出，同时保证主流道凝料脱模顺畅、方便。

（2）浇口套分类　浇口套的形式有多种，可视不同模具结构来选择。按浇注系统不同，浇口套通常被分为两板式模具浇口套及三板式模具浇口套两大类。

1）两板式模具浇口套。两板式模具浇口套是标准件，通常根据模具所成型塑件所需塑料重量的多少、所需浇口套的长度来选用。所需塑料较多时，选用较大的浇口套；反之，则选用较小的类型。根据浇口套的长度选取不同的主流道锥度，以便浇口套尾端的孔径能与主流道的直径相匹配。在一般情况下，浇口套的直径 D 根据模架大小选取，模架宽度在400mm 以下，选用 $D = 12$mm（约 1/2in）的类型；模架宽度在 400mm 以上，选用 $D = 16$mm（约 5/8in）的类型。浇口套长度根据模架大小确定。

两板式模具浇口套装配图如图 5-17 所示。

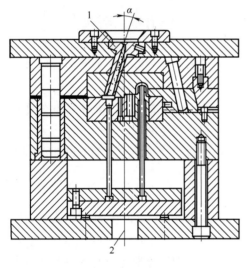

图 5-16　倾斜式主流道

1—斜浇口套　2—顶棍孔

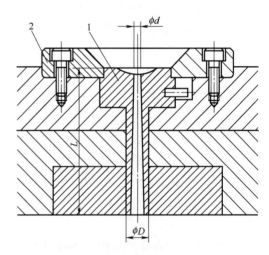

图 5-17　两板式模具浇口套装配图

1—浇口套　2—定位圈

2）三板式模具浇口套。三板式模具浇口套较大，主流道较短，模具不再需要定位圈。三板式模具浇口套装配图如图 5-18 所示。三板式模具浇口套在开模时要脱离流道推板，因此它们采用 90°锥面配合，以减少开合模时的摩擦，其直径 D 和两板式模具浇口套相同。

4. 主流道设计原则

1）主流道的长度 L 越短越好，尤其是点浇口浇注系统主流道，或流动性差的塑料主流道更应尽可能短。主流道越短，模具排气负担越轻，流道料越少，缩短了成型周期，减少了熔体的能量（温度和压力）损失。

2）为了便于脱模，主流道在设计上大多采用圆锥形。两板式注射模具主流道锥度角取 2°~4°，三板式注射模具主流道锥度角可取 5°~10°，表面粗糙度 Ra 值为 0.8~1.6μm。锥度角须适当，太大造成速度减小，产生湍流，易混进空气，产生气孔；锥度角过小，会使流速增大，造成注射困难，同时还会使主流道脱模困难。

3）为了避免注射成型时，主流道与注射机喷嘴之间溢料而影响脱模，设计时要注意：主流道小端直径 D_2 要比料筒喷嘴直径 D_1 大 $0.5 \sim 1mm$，在一般情况下，$D_2 = 3.2 \sim 4.5mm$；大端直径应比最大分流道直径大 $10\% \sim 20\%$。一般在浇口套大端设置圆角（圆角半径 R 为 $13mm$），以利于熔体流动。料筒喷嘴与浇口套如图 5-19 所示。

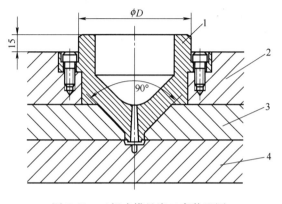

图 5-18 三板式模具浇口套装配图

1—浇口套 2—面板 3—流道推板 4—定模板

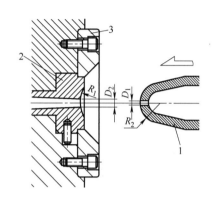

图 5-19 料筒喷嘴与浇口套

1—料筒喷嘴 2—浇口套 3—定位圈

4）如果主流道同时穿过多块模板时，一定要注意每一块模板上孔的锥度及孔的大小。

5）主流道尽量避免拼块结构，以防塑料进入接缝造成脱模困难。

5. 分流道截面设计

连接主流道与浇口的熔体通道称为分流道，分流道起分流和转向作用。侧边式浇口浇注系统的分流道在定模镶件和动模镶件之间的分型面上，点浇口浇注系统的分流道在推料板和定模 A 板之间以及定模 B 板内的竖直部分。

在一模多腔的模具中，分流道的设计必须解决如何使塑料熔体对所有型腔同时填充的问题。如果所有型腔体积和形状相同，分流道最好采用等截面和等距离。否则，就必须在流速相等的条件下，采用不等截面来达到流量不等，使所有型腔差不多同时充满。有时还可以改变流道长度来调节阻力大小，保证型腔同时充满。

熔融塑料沿分流道流动时，要求它尽快地充满型腔，流动中热量损失要尽可能小，流动阻力要尽可能低。同时，应能将塑料熔体均衡地分配到各个型腔。

常见的分流道截面形状如图 5-20 所示。

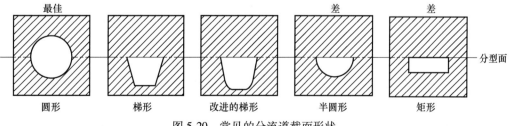

图 5-20 常见的分流道截面形状

推荐的分流道截面如下：

（1）圆形截面分流道 同等体积下，圆形截面分流道的表面积最小，从而使通过该流道的熔体压降和热量损失最少。但是，其模具制造成本通常较高，因为要保证合模时分属两个半模的 1/2 圆周面对齐。

（2）梯形截面分流道 梯形截面分流道也有很小的熔体压降和热损失，而且只需设计在一个半模上。梯形截面分流道通常用于三板式注射模具，因为开合模过程中，圆形截面分流道的对中可能会不准确。此外，梯形截面分流道也用在容易与其他模具零件发生干涉的分型面上。梯形截面的结构设计很关键，图 5-21 所示为基于内切圆的梯形结构，该内切圆可认为是等效圆形截面流道的二维轮廓。其中，梯形高度与内切圆直径相等，斜边与内切圆相切，锥度角通常取 10°~20°。

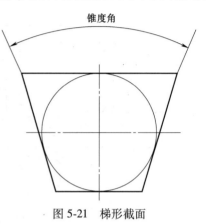

图 5-21 梯形截面

（3）改进的梯形截面分流道 这种流道截面实际上是圆形和梯形的组合。

6. 分流道的截面大小

较大的截面面积，有利于减少流道的流动阻力。但分流道的截面尺寸过大时，一是浪费材料，二是增加了模具的排气负担，三是冷却时间增长，成型周期也随之增长，降低了劳动生产率，导致成本增加。

较小的截面周长，有利于减少熔融塑料的热量散失。但截面尺寸过小时，熔体的流动阻力会加大，延长了充模时间，易造成填充不足、烧焦、银纹、缩痕等缺陷，故分流道截面大小应根据熔体的流动性、成型塑件的重量及投影面积来确定。

塑件大小不同，塑料品种不同，分流道截面也会有所不同。但有一个设计原则是：必须保证分流道的表面积与其体积之比值最小，即在分流道长度一定的情况下，要求分流道的表面积或侧面积与其截面面积之比值最小。

常用塑料及其分流道直径见表 5-3。

表 5-3 常用塑料及其分流道直径

塑料种类	分流道直径/mm	塑料种类	分流道直径/mm
ABS、AS	4.8~9.5	PB	4.8~9.5
POM	3.2~9.5	PE	1.6~9.5
PMMA	8.0~9.5	PPO	6.4~9.5
PMMA（改性）	8.0~12.7	PS	3.2~9.5
乙酸纤维素	4.8~11.1	PVC	3.2~9.5
离子键聚合物	2.3~9.5	PC	4.8~9.5
PA	1.6~9.5		

在设计分流道大小时，应考虑以下因素。

（1）塑件的大小、壁厚、形状 塑件的重量及投影面积越大，壁厚越厚时，分流道截面面积应设计得大一些，否则应设计得小一些。

（2）塑料的注射成型性能　流动性好的塑料，如 PS、HIPS、PP、PE、ABS、PA、POM、AS 和 CPE 等，分流道截面面积可适当取小一些；而对于流动性差的塑料，如 PC、硬 PVC、PPO 和 PSF 等，分流道应设计得短一些，截面面积应设计得大一些，而且尽量采用圆形分流道，以减小熔体在分流道内的能量损失。对于常见的 1.5~2.0mm 壁厚，采用的圆形分流道的直径一般为 3.5~7.0mm；对于流动性好的塑料，当分流道很短时，直径可小到 2.5mm；对于流动性差的塑料，分流道较长时，最大直径可取 10mm。试验证明，对于多数塑料，分流道直径在 6.0mm 以下时，对流动影响最大；但当分流道直径超过 8.0mm 时，再增大其直径，对改善流动性的作用将越来越小。而且，当分流道直径超过 10mm 时，流道熔体将很难冷却，大大加长了注射成型周期。

（3）分流道的截面面积　一级分流道的截面面积应约等于二级分流道截面面积之和，二级、三级以此类推。

一般来说，为了减少流道的阻力以及实现正常的保压，要求满足以下条件：

1）在流道不分支时，截面面积不应有很大的突变。

2）流道中的最小横截面面积必须大于浇口处的最小截面面积。

（4）流道的尺寸　流道设计时，应先取较小尺寸，以便于试模后进行修正。

7. 分流道的布置

在确定分流道的布置时，应尽量使流道长度最短。但是，塑料以低温成型时，为提高成型空间的压力来减少成型塑件收缩凹陷，或欲得壁厚较厚的成型塑件而延长保压时间，减短流道长度并非绝对可行。因为流道过短，则成型塑件的残余应力增大，且易产生飞边和塑料熔体的流动不均匀，所以流道长度应以适合成型塑件的重量和结构为宜。

（1）按特性分类　分流道的布置按其特性可分为平衡布置和非平衡布置。

1）平衡布置。平衡布置是指熔体进入各型腔的距离相等，因为这种布置各型腔可以在相同的注射工艺条件下同时充满、同时冷却、同时固化，收缩率相同，有利于保证塑件的尺寸精度，所以精度要求较高、塑件有互换性要求的多腔注射模具，一般都要求采用平衡布置，如图 5-22 所示。

2）非平衡布置。在这种布置中熔体进入各型腔的距离不相等，优点是分流道整体布置较简洁，缺点是各型腔难以做到同时充满，收缩率难以达到一致，因此它常用于精度要求一般、没有互换性要求的多腔注射模具，如图 5-23 所示。

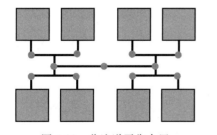

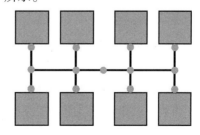

图 5-22　分流道平衡布置　　　　　　　图 5-23　分流道非平衡布置

（2）按排位的形状分类　分流道的布置按排位的形状分为圆形、H 形、X 形和 S 形。

1）圆形。每腔均匀分布在同一圆周上，属于平衡布置，有利于保证塑件的尺寸精度。其缺点是不能充分利用模具的有效面积及不便于模具冷却系统的设计，如图 5-24 所示。

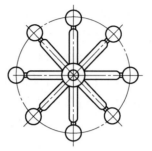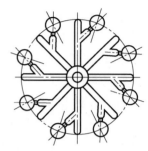

图 5-24　圆形分布

2）H 形。有平衡布置和非平衡布置两种，如图 5-25 所示。

① 平衡布置。各型腔同时进料，有利于保证塑件的尺寸精度。其缺点是分流道转折多，流程较长，导致压力损失和热损失大。这种布置适用于 PP、PE 和 PA 等塑料。

② 非平衡布置。型腔排列紧凑，分流道设计简单，便于冷却系统的设计。其缺点是浇口必须适当，以保证各型腔差不多同时充满。

3）X 形。其优点是流道转折较少，热损失和压力损失较少。其缺点是有时对模具的利用面积不如 H 形，如图 5-26 所示。

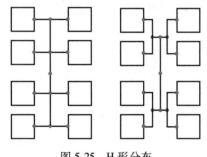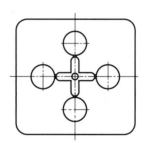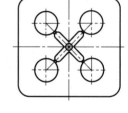

图 5-25　H 形分布　　　　　　　　　图 5-26　X 形分布

4）S 形。S 形流道的优点是可满足模具的热及压力的平衡。其缺点是流道较长。这种布置适用于滑块对开式多腔模具的分流道排列。如图 5-27 所示的平板类塑件，如果熔体直冲型腔，易产生蛇纹等流痕，而采用 S 形流道时，则不会出现任何问题。

8. 型腔的排列方式及分流道布置

多腔注射模具的排位和分流道布置往往有很多选择，在实际工作中应遵循以下设计原则。

1）力求平衡、对称。

① 一模多腔的模具，尽量采用平衡布置，使各型腔在相同温度下同时充模，如图 5-28 所示。

② 流道平衡，如图 5-29 和图 5-30 所示。

③ 大、小型腔对角布置，使模具保持压力平衡，即注射压力中心与锁模压力中心（主流道中心）重合，防止塑件产生飞边，如图 5-31 所示。

2）流道尽可能短，以降低废料率和热损失，缩短成型周期。在这一点上 H 形排位优于环形和对称形状。

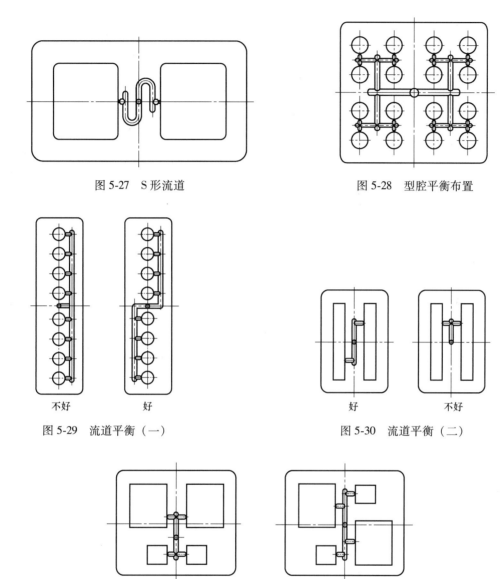

图 5-27　S 形流道　　　　　　　图 5-28　型腔平衡布置

图 5-29　流道平衡（一）　　　　图 5-30　流道平衡（二）

图 5-31　大、小型腔对角布置

3）对高精度塑件，型腔数目应尽可能少。因为每增加一个型腔，塑件精度下降5%。精密模具型腔数目一般不宜超过 4 个。

4）结构紧凑，可节约钢材，如图 5-32 所示。

5）大近小远，如图 5-33 所示。

6）高度相近。高度相差悬殊的塑件不宜排在一起，如图 5-34 所示。

7）先大后小，见缝插针。一模多腔时，相同的塑件采用对称进浇方式；对于不同塑件，在同一模具中成型时，优先将最大塑件放在靠近主流道的位置，如图 5-35 所示。

8）同一塑件，大近小远。塑件大头应靠近模具中心，如图 5-36 所示。

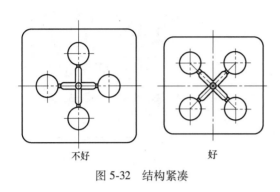

图 5-32 结构紧凑

不好　　　好

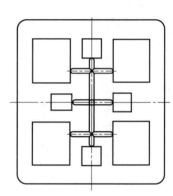

图 5-33 大近小远

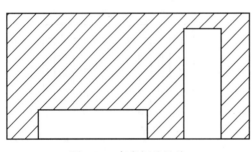

图 5-34 高度相差悬殊

图 5-35 先大后小，见缝插针

9）工艺性好。排位时必须考虑模具注射的工艺性要好，并保证模具型腔的压力和温度平衡，如图 5-37 所示。

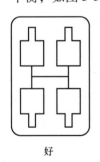

好　　　不好

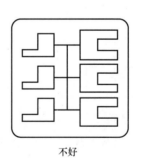

不好

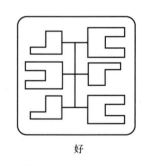

好

图 5-36 同一塑件，大近小远　　　图 5-37 工艺性要好

9. 拉料杆和冷料穴的设计

（1）拉料杆的设计　拉料杆按其结构分为直身拉料杆、钩形拉料杆、圆头形拉料杆、圆锥拉料杆和塔形拉料杆，如图 5-38 和图 5-39 所示。拉料杆按其装配位置又分为主流道拉料杆和分流道拉料杆。

1）主流道拉料杆的设计。一般来说，只有侧边式浇口浇注系统的主流道才用拉料杆，其作用是将主流道内的凝料拉出主流道，以防主流道内的凝料粘在定模上，确保将流道、塑件留在动模一侧。

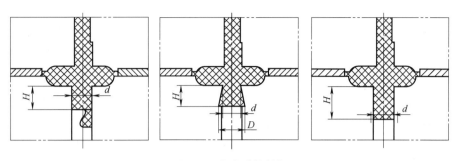

图 5-38　主流道拉料杆

有推板和没有推板的主流道拉料杆是不同的。有推板模具的主流道拉料杆如图 5-39 所示。

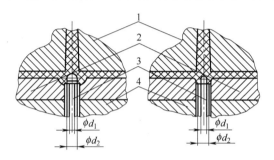

图 5-39　有推板模具的主流道拉料杆
1—前模　2—推板　3—拉料杆　4—型芯固定板

锥形头拉料杆靠塑料的包紧力将主流道拉住，不如球形头拉料杆和菌形头拉料杆可靠。为增加锥面的摩擦力，可采用小锥度，或加大锥面表面粗糙度值，或用复式拉料杆来替代。后两种由于尖锥的分流作用较好，常用于单腔成型带中心孔的塑件上，如齿轮注射模具，如图 5-40 所示。

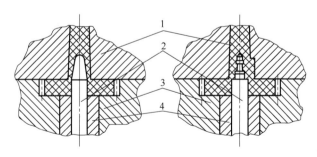

图 5-40　中心浇口主流道拉料杆
1—前模　2—拉料杆　3—后模　4—顶块

2）分流道拉料杆的设计。侧边式浇口浇注系统分流道拉料杆就是推杆，直身，头部只磨短（1~1.5）D（D 为分流道直径），不再磨出其他形状。拉料杆直径等于分流道直径 D，装在推杆固定板上。

点浇口浇注系统分流道拉料杆如图 5-41 所示。用无头螺钉固定在定模固定板上，直径为 5mm，头部磨成球形，作用是流道推板和 A 板打开时，将浇口凝料拉出 A 板，使浇口凝料和塑件自动切断。

　　侧边式浇口浇注系统推板脱模分流道、侧边式浇口浇注系统模具如果有推板时，则分流道必须设于凹模，如图 5-42 所示。拉料杆固定在动模 B 板或 B 板内的镶件上，直径为 5mm（约 3/16in），头部磨成球形。

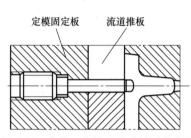

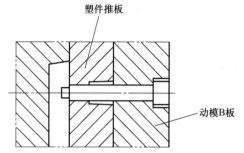

图 5-41　点浇口浇注系统分流道拉料杆　　　　图 5-42　侧边式浇口浇注系统推板脱模分流道拉料杆

　　3）拉料杆在使用中应注意以下几点：

　　① 一套模具中若使用多个钩形拉料杆，拉料杆的钩形方向要一致。对于在脱模时无法做横向移动的塑件，应避免使用钩形拉料杆。

　　② 流道处的钩形拉料杆，必须预留一定的空间作为冷料穴。

　　③ 使用圆头形拉料杆时，应注意图 5-43 中所示尺寸 D、L。若尺寸 D 较小，拉料杆的头部将会阻滞熔体的流动；若尺寸 L 较小，流道脱离拉料杆时易拉裂。

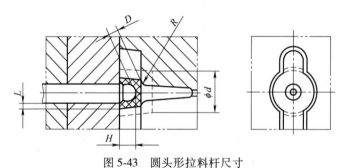

图 5-43　圆头形拉料杆尺寸

　　增大尺寸 D 的方法：①采用直径较小的拉料杆，但拉料杆直径不宜小于 4.0mm；②减小尺寸 H，一般要求 H 大于 3.0mm；③增大尺寸 R。④分流道局部加大，如图 5-44 所示。

　　（2）冷料穴的设计　冷料穴是为了防止料流前锋产生的冷料进入型腔而设置的。它一般设置在主流道和分流道的末端。

　　1）冷料穴设计原则。在一般情况下，主流道冷料穴圆柱体的直径为 5~6mm，其深度为 5~6mm。对于大型塑件，冷料穴的尺寸可适当加大。对于分流道冷料穴，其长度为分流道直径的 1~1.5 倍。

　　2）冷料穴的分类。冷料穴可以分为主流道冷料穴和分流道冷料穴。主流道冷料穴一般是纵向的，即与开模方向一致，分流道冷料穴则有纵向和横向两种。横向冷料穴下不一定有推杆，纵向冷料穴下一般有推杆（其中主流道冷料穴下的推杆又称拉料杆），但也有例外。例如，具有竖直分型面的侧向抽芯注射模具，主流道下是一段倒锥形的冷料穴，该冷料穴下就不用设计拉料杆，开模时由冷料穴将主流道拉出，开模后主流道、冷料穴和塑件一同脱模，如图 5-45 所示，这种结构称为无拉料杆冷料穴。

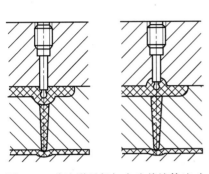

图 5-44　分流道局部加大改善熔体流动

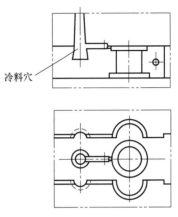

图 5-45　无拉料杆冷料穴

3）冷料穴尺寸。冷料穴有关尺寸可参考图 5-46。

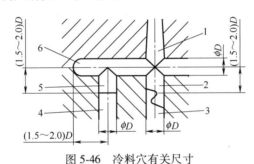

图 5-46　冷料穴有关尺寸

1—主流道　2—主流道纵向冷料穴　3—主流道拉料杆
4—分流道冷料穴推杆　5—分流道纵向冷料穴　6—分流道横向冷料穴

5.3　热流道浇注系统

　　热流道模具是在传统的两板式注射模具或三板式注射模具的主流道与分流道内设计加热装置，在注射过程中不断加热，使流道内的塑料始终处于高温熔融状态，塑料不会冷却凝固，也不会形成流道凝料与塑件一起脱模，从而达到无流道凝料或少流道凝料的目的。它通过热流道板、热射嘴及其温度控制系统，来有效控制从注射机的喷嘴到模具型腔之间的塑料流动，使模具在成型时能够加快生产速度，降低生产成本，制造出尺寸更大、结构更复杂、精度更高的塑件。热流道技术是注射成型技术中具有革新意义的一项技术，在塑料模具工业中扮演越来越重要的角色，普及率也越来越高。

5.3.1　热流道模具的分类和组成

　　在注射成型技术中，热流道技术是新研究出来的制造技术，使用该技术进行塑料注射时，能够保证喷嘴到模具浇口的流道内，塑料原材料一直处于熔融状态。同时，在进行开模过程中，原料可以停留在浇注系统内，进行下一次注射时继续使用，从而提升了材料的利用率，避免注射过程中产生大量的资源浪费，同时使用该技术进行成型得到的塑件质量较高，使用范围较广。

热流道系统由于其加热方式、浇口形状之间具有一定差异，因此可以将其划分为不同类型。热流道系统的各种类型如图 5-47 所示。

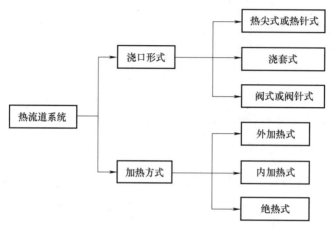

图 5-47   热流道系统的各种类型

根据浇口形式的不同，可将热流道系统分成热尖式或称热针式、浇套式和阀式或称阀针式热流道系统。

目前使用范围较广的为热尖式热流道系统，该系统的喷嘴前端设置相应的镶件，将其与冷却系统连接后，对浇口处温度的值进行控制、调整，且该结构的控制精度较高。该系统比较适用于中小尺寸零件的加工，尤其适用于微小零件的加工。

浇套式热流道系统中，通过流道实现将熔融状态的塑料原料传输到型腔内。该系统进行浇注时，浇口塑料流动产生的压力损失不大，因此在中等尺寸零件加工中使用较为合适，制件注射完成后，残余应力小，变形程度小，零件机械强度比较好。

阀针式热流道系统为目前国际供应商中较为常见的系统装置，该系统中包含了阀针控制设备，通过该控制设备对浇口状态进行控制，同时可以通过人为方式设置浇口启闭时间，系统中浇口平滑度较高，该系统在汽车制造、医疗、电子、办公设备等许多领域都得到了广泛应用。

根据加热方式来分，有外加热式热流道系统、内加热式热流道系统和绝热式热流道系统。

在热流道注射模具中，热流道系统是非常重要的，该系统主要是保证塑料原料在输送到型腔过程中保持熔融状态，同时将原料输送到模具、成型零件附近，从而实现塑料制件的生产。热流道系统包含了温度控制器、热流道元件、电热元件。热流道元件包含了热流道板、喷嘴两个主要部分。图 5-48 所示为一模十二腔热流道板安装结构。

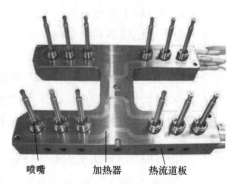

喷嘴   加热器   热流道板

图 5-48   一模十二腔热流道板安装结构

热流道系统通过特殊的流道结构设计将注射机的喷嘴延伸到型腔，通过温度控制器、加热元件作用，保证原料在整个充填过程中都能够处于熔融状态，防止浇注系统中的原料凝固。开启模具时，只需要将制件取出。在下次注射时，只需加热流道到所需温度即可。热流道注射模具的结构示意图如图 5-49 所示。

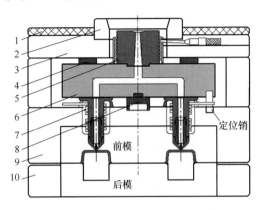

图 5-49　热流道注射模具的结构示意图

1—隔热板　2—定位圈　3—面板　4—隔热垫块　5—浇口套　6—热流道板　7—二级热射嘴
8—中心隔热块　9—A 板　10—B 板

5.3.2　热流道系统的优缺点

假设要设计一副有 8 个型腔的注射模具，其浇注系统可以有图 5-50a～d 四种形式。

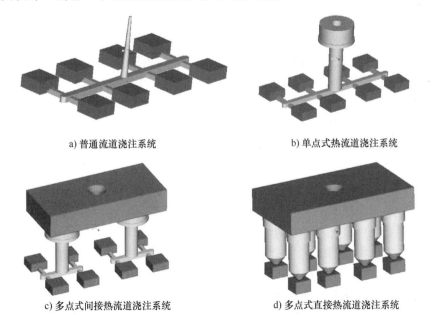

a) 普通流道浇注系统　　　　　　　　b) 单点式热流道浇注系统

c) 多点式间接热流道浇注系统　　　　d) 多点式直接热流道浇注系统

图 5-50　浇注系统布局形式

其中，图 5-50a 所示为普通流道浇注系统，主流道的最大长度一般为 75mm。因为熔体从注射机喷嘴到各型腔的流动长度不相等，所以每个型腔不能达到相同的填充状态，各型腔收缩率难以做到一致，直接影响塑件尺寸精度。

图 5-50b 所示为单点式热流道浇注系统，即采用普通流道与热流道相结合的方法，此时没有了又粗又长的主流道，浇注系统凝料可减少 30%~50%。

图 5-50c 所示为多点式间接热流道浇注系统，有两个热射嘴，没有主流道，分流道也缩短了，流道凝料可减少 50%~80%。

图 5-50d 所示为多点式直接热流道浇注系统，模具也是热流道模具，但普通浇注系统被完全取代，注射过程中无任何浇注系统凝料。

下面来分析它们的优缺点。

1. 热流道系统的优点

1）缩短了成型周期，减少了注射时间和冷却时间，提高了模具的劳动生产率。在很多情况下，冷却时间并不是取决于型腔，而是取决于流道最粗大的部分。由于最难冷却的部分被除去，冷却时间自然就减少了。

2）减少了流道凝料，节约了注射成本。浇注系统凝料虽然很多情况下可以回用，但回用料的物理性能会下降，如流动性变差，力学性能下降，塑件表面粗糙度值变大，塑料容易发生降解，加工性能也会受到影响。通常浇注系统凝料的使用比例都有严格的控制，一般要求的浇注系统凝料使用比例应控制在 30% 之内，透明塑件生产时应控制在 20% 之内，而对那些精度或强度要求高的塑件，则不得使用回用料。

3）减轻了模具的排气负担。流道长度大幅度缩短后，减轻了模具浇注系统的排气负担。

4）减小了熔体的能量损失，提高了成型质量。流道长度缩短了，就会减少熔体在流道内的热量损失，有利于提高注射成型质量。

5）易于实现自动化生产。不会因流道凝料可能粘在定模上而影响自动化生产。

6）模具动作简化，使用寿命提高。可以用两板式注射模具结构，得到比三板式注射模具更好的成型质量。由于不用推出浇注系统凝料，缩短了模具推出距离和开模行程，提高了注射设备对大型塑件的适应能力，可以延长模具的使用寿命。因无主流道凝料，可缩短开模行程，可以选择较小的注射机。

如果采用多点式直接热流道浇注系统（图 5-50d），即一个热射嘴对应一个型腔，这在技术上是最理想的方式，而且它还有以下优点。

1）保证最佳成型质量。每个型腔可以通过控制不同热射嘴的温度，来准确地控制每一个型腔的填充，使每个型腔都能够在最佳的注射工艺下成型，从而得到最佳成型质量。使用热流道系统，在型腔中温度及压力均匀、塑件应力小、密度均匀、较小的注射压力、较短的成型时间的条件下，可注射出比一般的注射系统质量更好的产品。对于透明件、薄件、大型塑件或高要求塑件更能显示其优势，而且能用较小机型生产出较大塑件。熔融塑料在流道里的压力损耗小，易于充满型腔及补缩，可避免产生塑件凹陷、缩孔和变形等缺陷。

2）生产过程高质高效。完全没有普通流道，就不必考虑流道的冷却固化时间，所以模具的冷却时间短。对大型塑件、壁厚薄的塑件、流道特别粗或长的模具，其效果更好。完全没有普通流道，没有流道凝料下落及取出所需时间，还省去了剪除浇口、修整产品及粉碎流道凝料等工序，使整个成型过程完全自动化，节约人力、物力，大大提高了劳动生产率。

3）使能量损耗减到最小。热流道温度与注射机喷嘴温度相等，避免了原料在流道内的表面冷凝现象。另外，由于熔体无须经过主流道和分流道，故熔体的温度和压力等注射能量损失小。与普通流道方式相比，可以在低压力、低模温下进行生产。

4）自动化生产安全无忧。没有普通流道，完全无流道粘在定模上的后顾之忧，可以实现全自动化生产。

5）热射嘴使用寿命高、互换性好。热射嘴采用标准化、系列化设计，配有各种可供选择的喷嘴头，互换性好。独特设计加工的电加热圈，可使加热温度均匀，使用寿命长。热流道系统配备热流道板、温控器等，设计精巧，种类多样，使用方便，质量稳定可靠。

2. 热流道系统的缺点

热流道模具在节约材料、缩短成型周期、改善成型质量、实现成型自动化等方面效果显著，但热流道模具配件结构较复杂，温度控制要求严格，需要精密的温控系统，制造成本高，不适合小批量生产。归纳起来，热流道系统有以下缺点：

1）整体模具闭合高度加大。因加装热流道板等，模具整体高度有所增加。

2）热辐射难以控制。热流道最大的问题就是热射嘴和热流道板的热量损耗，这是一个需要解决的重大课题。

3）存在热膨胀、热胀冷缩。这是设计时必须考虑的问题，尤其是热射嘴与镶件的配合尺寸公差，必须考虑热胀冷缩的影响。

4）模具制造成本增加。热流道系统标准件价格较高，这种模具适用于生产附加值高或批量大的塑件。这是影响热流道模具普及的主要原因。

5）更换塑料颜色或更换塑料品种需要较长时间。尤其是黑白颜色的塑料互换或收缩率悬殊的塑料互换时，必须用后面的塑料将前面的塑料完全清洗干净，这个过程需要很长的时间，所以不适合需要时常更换塑料颜色或塑料品种的模具。

6）热流道内的塑料易变质。热射嘴中滞留的熔融塑料有降解、劣化、变色等风险。

7）型腔排位受到限制。由于热流道板已标准化，热流道模具的浇口设计没有普通流道方式那样大的自由度。

8）技术要求高。对于多型腔模具，采用多点式直接热流道成型时，技术难度很高。这些技术包括流道切断时拉丝、流道堵塞、流延、热片间平衡等问题，需要对这些问题进行综合考虑来选定热流道的类型。

9）对塑料要求较高。使用热流道模具注射的塑料熔体必须满足以下几点要求。

① 黏度随温度改变时变化较小，在较低的温度下具有较好的流动性，在较高的温度下具有优良的稳定性。

② 对压力较敏感。施以较低的压力熔体即可流动，而注射压力一旦消失熔体应立即停止流动。

③ 对温度不敏感。热变形温度高，成型塑件在较高的温度下可快速固化，以缩短成型周期。

④ 比热容小，易熔化，又易冷却。

⑤ 导热性好，以便在模具中很快冷却。

适合采用热流道的塑料有 PE、ABS、POM、PC、HIPS、PS、PP 等。

10）模具的设计和维护较复杂。需要有高水平的模具设计和专业维修人员，否则模具在生产中易产生各种故障。

5.3.3　热流道浇注系统的分类和结构

热流道按保持流道温度的方式不同分类，可以分为绝热式流道和加热式流道两大类。

1. 绝热式流道

绝热式流道的特点是主流道和分流道都很粗大，以致在不另外加热的情况下流道中心部分塑料在连续注射时来不及凝固仍保持熔融状态，从而让塑料熔体能顺利地通过它进入型腔，达到连续注射而无须取出流道凝料的要求。由于不进行流道的辅助加热，其中的塑料熔体容易固化，因此要求注射成型周期短，并仅限于聚乙烯和聚丙烯的小型塑件。当注射机停止生产时，要清除凝料才能再次开机，所以在实际生产中采用较少。

2. 加热式流道

加热式流道与绝热式流道的区别在于具有加热元件。由于在流道的附近或中心设有加热元件，所以从注射机喷嘴出口到浇口附近的整个流道都处于高温状态，使流道中的塑料熔体维持熔融状态。在停机后一般不需要打开模具取出流道凝料，再开机时，只需加热流道达到要求温度时即可。与绝热式流道相比，它适应的塑料品种较广。

（1）单嘴热流道模具　通过热嘴直接将注射机喷嘴中的熔融塑料注射入型腔（模具只有一个热嘴），且在塑件冷却的过程中，热嘴中的塑料始终保持熔融状态（热嘴带有加热元件），故称为热嘴模具，如图 5-51 所示。

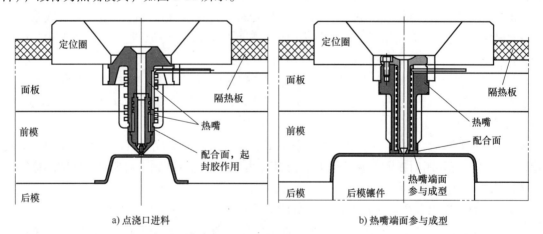

a) 点浇口进料　　　　　　　　　　b) 热嘴端面参与成型

图 5-51　单嘴热流道模具

图 5-51a 所示为点浇口进料，适用于单型腔模具。图 5-51b 所示为热嘴端面参与成型，所成型的塑件顶部有热咀端面的痕迹。其中，端面成型的热嘴下部还可以设置冷的分流道，以实现一模多腔的模具结构，但由于分流道中的熔体会凝固，从而会形成分流道凝料。

（2）多嘴热流道模具　该类模具除了带有一级热嘴外，还增加了具有加热功能的热流道板和二级热嘴，如图 5-52 所示。

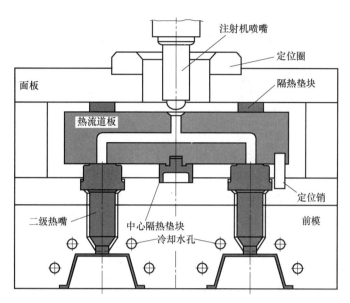

图 5-52 多嘴热流道模具

由图 5-52 可以看出，熔融塑料从一级热嘴进入，流经热流道板并通过二级热嘴进入型腔。多嘴热流道模具不仅可以实现一模多腔塑件成型，对于大型塑件，还可以采用多点进料，如图 5-53 所示。

图 5-53 多嘴热流道系统

5.3.4 热流道系统主要零件及组装

热流道系统主要由热嘴（又称热浇口）、热流道板、加热元件和温控器等组成。

1. 热嘴

根据控制浇口的方式，热嘴可分为热尖式浇口、热竖式浇口、侧边式浇口和阀式浇口，如图 5-54 所示。

（1）热尖式浇口 热尖式浇口适用于允许在塑件表面或者底部有细小浇口残余的产品设计。浇口残余的长度受浇口直径和阀面、浇口范围的冷却，及所采用的物料所影响。热尖式浇口适用于多种塑料，其最大浇口直径一般为 3mm。浇注很小的零件时，可考虑采用多头式热尖式浇口，此时一个热嘴可有多达 4 个喷头，同一时间浇注 4 个塑件。若需要更大的浇口直径，循环时间必受影响，故建议采用阀式浇口代替。

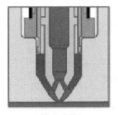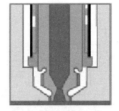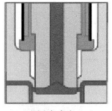

| a) 热尖式浇口 | b) 热竖式浇口 | c) 侧边式浇口 | d) 阀式浇口 |

图 5-54　热嘴的形式

（2）热竖式浇口　热竖式浇口适用于冷流道，是利用一个延伸式喷嘴尖造成模塑表面的一部分。喷嘴内部的倒转尖锥能有效令流道废料自然断裂。至于直流道废料的长度则由浇口直径及所采用的物料决定。热竖式浇口适用于非结晶性和结晶性塑料。

（3）侧边式浇口　如果不能在塑件的顶部或者内部出现浇口痕迹，便可采用侧边式浇口，在塑件的侧面灌入塑料。当模具打开时，浇口被切断，所留下的流道痕迹与冷流道相类似。这种浇注方法受许多因素限制，使用时必须详加考虑。

（4）阀式浇口　阀式浇口是热流道系统的发展趋势，可分为弹簧活阀与液/气体控制活阀。弹簧活阀利用注射压力去推动弹簧活塞，当受压塑料压向浇口时，弹簧活塞便会自动后退让塑料顺利通过；当压力下降后，弹簧活塞便重返原来位置而将浇口关闭。此类系统虽然不需要任何外在动力，但弹簧在长时间使用后会出现疲劳及老化，浇口系统便会失效。

2. 热流道板

从加热方式上，热流道板分为外加热热流道板和内加热热流道板两大类。在熔体流动过程中，熔体的压力减小，但不允许材料降解。常用热流道板的形式有 H 形、米字形、Y 形、X 形等，如图 5-55 所示。

| a) H形 | b) 米字形 |

| c) Y形 | d) X形 |

图 5-55　常用热流道板的形式

分流道常用圆形横截面，流道转折处应圆滑过渡，防止塑料熔体滞留。分流道端孔用细螺纹堵头封死，并用铜制或聚四氟乙烯密封垫圈防漏。热流道板上设有分流道和多个浇口喷嘴。被注射成型的可以是一模多腔塑件，也可以是多浇口的大型塑件，如注射大型周转箱、轿车保险杠等长流程比的塑件，加热熔融的流道物料有利于压力的传递，因此更需要热流道注射。

热流道板常用中碳钢或中碳合金钢制造，也有专门选用比热容小和热导率高的钢材或高强度的铜合金。热流道板一般安装在定模座板和定模型腔板之间，为了减少热量损失，除定位、支承、封胶等需要接触的部分外，其他部分用空气间隙或隔热石棉垫板与其他模板隔开。热喷嘴的隔热空气间隙通常在 3mm 左右，热流道板的隔热空气间隙应不小于 8mm。由于热流道板悬架在定模中，主流道和多个浇口中高压熔体的作用力和板的热变形，要求它要有足够的刚度，常常采用导热性差的不锈钢和陶瓷片不锈钢作为垫块，上述这些垫块在起到增加热流道板刚度的同时还能减少热量散失。

3. 加热元件

加热元件是热流道系统的重要组成部分，其加热精度和使用寿命对于注射工艺的控制和热流道系统的工作稳定性影响非常大。加热元件一般有加热棒、加热圈、加热管等，如图 5-56 所示。

不论采用内加热还是外加热方式，热嘴、热流道板中温度应保持均匀，防止出现局部过冷、过热。另外，加热器的功率应能使喷嘴、热流道板在 0.5~1h 内从常温升到所需的工作温度，喷嘴的升温时间可更短。

4. 温控器

温控器就是对热流道系统的各个位置进行温度控制的仪器，从低端向高端分别有通断位式、积分微分比例控制式和新型智能化温控器等，如图 5-57 所示。

图 5-56　加热元件　　　　　　　　　　图 5-57　温控器

热嘴和热流道板的温度高低直接关系到模具能否正常运转，一般对其分别进行温度控制。

5.4　冷却系统设计

在射出成型这项工业技术中，设计良好的冷却系统将缩短成型周期并提高产品质量。相反，不当的冷却设计成为引起不均匀收缩和翘曲的主要原因之一。

5.4.1　设计冷却系统的重要性

在热塑性塑料制件的成型过程中，制件冷却约占整个注射周期的 2/3 以上。图 5-58 所示为一个完整的注射成型周期由充填时间、保压时间、冷却时间以及开模时间所组成。良好的冷却水道设计可以缩短制件冷却时间，从而提高其生产率。此外，良好的冷却水道设计还可以均匀冷却制件，降低其内部残余应力，保持尺寸稳定，提高产品质量，如图 5-59 所示。

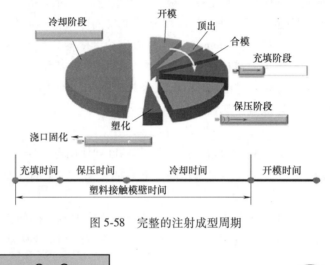

图 5-58　完整的注射成型周期

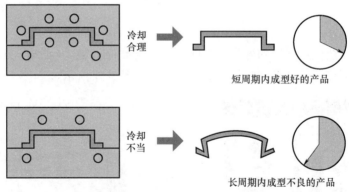

图 5-59　正确有效的冷却可改善制件质量和提高生产率

5.4.2　热传机制

模具冷却系统通常由以下部件组成：模温机、软管、模具中的冷却水路、进水歧管。模具本身可以被认为是热交换器，熔融状态的塑件借由循环流动的冷却液带走热量。图 5-60 所示为典型的注射成型冷却系统。随着产品和模具的不同，冷却系统将会有不同水路设计呈现不同冷却效率。

模温机通常安装在射出成型机旁边，并连接到歧管或直接连接到模具。多个模温机可以同时安装在一个模具上，可用于灵活控制多区域温度，模温机内使用控制器让冷却液在设定温度下通过模具。

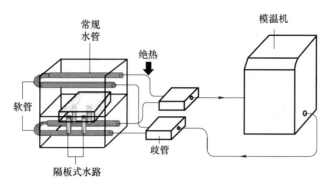

图 5-60　典型的注射成型冷却系统

温度传感器位于冷却剂流动路径中，或者位于模具本身中，向控制器提供温度读数。当冷却液温度低于设定温度时，控制器起动模温机内的加热器以增加冷却液温度。当流体温度高于设定点时，控制器将冷却水引入系统，同时排出过热的水。替代的冷却方法可使用水或空气的热交换器，从而保持冷却液状态。

油冷却液系统设计用于比水冷却液更高的工作温度。它们通常在 100℃ 和 350℃（或更高）之间操作，油冷却液使用的零件和构造与水冷却液设计有所不同。

图 5-61 所示为熔胶在流动过程中的热传递行为。由于喷泉形态的熔胶流动方式，高温熔胶在流动末端不断地与模具表面接触，将热量传递至较冷的模壁。

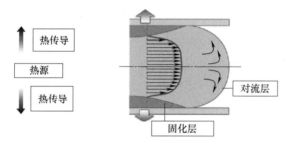

图 5-61　熔胶在流动过程中的热传递行为

热传递依传递介质可分为三种模式：热传导、热对流、热辐射。热传导为物体与物体间的热能传递，热对流为物体与流体间的热能传递，热辐射为完全不需要介质而能直接传播热能的热传递方式，如图 5-62 所示。而在射出成型过程中要考虑的热传递模式有：

1）从型腔熔胶传至模座的热量。

2）冷却水路从模座带走的热量。

3）模座表面与环境空气之间的热传导、热对流与热辐射。

4）开模顶出时的热量散失。

在射出成型过程中，塑件和冷却水路之间的散热路径和温度分布主要由以下因素决定：模座与塑件熔胶之间的热传导，冷却液与模座之间的热传导。其他像是模具表面的热辐射，模具表面与周围空气之间的热对流，以及模具打开后由顶出塑件散失的热量等也会依情况不同，或多或少影响模座温度分布。典型的模座温度分布如图 5-63 所示。

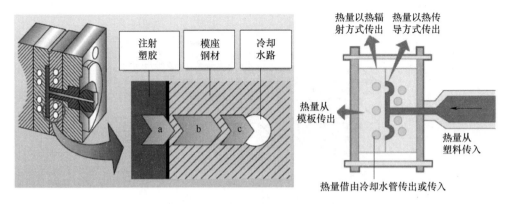

图 5-62　模内热传递机制示意图

通过冷却系统机制，塑件热量不断地被冷却液及空气带走，直到塑件温度低于顶出温度，就能让塑件顶出。顶出后的塑件仍持续被空气温度影响，直到与空气温度相同。刚开始前几个射出周期，模温会受到熔胶影响，模具温度变化会较为激烈，直到周期数目够多之后，模温会近似稳态变化，单一周期内变化幅度不超过 5℃甚至更少，因此，可以把模温以周期时间平均，视为稳态温度。然而，在模温变化较为剧烈的特殊阶段，例如变模温阶段，单一周期内有很大温度变化振幅，此时就不能把模温视为稳态温

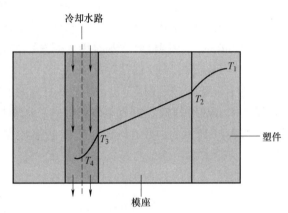

图 5-63　典型的模座温度分布

度，而必须要以暂态方式观察温度随时间的变化。典型的模温变化周期如图 5-64 所示。

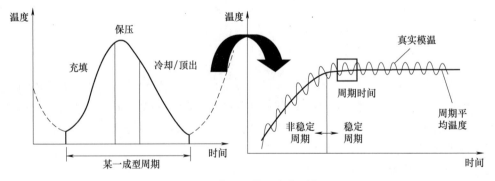

图 5-64　典型的模温变化周期

5.4.3　模温对塑件品质的影响

受塑件本身厚度变化影响，塑件不同区域具有不同的冷却效率，这将导致热残余应力。型腔两侧的不同模温，也会导致热残余应力。由于塑件内部应力不对称的拉伸与压缩，形成力矩引起塑件弯曲。塑件将会向较热的一侧弯曲，使塑件翘曲，如图 5-65 所示。

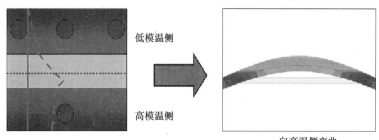

图 5-65　不对称冷却速率导致变形

冷却导致残余应力的关键因素如下：

1. 冷却温度不均衡

如果塑件两侧表面（凹、凸模侧）的冷却速率不均衡，则可能发生不对称的热残余应力。这种不均衡冷却将导致塑件的不对称拉伸与压缩，从而引起塑件翘曲。图 5-66 所示为 CAE（Moldex3D）冷却分析计算的实际温度分布和变形状态。

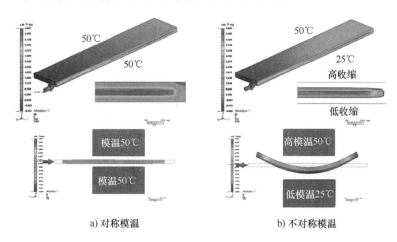

图 5-66　平板塑件变形

2. 冷却效果不均衡

图 5-67 所示为不均衡的冷却水路设计，凹、凸模侧温度不同。由于系统限制，模型的下侧放置有四个冷却水路，而顶侧仅具有三个冷却水路。平板具有均匀的厚度，因此可以预期顶侧比底侧热。在模具打开并且塑件被顶出之后，具有较高温度的模侧倾向于具有较高的收缩，并且该塑件预期以类似于"微笑"的形状弯曲，类似如图 5-66b 所示。

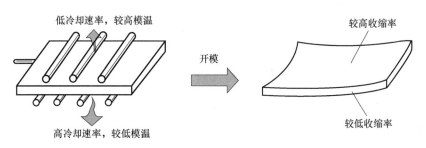

图 5-67　不均衡的冷却水路设计

图 5-68 所示为另一种不均衡的冷却系统设计。由于凸模和凹模侧的散热差异，在塑料部件的角部附近更容易发生积热。结果是凸模侧的体积收缩率较高、凹模侧的体积收缩率较低，导致塑件翘曲变形。

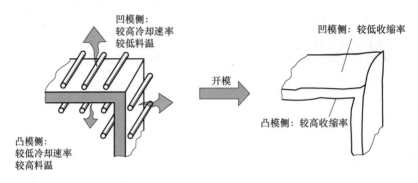

图 5-68　转角位置形成积热

图 5-69 所示为冷却水路的设计和布局，首先让凹、凸模冷却液温度差异为 10℃，借以观察塑件是否足以保持平整度。成型条件设定凹模侧水温（80℃）大于凸模侧（70℃），模具温度分布结果如图 5-70 和图 5-71 所示。

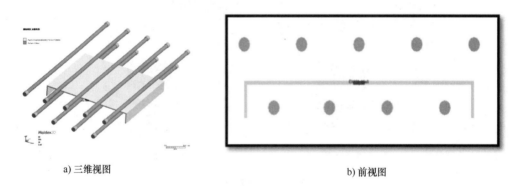

a) 三维视图　　　　　　　　　　　　　　　b) 前视图

图 5-69　冷却水路的设计和布局

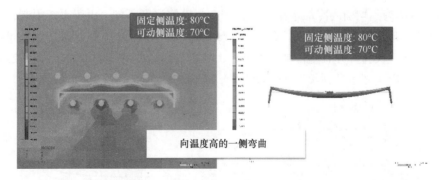

图 5-70　模温差和塑件变形结果（凹、凸模温设定值分别为 70℃ 与 80℃）

首先，案例以冷却液温差 10℃ 来视察这是否足以保持产品的平整度。成型条件设定凹模侧（80℃）的水温高于凸模侧（70℃）的水温。模具基座温度分布结果如图 5-70 所示。

尝试颠倒温度设置，即与上述试模相反的成型条件设定，凹模侧冷却液温度（70℃）低于凸模侧冷却液温度（80℃）。在相同的测试模型中，凸模侧温度高于凹模侧，翘曲条件将弯曲偏向热累积一侧，如图 5-71 所示。

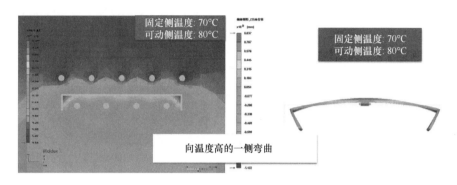

图 5-71　模温差和塑件变形结果（凹、凸模温设定值分别为 80℃与 70℃）

5.4.4　冷却水路的布置

冷却的目的是去除塑件熔融热便于快速顶出和生产，如果需要，可分别控制凸模温度和凹模温度，通过精确控制模具表面温度，可提高成型产品的品质。一般来说，建议在较大尺寸塑件中冷却液温度变动低于 10℃，小型塑件冷却液温度变动在 3℃以内。

冷却水路的设计原则：最好是水路之间的距离相等，所有水路与模壁之间的距离相等。但是，还必须根据实际塑件的散热情况调整水管距离和密度。每个水管如果能直进直出，则可以减少内部模具不均匀冷却的情况，也可避免冷却液流速变得缓慢或滞留。在小结构和转角区域容易积热位置（图 5-72），若有必要加强散热的话，可使用高热导率材料（如铍铜合金）或加热导管，也可考虑采用异型冷却水路设计。

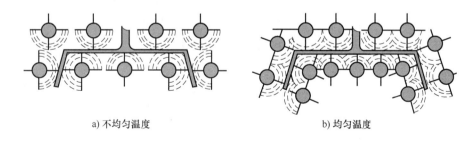

a) 不均匀温度　　　　　　　　　　b) 均匀温度

图 5-72　冷却水管布局对于塑件模温的影响

冷却水路的设计参数包括冷却水管数量、冷却水管直径、每个冷却水管之间的距离，这些参数除了考量冷却效果之外，也同时考量了对于模具强度和加工难易程度的影响，如图 5-73 和表 5-4 所示。每个冷却水管之间的建议距离约为冷却水管直径的 3 倍，根据设计指南，水管与模壁的距离建议为冷却水管直径的 1.5~2 倍。

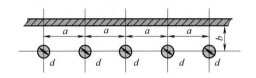

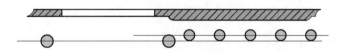

图 5-73　冷却水管设计要求

表 5-4　水孔直径和距离建议值

成品厚度/mm	水管直径 d/mm	水管之间的距离 a/mm	水管中心到成品表面距离 b/mm
0~2	4~8		
2~4	8~12	$(2~3)d$	$(1.5~2)d$
4~6	12~14		

冷却水道的布局可分为并联式和串联式两类，如图 5-74 所示。

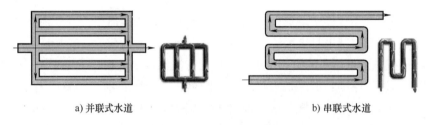

a) 并联式水道　　　　　　　　　　　　　b) 串联式水道

图 5-74　冷却水道的布局

在并联式冷却系统中，所有水道直接与冷却液分配器和冷却液收集器相连。由于冷却液平行流动，加之各水道的阻力不同，造成冷却液在不同水道中的流速差异，最终导致各水道之间存在不同的热传递效率。换句话说，采用并联水道布局的模具不能均匀地冷却制件。通常，在模具型腔和型芯上分别设置独立的并联式冷却循环系统，每个系统的水道数随模具结构的复杂性和尺寸变化。

在串联式冷却系统中，只有唯一一条从入口到出口的水道回路。串联式冷却水道布局最常用。设计加工时，只要保证冷却水道截面尺寸一致，冷却液就能在整个水道长度内保持期望的湍流，而以湍流方式流动的冷却液是热交换的有效载体。由于冷却液是沿整条冷却水道吸取热量的，所以必须注意尽可能降低冷却液的温升。

根据模具系统和塑件设计，冷却系统可以有许多不同的构造。然而，主要部件包括模温机、模内冷却水路、歧管、软管，以及其他冷却部件，例如隔板式冷却水路和喷泉式冷却水路。

1. 隔板式冷却水路

隔板实际上是垂直于主水道钻一条支水道，然后利用一块导流片（板）把支水道中的水路一分为二；来自主水道的冷却液翻过导流片顶部，再绕回到主水道的另一侧，这样就构成了隔板式冷却组件。

在一个好的隔板组件设计中，其隔板的宽度应该略大于支水道直径，这样做有两个理由：①确保隔板完全阻断水路的自由流动，迫使其整股向上流动至隔板顶部；②使隔板形成的支水道截面类似于主水道截面，并且其尺寸不小于主水道尺寸的一半。隔板两侧的冷却液温度分布是不均匀的，如果用扭曲的黄铜（或一些其他有色金属）片作为隔板，这种温度分布不均匀现象便可被消除，图 5-75a 所示。

a) 隔板式冷却水路　　　　b) 喷泉式冷却水路　　　　c) 热导管

图 5-75　冷却组件

2. 喷泉式冷却水路

喷泉式冷却水路的工作原理类似于折流板，只是用管状折流结构取代板（片）状折流结构。在喷泉式冷却水路组件中，冷却液由管底部沿管内壁流向管顶部，然后像喷泉一样从管顶部涌出，接着环绕管外壁流下，回到另一条主水道。

喷泉式冷却水路是冷却细长型芯最有效的组件之一。构成喷泉式冷却水路组件的两条同心管路直径必须满足内、外径比为 0.707 的条件，以使冷却液在内、外管流动的阻力相等，如图 5-75b 所示。

3. 热导管

热导管内部使用高热导率材料快速传递冷却液热量，如图 5-75c 所示。热导管上半部分吸收塑件热量传至下半部分与主冷却水管接触，然后被冷却水管的冷却液带走热量。

热导管是隔板式冷却水路和喷泉式冷却水路的替代品，它是一个充满特殊流体的密封圆筒。当特殊液体从热导管一侧吸取热量时，特殊流体吸取热量蒸发为气体，气体移动至热导管另一侧，被冷却水管吸收热量，使其冷凝恢复为流体。热导管的热传递效率几乎是铜管的热传递效率的十倍。为了确保良好的热传导，安装时需要避免热导管和模具之间有空气间隙，或在间隙内填充高热导率密封剂。

5.4.5　冷却液效应

冷却效率与冷却液材料的导热性、热容量、密度、黏度和冷却液流动行为有关。为了确保冷却效果，水路设计尽可能沿着塑件轮廓来布置，使水路与模壁的距离尽可能小（考虑模具材料强度）。为了确保散热效果，管道直径应适当，冷却流率大小要达到要求。冷却液是水或是油，对于冷却设计也有影响，例如水的热传导效率约为油的 5 倍。

雷诺数提供了流动行为的指数参考，对于圆管定义为

$$Re = \frac{4Q\rho}{\pi d\eta} \tag{5-1}$$

式中，ρ 为流体密度；η 为流体黏度；Q 为体积流率；d 为水管管径。冷却液流动类型及对应的雷诺数见表 5-5。层流为仅单一方向的流动，层流在一般管道其雷诺数 $Re<2300$；湍流为随机方向的流动，湍流在一般管道其雷诺数 $Re>10000$，湍流的热传递效果较层流好。

表 5-5　冷却液流动类型及对应的雷诺数

雷诺数 Re	流动类型
$4000<Re$	湍流
$2300<Re\leqslant4000$	稳定流动
$100<Re\leqslant2300$	层流
$Re\leqslant100$	迟滞流动

冷却液流率与压降之间的关系如图 5-76 所示。

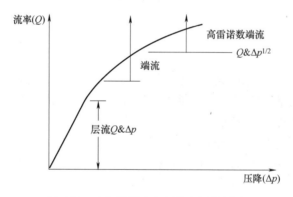

图 5-76　冷却液流率与压降之间的关系

例如，有一平板的厚度为 2mm，以下测试三种冷却水路设计：$d=3$mm，$p=10$mm，$D=6$mm（d 为冷却水路直径，p 为每个通道的距离，D 为冷却水路和部件表面的距离）。利用这些参数，布局三种冷却水路：串联水路、并联水路和异型水路，如图 5-77 所示。

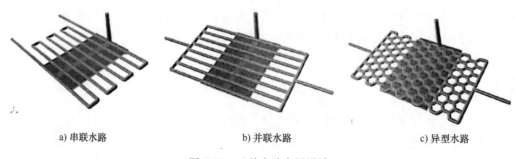

a) 串联水路　　　　　　　b) 并联水路　　　　　　　c) 异型水路

图 5-77　三种水路布局设计

以下结果基于 CAE（Moldex3D）冷却模拟，温度设置范围为 50~52℃，如图 5-78 所示。可以看出，串联冷却水路设计温度最低。对于这三组冷却水路距离产品表面的距离是固定的 6mm。三种冷却水路设计的流速比较如图 5-79 所示。从结果发现并联和异型冷却设计流速在产品区域较慢。串联冷却水路具有较高的流速，这与其塑件的较低温度预想一致。同时，异型和并联冷却水路的塑件温度较高，因为它们的流速在零件周围较慢。

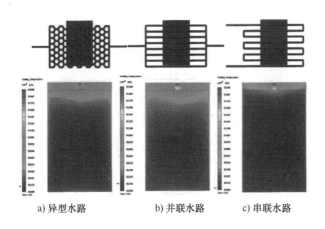

a) 异型水路　　　　　　b) 并联水路　　　　　　c) 串联水路

图 5-78　比较三种水路布局的模温分布

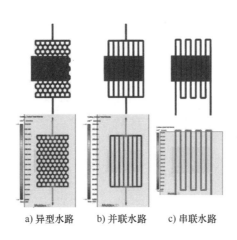

a) 异型水路　　　　　b) 并联水路　　　　　c) 串联水路

图 5-79　比较三种水路布局的流速

5.4.6　冷却时间估算

在注射成型周期内，冷却时间通常占最大比例（约 80%），因此缩短冷却时间将大大减少成型周期并提高生产率。注射成型冷却时间主要由塑件厚度决定，同时也与塑料熔胶温度、模具温度和模具钢材的导热性能等因素有关。

有许多方法来估计塑件冷却时间，例如理论推导和几个半经验方程和参考公式。然而，这些方法需要材料温度和模具温度作为参考值，列出其中一种如下：

$$t_c = \frac{H^2}{\pi^2 \alpha} \ln\left(\frac{8}{\pi^2} \frac{T_M - T_C}{T_E - T_C}\right) \tag{5-2}$$

式中，t_c 为冷却时间，代表塑件厚度方向的平均温度冷却至顶出温度 T_E 所需时间；T_M 为熔胶成型温度；T_C 为模温；H 为塑件厚度；α 为塑胶热扩散系数。

由式（5-2）可描述热扩散系数和冷却时间的关系式如下：

$$\alpha = \frac{k}{\rho c_p}$$

$$t_c \propto \frac{h^2}{\alpha} = \frac{h^2 \rho c_p}{k} \tag{5-3}$$

式中，k 为热导率；ρ 为熔胶密度；c_p 为比定压热容；h 为塑件最大厚度；t_c 为冷却时间。

由此可知，冷却时间与塑件厚度的二次方成正比，举例来说，厚度加倍则冷却时间将增加为四倍。

另外，从参考理论公式来看，顶出温度为重要参数，可以将塑件厚度方向上 70% 区域出现固化（低于顶出温度）作为顶出时机的判断依据。图 5-80 所示为顶出温度与塑件温度的变化关系。

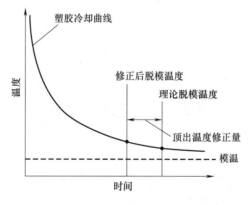

图 5-80　顶出温度与塑件温度的变化关系

根据以上的经验公式可以预估常见塑料不同厚度的冷却时间，见表 5-6。

表 5-6　常见塑料不同厚度的冷却时间预估　　　　　　　　（单位：s）

塑料	产品厚度/mm														
	0.50	0.75	1.00	1.25	1.50	1.75	2.00	2.25	2.50	3.00	3.75	4.50	5.00	5.50	6.25
ABS	—	1.8	2.9	4.1	5.7	7.4	9.3	11.5	13.7	18.8	28.5	40.1	49.0	58.3	75.0
PA	—	2.5	3.8	5.3	7.0	8.9	11.2	13.4	15.9	21.5	32.0	44.5	53.9	63.9	80.8
HDPE	1.8	3.0	4.5	6.2	8.0	10.0	12.5	14.7	17.5	23.5	34.5	47.7	57.5	67.9	85.0
LDPE	—	2.3	3.5	4.9	6.6	8.4	10.6	12.8	15.2	20.7	30.9	43.2	52.4	62.1	79.0
PP	1.8	3.0	4.5	6.2	8.0	10.0	12.5	14.7	17.5	23.5	34.5	47.7	57.5	67.9	85.0
PS	1.0	1.8	2.9	4.1	5.7	7.4	9.3	11.5	13.7	18.9	28.5	40.3	49.0	58.3	75.0
PVC	—	2.1	3.3	4.6	6.3	8.1	10.1	12.3	14.7	20.0	30.0	42.2	51.1	60.7	77.5

思　考　题

1. 简述浇注系统的分类和基本组成。

2. 比较点浇口浇注系统和侧边式浇口浇注系统的异同点。

3. 分流道常用的截面形状有哪些？如何选用？

4. 简述冷料穴的作用和设计要点。

5. 简述浇口的作用、种类及设计要点。

6. 热流道与普通流道相比，有哪些优点？为什么说它是模具浇注系统技术未来发展的方向？但它的哪些缺点目前又影响它的普及？

7. 热流道系统的加热方式有哪些？热流道系统常用的加热元件有哪些？

8. 为什么注射模具要设置温度调节系统？

9. 在理论计算中，冷却系统回路的总表面积和冷却孔截面面积与冷却孔长度如何确定？

10. 常见冷却系统的结构形式有哪几种？分别适合于什么场合？

第6章 先进注射模具其他重要系统设计

本章主要介绍先进注射模具其他重要系统的设计，包含分型面的选择、排气系统设计、成型零件设计、脱模机构设计、侧向抽芯机构设计、模架设计等。

6.1 分型面的选择

分型面是决定模具结构形式的一个重要因素，分型面的类型、形状及位置与模具的整体结构、浇注系统的设计、塑件的脱模和模具的制造工艺等有关，不仅直接关系模具结构的复杂程度，也关系塑件的成型质量。

注射模具有时为了结构的需要，在定模或动模部分增加辅助的分型面，此时将脱模时取出塑件的分型面称为主分型面。

6.1.1 型腔数目的确定

一次注射只能生产一件塑料产品的模具称为单型腔模具，如果一副模具一次注射能生产两件或两件以上的塑料产品，则这样的模具称为多型腔模具。

与多型腔模具相比较，单型腔模具塑料制件的形状和尺寸一致性好，成型的工艺条件容易控制，模具结构简单、紧凑，模具制造成本低、周期短。但是在大批生产的情况下，多型腔模具应是更为合适的形式，它可以提高生产率，降低塑件的整体成本。

在多型腔模具的实际设计中，有的是首先确定注射机的型号，再根据注射机的技术参数和塑件的技术经济要求，计算出要求选取型腔的数目；也有的先根据生产率的要求和制件的精度要求确定型腔的数目，然后再选择注射机或对现有的注射机进行校核。一般可以按下面几种方法对型腔数目进行确定。

1）按注射机的最大注射量确定型腔数目。型腔数目 n 可按式（4-3）确定。

2）按注射机的额定锁模力确定型腔数目。型腔数目 n 可按式（4-2）确定。

3）按塑件的精度要求确定型腔的数目。实践证明，每增加一个型腔，塑件的尺寸精度约降低4%。成型高精度塑件时，型腔不宜过多，通常不超过4个，因为多型腔难以使型腔的成型条件一致。

4）按经济性确定型腔数目。根据总成型加工费用最小的原则，并忽略准备时间和试生产原料费用，仅考虑模具费用和成型加工费用，则模具费用为

$$X_{\mathrm{m}} = nC_1 + C_2 \tag{6-1}$$

式中 X_{m}——模具费用（元）；

n——型腔数目；

C_1——每个型腔的模具费用（元）；

C_2——与型腔数无关的费用（元）。

成型加工费用为

$$X_j = N\frac{Yt}{60n} \tag{6-2}$$

式中　X_j——成型加工费用（元）；

N——需要生产塑件的总数；

Y——每小时注射成型加工费（元/h）；

t——成型周期（min）。

总的成型加工费用为

$$X = X_m + X_j = nC_1 + C_2 + N\frac{Yt}{60n} \tag{6-3}$$

为了使成型加工费用最小，令$\dfrac{dX}{dn}=0$，则得

$$n = \sqrt{\frac{NYt}{60C_1}} \tag{6-4}$$

式（6-4）即为按经济性确定型腔数目的计算式。

根据上述各点所确定的型腔数目，既在技术上充分保证了产品的质量，又保证了最佳的生产经济性。

6.1.2　塑件在模具中的位置

对于单型腔模具，塑件在模具中的位置如图 6-1 所示。图 6-1a 所示为塑件全部在定模板中的结构；图 6-1b 所示为塑件全部在动模板中的结构；图 6-1c、d 所示为塑件同时在定模板和动模板中的结构。对于多型腔模具，由于型腔的排布与浇注系统密切相关，在模具设计时应综合加以考虑。型腔的排布应使每个型腔都能通过浇注系统从总压力中均等地分得所需足够压力，以保证塑料熔体能同时均匀地充填每一个型腔，从而使各个型腔的塑件内在质量均一、稳定。

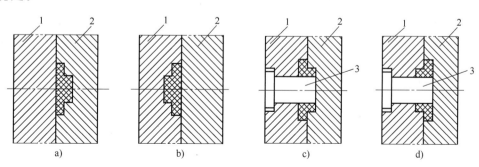

图 6-1　塑件在单型腔模具中的位置

1—动模板　2—定模板　3—型芯

多型腔模具的型腔在模具分型面上的排布形式如图 6-2 所示。图 6-2a、b、c 所示的形式称为平衡式布置，其特点是从主流道到各型腔浇口分流道的长度、截面形状与尺寸均对应相同，可实现各型腔均匀进料和同时充满型腔的目的，从而使所成型的塑件内在质量均一、稳定，力学性能一致。图 6-2d、e、f 所示的形式称为非平衡式布置，其特点是从主流道到各型腔浇口分流道的长度不相同，因而不利于均衡进料，但可以明显缩短分流道的长度，节约塑件的原材料。为了使非平衡式布置的型腔也能达到同时充满的目的，往往各浇口的截面尺寸要制造得不相同。在实际多型腔模具的设计与制造中，对于精度要求高、物理与力学性能要求均衡稳定的塑料制件，应尽量选用平衡式布置的形式。

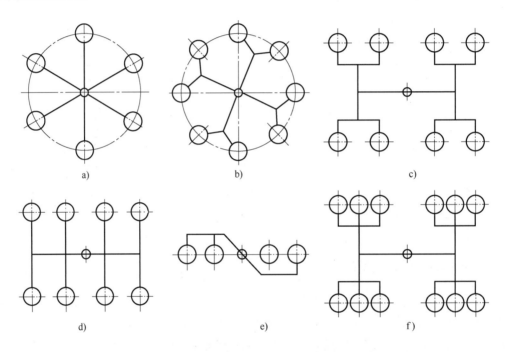

图 6-2 平衡式和非平衡式多型腔布局

应当指出，多型腔模具最好成型同一形状和尺寸精度要求的塑件，不同形状的塑件最好不采用同一副多型腔模具来生产。但是在生产实践中，有时为了节约和同步生产，往往将成型配套的塑件设计成多型腔模具。采用这种形式难免会引起一些缺陷，如塑件发生翘曲及不可逆应变等。

6.1.3 分型面的形式和选择原则

分型面是决定模具结构形式的一个重要因素，它与模具的整体结构、浇注系统的设计、塑件的脱模和模具的制造工艺等有关，因此分型面的选择是注射模具设计中的一个关键因素。

1. 分型面的形式

分型面的形式与塑件几何形状、脱模方法、模具类型及排气条件、浇口形式等有关，常见的形式如图 6-3 所示，大致分为水平分型面、竖直分型面、斜分型面、阶梯分型面、曲面分型面和平面-曲面分型面。

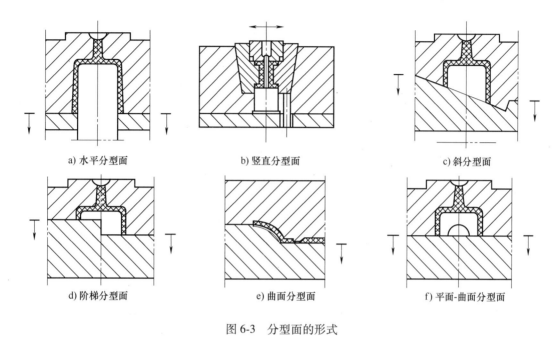

a) 水平分型面　　　　　b) 竖直分型面　　　　　c) 斜分型面

d) 阶梯分型面　　　　　e) 曲面分型面　　　　　f) 平面-曲面分型面

图 6-3　分型面的形式

2. 分型面的选择原则

分型面除受排位的影响外，还受塑件的形状、外观、精度，浇口位置，滑块，推出机构，加工等多种因素影响。分型面选择是否合理是塑件能否完好成型的先决条件，一般应考虑以下几个方面。

1) 符合塑件脱模的基本要求，就是能使塑件从模具内取出，分型面位置应设在塑件脱模方向最大的投影边缘部位。

2) 分型线不影响塑件外观，即分型面应尽量不破坏塑件光滑的外表面。

3) 确保塑件留在动模一侧，利于推出且推杆痕迹不显露于外观表面。

4) 确保塑件质量，如将有同轴度要求的塑件部分放到分型面的同一侧等。

5) 应尽量避免形成侧孔、侧凹，若需要滑块成型，应力求滑块结构简单，尽量避免定模滑块。

6) 满足模具的锁紧要求，将塑件投影面积大的方向放在定、动模的合模方向上，而将塑件投影面积小的方向作为侧向分型面；另外，分型面是曲面时，应加斜面锁紧。

7) 合理安排浇注系统，特别是浇口位置。

8) 有利于模具加工。

由于塑件各异，很难有一个固定的模式，表 6-1 中对一些典型实例进行了分析，设计时可以参考。对于单个产品，分型面有多种选择时，要综合考虑产品外观要求，选择较隐蔽的分型面。

表 6-1 分型面选择实例

序号	推荐形式	不推荐形式	说明
1	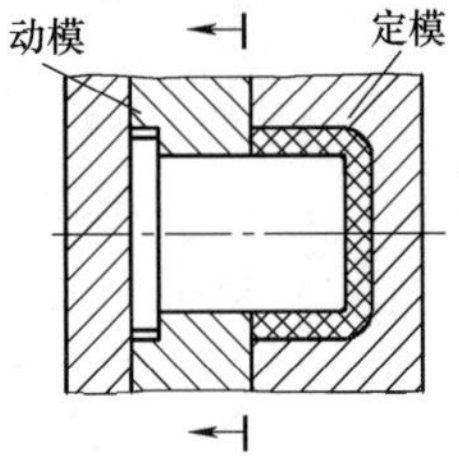	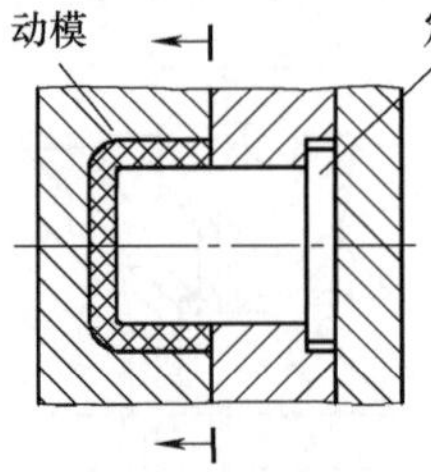	分型后塑件应尽可能留在动模或下模,以便从动模或下模推出,简化模具结构
2	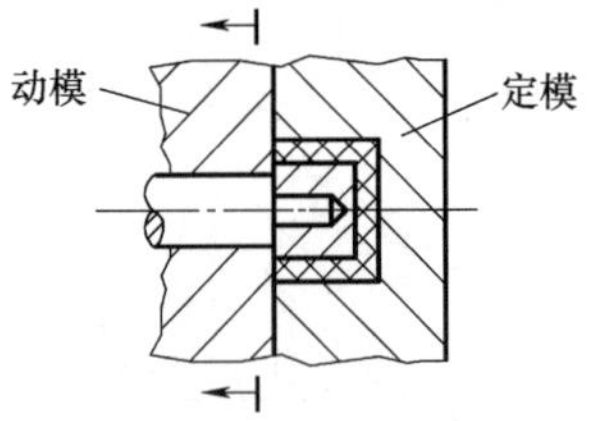	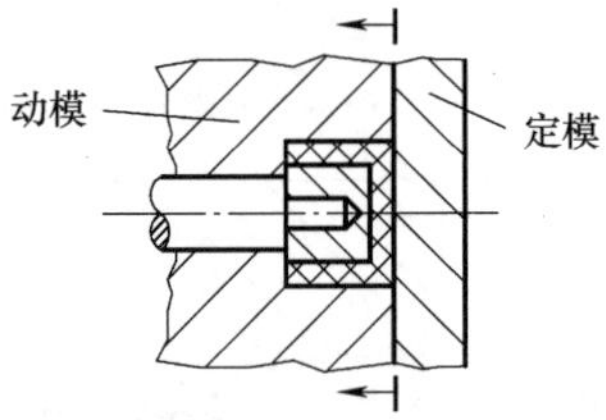	当塑件设有金属嵌件时,由于嵌件不会收缩,对型芯无包紧力,结果带嵌件的塑件留在定模内,而不会留在型芯上。采用左图所示形式脱模比较容易
3	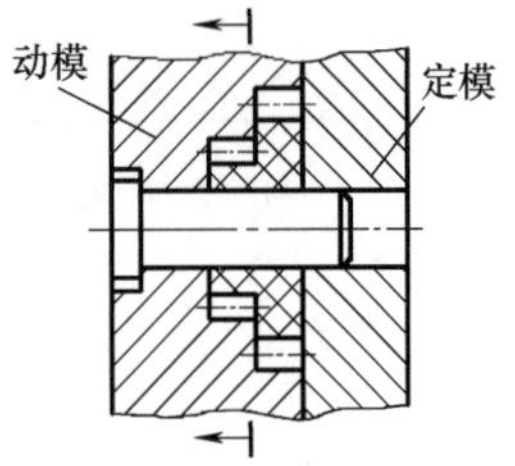	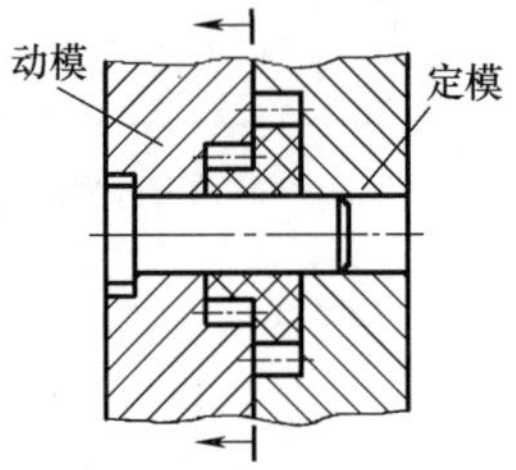	当塑件的同轴度要求高时,应将型腔全部设在动模边,以确保塑件的同轴度
4	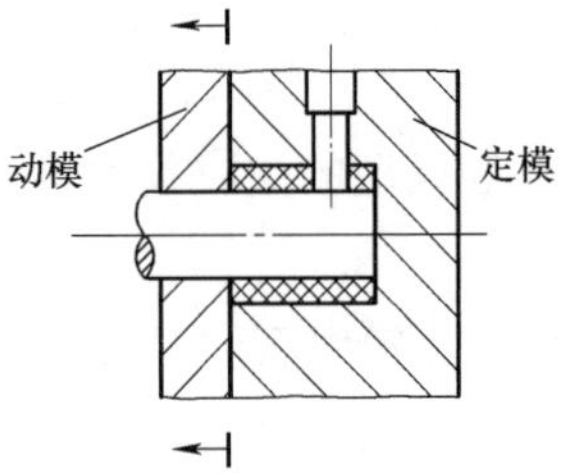	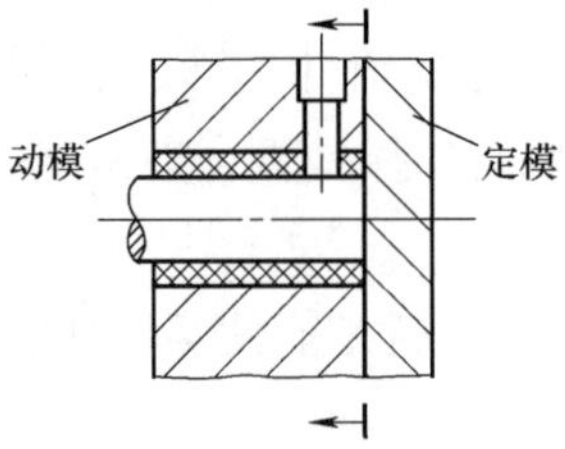	当塑件有侧抽芯时,应尽可能将侧抽芯部分放在动模,避免定模抽芯,以简化模具结构
5	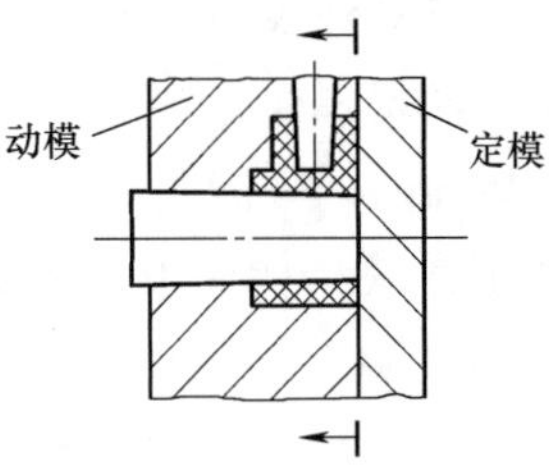	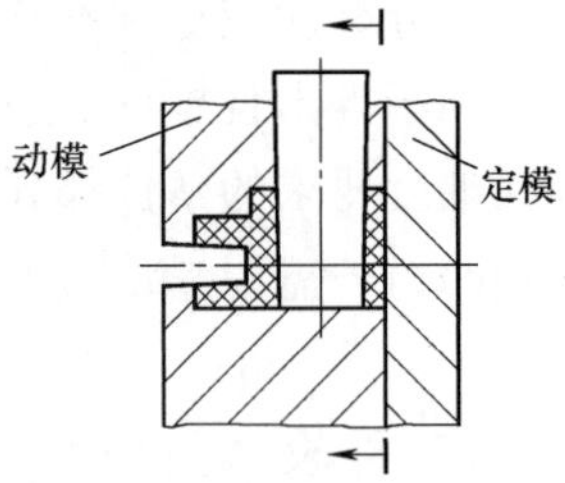	当塑件有多组抽芯时,应尽量避免长端侧向抽芯
6	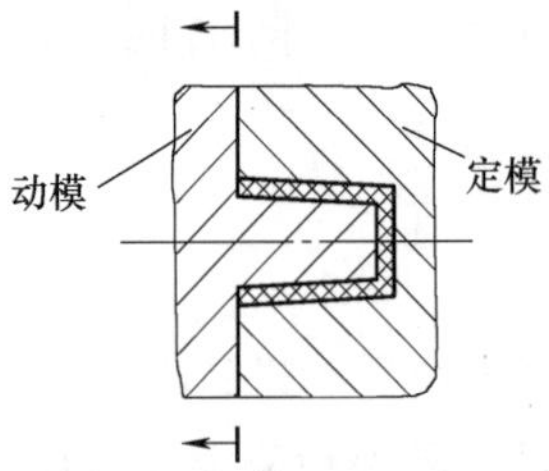	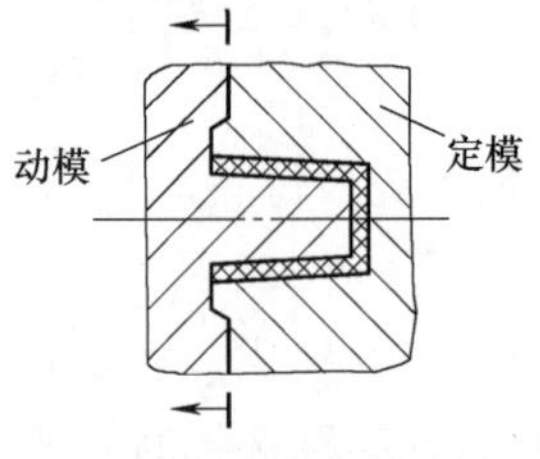	要求壁厚均匀的薄壁塑件,不能采用一个平面作为分型面,只有采用锥形阶梯分型面才能保证塑件壁厚均匀

（续）

序号	推荐形式	不推荐形式	说明
7			分型面不能选择在塑件光滑的外表面，以避免损伤塑件的表面

6.2　排气系统设计

在注射成型过程中，模具内除了型腔和浇注系统中原有的空气外，还有塑料受热或凝固产生的低分子挥发气体和塑料中的水分在注射温度下汽化形成的水蒸气。这些气体若不能顺利排出，则可能因充填时气体被压缩而产生高温，引起塑件局部炭化烧焦，同时，这些高温高压的气体也有可能挤入塑料熔体内而使塑件产生气泡、空洞或填充不足等缺陷。因此，在注射成型中及时地将这些气体排到模具外是十分必要的，对于成型大型塑件、精密塑件以及聚氯乙烯、聚甲醛等易分解产生气体的树脂来说尤为重要。

6.2.1　模具气体的来源和危害

1）注射成型时，模具内的气体主要来自以下三个方面：

① 模具浇注系统及型腔内的空气，这是气体的主要来源。

② 塑料中的水分因高温而变成的气体。

③ 塑料及塑料添加剂在高温下分解的气体。

2）模具中容易困气的位置如下：

① 薄壁结构型腔，熔体流动的末端。

② 厚壁结构的型腔，空气容易卷入熔体形成气泡，是排气系统设计的难点。

③ 两股或两股以上熔体汇合处常因排气不良而产生熔接痕或填充不足等缺陷。

④ 在型腔中，熔体流动的末端。

⑤ 模具型腔盲孔的底部，在塑件中则多为实心柱位的端部。

⑥ 成型塑件加强筋和空心螺柱的底部。

⑦ 模具的分型面上。

3）模具型腔内的气体如果不能及时排出，就会影响塑件的成型质量和注射周期，具体如下：

① 在塑件表面形成流痕、气纹、接缝，使表面轮廓不清。

② 填充困难或局部飞边。气体不能及时排出，必然要加大注射压力，导致型腔被撑开而形成飞边。

③ 熔体填充时气体被压缩而产生高温，造成塑件困气处局部炭化烧焦。任何气体都遵循下面的规律：

$$\frac{压强 \times 体积}{温度} = 常数$$

如果型腔内的气体无处逃逸，当体积被压缩得越来越小时，压强和熔体前进的阻力就越来越大。空气被压缩，它的热熔就被集中在很小的体积里，导致温度骤然升高，有时温度可以达到数百摄氏度，使最前面的熔体被烧焦。

④ 气体被熔体卷入形成气泡（尤其在厚壁处），致使塑件组织疏松，强度下降。模具浇注系统及型腔内的空气若不能及时排出，则常在流道或厚壁部位产生气泡；分解气产生的气泡常沿塑件的壁厚分布，而水分变成的气体则无规则地分布在塑件上。

⑤ 使塑件内部残留很高的内应力，表面流痕和塑件局部熔接不良，产生熔接痕，这样既会影响外观，又影响熔接处的强度。型腔气体不能及时排出，将导致注射速度下降，熔体温度很快降低，注射压力必须提高，残余应力随之提高，翘曲的可能性增加。如果想借助提高料温，以降低注射压力，料温必须升得很高，这样又会引起塑料降解。

⑥ 气体无法及时排出，必然降低熔体填充速度，使成型周期加长，严重时还会造成填充不足等缺陷。有了适当的排气，注射速度可以提高，填充和保压可达良好状态，无须过度提高料筒和喷嘴的温度。注射速度提高后，塑件的质量又会有更大的改善。

模具出现以上问题，若不能通过调整注射工艺参数来解决，那么就是模具的排气系统设计不合理了。

排气不良引起的塑件缺陷鱼骨图如图 6-4 所示。

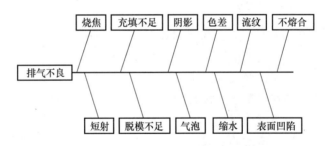

图 6-4　排气不良引起的塑件缺陷鱼骨图

6.2.2　排气系统设计原则和排气方式

1. 设计原则

1）排气槽只能让气体排出，而不能让塑料熔体流出。

2）不同的塑料，因其黏度不同，排气槽的深度也不同。

3）型腔要设计排气槽，流道和冷料穴也要设计排气槽，使浇注系统内的气体尽量少地进入模具型腔。

4）排气槽一定要通到模架外，尤其是通过镶件、排气针或排气镶件排气时，一定要注意这一点。

5）排气槽尽量用铣床加工，加工后用粒度为 P320 的砂纸抛光，去除刀纹。排气槽避免使用磨床加工，磨床加工的平面过于平整光滑，排气效果往往不好。

6）分型面上的排气槽应该设置在型腔一侧，一般在定模镶件上。

7）排气槽两侧宜加工 45°倒角。

2. 排气方式

通常，采用的排气方式有利用模具分型面或配合间隙自然排气、采用开设排气槽排气以及镶嵌烧结金属块排气等。

（1）利用模具分型面或配合间隙自然排气　图 6-5 所示为利用模具分型面或配合间隙自然排气的几种结构。

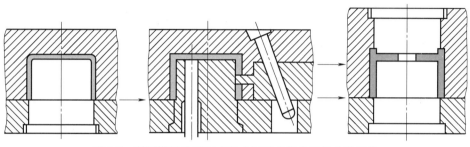

图 6-5　利用模具分型面或配合间隙自然排气的几种结构

（2）采用开设排气槽排气　图 6-6 所示为热塑性塑料注射模具的排气槽及尺寸。

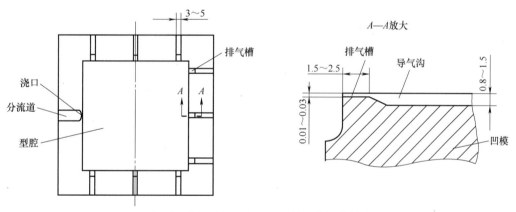

图 6-6　热塑性塑料注射模具的排气槽及尺寸

（3）镶嵌烧结金属块排气　当型腔最后充填部位不在分型面上，其附近又无可供排气的推杆或可活动的型芯时，可在型腔相应部位镶嵌经烧结的金属块（多孔性合金块）以供排气，如图 6-7 所示。但应注意的是，金属块下方的通气孔直径 D 不宜过大，以免金属块受力后变形。

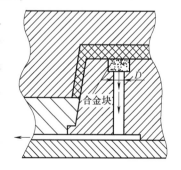

图 6-7　镶嵌烧结金属块排气

6.3　成型零件设计

成型零件是决定塑件几何形状和尺寸的零件。它是模具的主要部分，主要包括凹模、凸模及镶件，成型杆和成型环等。由于塑料成型的特殊性，塑料成型零件的设计与冲模的凸、凹模设计有所不同。

6.3.1 凹模和凸模的结构设计

凹模也称型腔，是成型塑件外表面的主要零件，其中成型塑件上外螺纹的称螺纹型环；凸模也称型芯，是成型塑件内表面的零件，成型其主体部分内表面的零件称主型芯或凸模，而成型其他小孔的型芯称为小型芯或成型杆，成型塑件上内螺纹的称螺纹型芯。凹模、凸模按结构不同主要可分为整体式和组合式两种结构形式。

1. 整体式凹模

它是由一整块金属材料（也称为定模板或凹模板）直接加工而成。它的特点是为非穿通式模体，强度好，不易变形。但由于它成型后热处理变形大，浪费贵重材料，故在生产实践中应用较少。整体式凹模如图 6-8 所示。

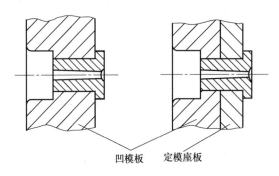

凹模板　　定模座板

图 6-8　整体式凹模

2. 整体嵌入式凹模

对于小件一模多腔式模具，一般是将每个凹模单独加工后压入定模板中，如图 6-9 所示。这种结构的凹模形状、尺寸一致性好，更换方便。凹模常常由侧面定位，其定位方式有所不同。对于图 6-9a 所示的带有台阶结构的凹模，通常由定模板固定；对于图 6-9b 所示的不带台阶结构的凹模，通常由螺钉直接固定；当凹模与定模板之间采用过盈配合时，可以不用螺钉连接，如图 6-9c 所示。

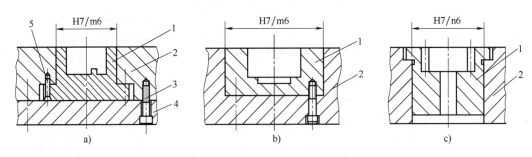

图 6-9　整体嵌入式凹模及其固定

1—凹模　2—定模板　3—螺钉　4—定模座板　5—圆柱销

值得注意的是，当图 6-9a 中的凹模横截面是圆形的，且凹模具有方向性时，则需要设置圆柱销用来止转。

3. 组合式凹模

这种结构形式广泛用于大型模具上。对于形状较复杂的凹模或尺寸较大时，可把凹模做成通孔型的然后再装上底板，底板的面积大于凹模的底面，如图 6-10 所示。

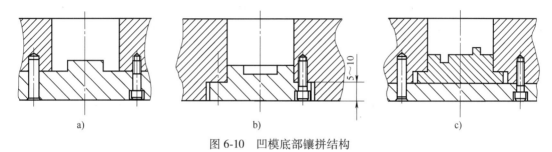

图 6-10　凹模底部镶拼结构

图 6-10a 所示的组合式凹模的强度和刚度较差。在高压熔体作用下组合底板变形时，熔体趁机渗入连接面，在塑件上造成飞边，造成脱模困难并损伤棱边。图 6-10b、c 所示的组合结构，制造成本虽高些，但由于配合面密闭可靠，能防止熔体渗入。

4. 镶嵌式凹模

（1）局部镶拼式凹模　对于形状复杂或易损坏的凹模，将难以加工或易损坏的部分做成镶件形式嵌入凹模主体上，如图 6-11 所示。

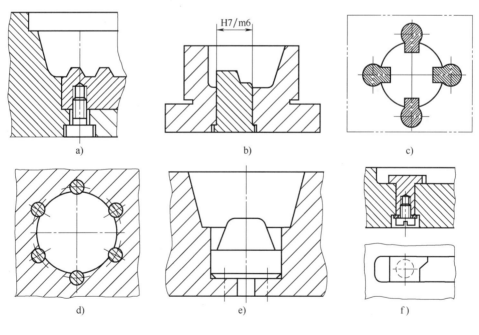

图 6-11　各种局部镶拼式凹模

（2）四壁拼合式凹模　大型和形状复杂的凹模，可以将其四壁和底板分别加工，经研磨后压入模套中，称为四壁拼合式凹模，如图 6-12 所示。为了保证装配的准确性，侧壁之间采用锁扣连接，连接处外壁留有 0.3 ~ 0.4mm 的间隙，以使内侧接缝紧密，减少塑料的挤入。

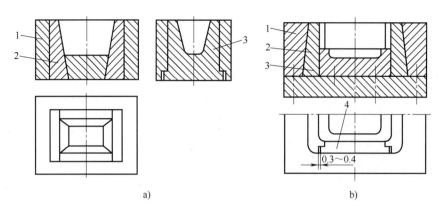

图 6-12　四壁拼合式凹模

1—模套　2、3—侧拼块　4—底拼块

5. 整体式凸模

整体式凸模是将成型的凸模与动模板做成一体，不仅结构牢固，还可省去动模垫板。但是由于它不便于加工，故只适用于形状简单且凸模高度较小的单型腔模具，在生产实践中应用较少，如图 6-13 所示。

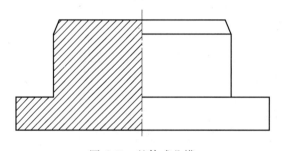

图 6-13　整体式凸模

6. 组合式凸模

组合式凸模的大小不同，其装配方式也不同。

（1）整体装配式凸模　它是将凸模单独加工后与动模板进行装配而成的，如图 6-14 所示。图 6-14a 中采用台阶连接，是较为常用的连接形式，采用型芯的侧面和动模垫板与型芯固定板之间的销共同定位，采用螺钉连接型芯固定板，型芯固定板压住型芯台阶的方式进行连接。值得注意的是，当台阶为圆形而成型部分是非回转体时，为了防止型芯在型芯固定板中转动，需要在台阶处用圆柱销止转。图 6-14b、c 中采用局部嵌入式，使用型芯的侧面定位，用螺钉连接，其连接强度不及台阶固定式，适用于较大型的模具。图 6-14d 中采用销定位，螺钉连接，节省贵重材料，加工方便，但是这种型芯的固定方法不适合销孔所在零件需要淬火处理和凸模受较大侧向力的场合。

（2）圆柱形小型芯的装配　圆柱形小型芯的配合尺寸与公差如图 6-15 所示。

小型芯从模板背面压入的方法，称为反嵌法。它采用台阶与垫板的固定方法，定位配合部分的长度是 3~5mm，用小间隙或过渡配合。在非配合长度上扩孔，以利于装配和排气，台阶的高度至少要大于 3mm，台阶侧面与沉孔内侧面的间隙为 0.5~1mm。为了保证所有的型芯装配后在轴向无间隙，型芯台阶的高度在嵌入后都必须高出模板装配平面，经磨削成同一平面后再与垫板连接。

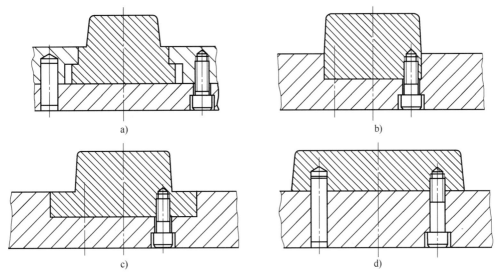

图 6-14　整体装配式凸模

当模板较厚而型芯较细时，为了便于制造和固定，常将型芯下段加粗或将型芯的长度减小，并用圆柱衬垫或用螺钉压紧，如图 6-16 所示。

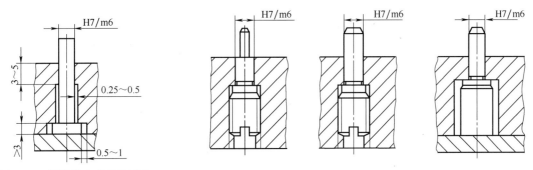

图 6-15　圆柱形小型芯的配合　　　　　图 6-16　较细型芯在较厚模板上的固定方式
尺寸与公差

（3）异形型芯结构　非圆的异形型芯在固定时大都采用反嵌法，如图 6-17a 所示。在模板上加工出相配合的异形孔，但支承和台阶部分均为圆柱体，以便于加工和装配。但是，对径向尺寸较小的异形型芯也可采用正嵌法结构，如图 6-17b 所示。异形型芯的下部加工出台阶孔，并用内六角圆柱头螺钉和弹簧垫圈固定。

（4）镶拼型芯结构　对于形状复杂的型芯，为了便于机加工，也可采用镶拼结构，如图 6-18a 所示。与整体式型芯相比，镶拼型芯使机加工和热处理工艺大为简化，但应注意镶拼结构的合理性。

当有多个相同的细长镶件组合在一起时，可以用固定键或台阶将其固定，如图 6-18b、c 所示。

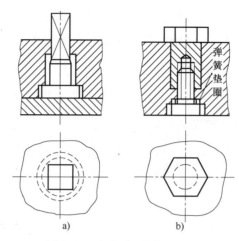

图 6-17　异形型芯结构的固定

但是当镶件数目较多时，由于累积误差的存在，将导致无法组合或产生较大的间隙，这时可以在镶件的边缘增加一个楔紧块，如图 6-18d 所示。将楔紧块紧固后，再依次拧紧各个镶件的固定螺钉。

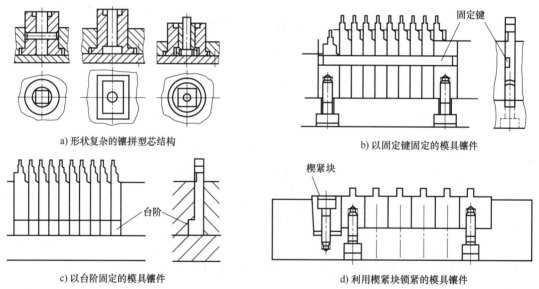

a) 形状复杂的镶拼型芯结构

b) 以固定键固定的模具镶件

c) 以台阶固定的模具镶件

d) 利用楔紧块锁紧的模具镶件

图 6-18　各种镶拼型芯结构

6.3.2　螺纹型环和螺纹型芯结构设计

螺纹型环和螺纹型芯是分别用来成型塑件上外螺纹和内螺纹的活动镶件。成型后，螺纹型环和螺纹型芯的脱卸方法有两种，一种是模内自动脱卸，另一种是模外手动脱卸。这里仅介绍模外手动脱卸的螺纹型环和螺纹型芯的结构及固定方法。

1. 螺纹型环的结构

螺纹型环常见的结构如图 6-19 所示。图 6-19a 所示为整体式螺纹型环，型环与模板的配合用 H8/f8，配合段长 5~10mm，为了安装方便，配合段以外制出 3°~5°的斜度，型环下端可铣削成方形，以便用扳手从塑件上拧下；图 6-19b 所示为组合式螺纹型环，型环由两个半瓣拼合而成，两个半瓣之间用定位销定位，成型后用尖劈状卸模器楔入型环两边的楔形槽撬口内，使螺纹型环分开。组合式螺纹型环卸螺纹快而省力，但是在成型的塑件外螺纹上会留下难以修整的拼合痕迹，因此这种结构只适用于精度要求不高的粗牙螺纹的成型。

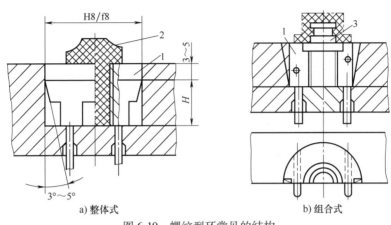

图 6-19　螺纹型环常见的结构

1—螺纹型环　2—带外螺纹塑件　3—螺纹嵌件

2. 螺纹型芯的结构

螺纹型芯按用途分为直接成型塑件上螺纹孔的螺纹型芯和固定螺母的螺纹型芯两种。两种螺纹型芯在结构上没有原则上的区别。用来成型塑件上螺纹孔的螺纹型芯在设计时必须考虑塑料收缩率，表面粗糙度 Ra 值要小（$Ra<0.4\mu m$），一般应有 0.5° 的脱模角度，螺纹始端和末端按塑料螺纹结构要求设计，以防止从塑件上拧下时拉毛塑料螺纹；而固定螺母的螺纹型芯不必考虑收缩率，按普通螺纹制造即可。螺纹型芯安装在模具上，成型时要可靠定位，不能因合模振动或料流冲击而移动；且开模时能与塑件一道取出，便于装卸；螺纹型芯与模板内安装孔的配合用 H8/f8。

图 6-20 所示为防止螺纹型芯自动脱落的结构。图 6-20a、b 所示为在型芯柄部开豁口槽，借助豁口槽弹力将型芯固定，其适用于直径小于 8mm 的螺纹型芯。图 6-20c、d 所示为弹簧钢丝卡入型芯柄部的槽内以张紧型芯，其适用于直径为 8~16mm 的螺纹型芯。对于直径大于 16mm 的螺纹型芯，可采用弹簧钢球（图 6-20e）或弹簧卡圈（图 6-20f）固定，也可采用弹簧夹头（图 6-20g）夹紧。

6.3.3　成型零件的工作尺寸计算

成型零件的工作尺寸是指型腔和型芯直接构成塑件的尺寸。例如型腔和型芯的径向尺寸、深度和高度尺寸、孔间距离尺寸，孔或凸台至某成型表面的尺寸，螺纹成型零件的径向尺寸和螺距尺寸等。

1. 影响成型零件工作尺寸的因素

影响塑件尺寸精度的因素很多，概括地说，有塑料原材料，塑件结构和成型工艺，模具结构、制造和装配，模具使用中的磨损等因素。塑料原材料方面的因素主要是指收缩率的影响。

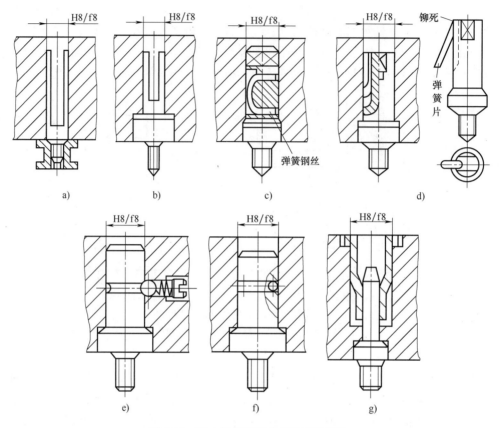

图 6-20　防止螺纹型芯自动脱落的结构

由于影响塑件尺寸的因素很多，特别是由于塑料收缩率的影响，所以使其计算过程比冲模要复杂。

（1）塑件的收缩率波动　塑件成型后的收缩变化与塑料的品种，塑件的形状、尺寸、壁厚，成型工艺条件，模具的结构等因素有关。确定准确的收缩率是很困难的，由于工艺条件、塑料批号发生的变化会造成塑件收缩率的波动，其塑料收缩率波动误差为

$$\delta_s = (S_{max} - S_{min})L_s \tag{6-5}$$

式中　δ_s——塑料收缩率波动误差（mm）；

S_{max}——塑料的最大收缩率；

S_{min}——塑料的最小收缩率；

L_s——塑件尺寸的公称尺寸（mm）。

因而实际收缩率与计算收缩率有差异。按照一般的要求，塑料收缩率波动所引起的误差应小于塑件公差的1/3。

（2）模具成型零件的制造误差　模具成型零件的制造精度是影响塑件尺寸精度的重要因素之一。模具成型零件的制造精度越低，塑件尺寸精度也越低，尤其是对于尺寸小的塑件精度影响更大。一般成型零件工作尺寸制造公差值取塑件公差值的 1/3 ~ 1/4 或取 IT7 ~ IT8 作为制造公差。组合式型腔或型芯的制造公差应根据尺寸链来确定。

（3）模具成型零件的磨损　模具在使用过程中，由于塑料熔体流动的冲刷，成型过程中可能产生的腐蚀性气体的锈蚀、脱模时塑件与模具的摩擦，以及由于上述原因造成的成型零件表面粗糙度提高而重新打磨抛光等原因，均造成成型零件尺寸的变化。这种变化称为成型零件的磨损。其中脱模摩擦磨损是主要的因素。磨损的结果使型腔尺寸变大，型芯尺寸变小。磨损大小与塑料的品种和模具材料及热处理有关。为简化计算，凡与脱模方向垂直的表面因磨损小而不考虑，与脱模方向平行的表面应考虑磨损。

磨损量应根据塑件的产量、塑料的品种、模具的材料等因素来确定。对于中小型塑件，最大磨损量可取塑件公差的 1/6；对于大型塑件应取塑件公差的 1/6 以上。

（4）模具安装配合误差　模具成型零件装配误差以及在成型过程中成型零件配合间隙的变化，都会引起塑件尺寸的变化。如：成型压力使模具分型面有胀开的趋势，动、定模分型面间隙、分型面上的残渣或模板平面度，对塑件高度方向尺寸有影响；活动型芯与模板配合间隙过大，对孔的位置精度有影响。

综上所述，塑件在成型过程中产生的尺寸误差应该是上述各种误差的总和，即

$$\delta = \delta_z + \delta_s + \delta_c + \delta_j + \delta_a \tag{6-6}$$

式中　δ——塑件的成型误差；

δ_z——模具成型零件制造误差；

δ_s——塑料收缩率波动引起的误差；

δ_c——模具成型零件的磨损引起的误差；

δ_j——模具成型零件配合间隙变化误差；

δ_a——模具装配引起的误差。

由此可见，塑件尺寸误差为累积误差，由于影响因素多，因此塑件的尺寸精度往往较低。设计塑件时，其尺寸精度的选择不仅要考虑塑件的使用和装配要求，而且要考虑塑件在成型过程中可能产生的误差，使塑件规定的公差值 Δ 大于或等于以上各项因素引起的累积误差 δ，即

$$\Delta \geqslant \delta \tag{6-7}$$

在一般情况下，收缩率的波动、模具制造公差和成型零件的磨损是影响塑件尺寸精度的主要原因。而且并不是塑件的任何尺寸都与以上几个因素有关，例如用整体式凹模成型塑件时，其径向尺寸（或长与宽）只受 δ_z、δ_s、δ_c、δ_j 的影响，而高度尺寸则受 δ_z、δ_s 和 δ_j 的影响。另外所有的误差同时偏向最大值或同时偏向最小值的可能性是非常小的。

由式（6-7）可以看出，因收缩率的波动引起的塑件尺寸误差随塑件尺寸的增大而增大。因此，生产大型塑件时，收缩率波动是影响塑件尺寸公差的主要因素，若单靠提高模具制造精度等级来提高塑件精度是困难和不经济的，应稳定成型工艺条件和选择收缩率波动较小的塑料；生产小型塑件时，模具制造公差和成型零件的磨损是影响塑件尺寸精度的主要因素，因此，应提高模具制造精度等级和减少磨损。

2. 工作尺寸的计算

下面介绍一种常用的按平均收缩率、平均磨损量和平均制造公差为基准的计算方法。可查到常用塑料的最大收缩率 S_{max} 和最小收缩 S_{min}，该塑料的平均收缩率 $\overline{S}$ 为

$$\bar{S} = \frac{S_{max} + S_{min}}{2} \times 100\% \tag{6-8}$$

在以下的计算中，塑料的收缩率均为平均收缩率。

这里首先说明，在型腔、型芯径向尺寸以及其他各类工作尺寸计算公式导出过程中，所涉及的无论是塑件尺寸和成型模具尺寸的标注都是按规定的标注方法。凡孔都是按基孔制，下极限偏差为零，公差等于上极限偏差；凡轴都是按基轴制，上极限偏差为零，公差等于下极限偏差的绝对值；中心距尺寸偏差为双向等值偏差，如图 6-21 所示。

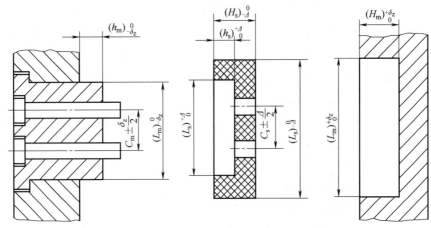

图 6-21   模具零件工作尺寸与塑件尺寸的关系

（1）型腔径向尺寸的计算   如前所述，塑件尺寸的公称尺寸 L_s 是最大尺寸，其公差 Δ 为下极限偏差的绝对值，如果塑件上原有偏差的标注与此不符，应按此规定转换为单向负极限偏差，因此，塑件的平均径向尺寸为 $L_s - \Delta/2$。模具型腔尺寸的公称尺寸 L_m 是最小尺寸，公差为上极限偏差，型腔的平均尺寸则为 $L_m + \delta_z/2$。型腔的平均磨损量为 $\delta_c/2$，考虑到平均收缩率，则可列出如下等式：

$$L_m + \delta_z/2 + \delta_c/2 = (L_s - \Delta/2)(1 + \bar{S}) \tag{6-9}$$

略去比其他各项小得多的 $S\Delta/2$，则得到模具型腔的径向尺寸为

$$L_m = (1 + \bar{S})L_s - (\Delta + \delta_z + \delta_c)/2 \tag{6-10}$$

式中，δ_z 和 δ_c 是与 Δ 有关的量，因此，公式后半部分可用 $x\Delta$ 表示，标注制造偏差后得

$$(L_m)_0^{+\delta_z} = \left[(1 + \bar{S})L_s - x\Delta \right]_0^{+\delta_z} \tag{6-11}$$

由于 δ_z、δ_c 与 Δ 的关系随塑件的精度等级和尺寸大小的不同而变化，因此式中 Δ 前的系数 x 在塑件尺寸较大、精度级别较低时，δ_z 和 δ_c 可忽略不计，则 $x = 0.5$；当塑件尺寸较小、精度级别较高时，δ_c 可取 $\Delta/6$，δ_z 可取 $\Delta/3$，此时，$x = 0.75$，则式（6-11）为

$$(L_m)_0^{+\delta_z} = \left[(1 + \bar{S})L_s - (0.5 \sim 0.75)\Delta \right]_0^{+\delta_z} \tag{6-12}$$

式中 L_m ——模具型腔径向尺寸的公称尺寸；

$\quad\quad L_s$ ——塑件外表面的径向尺寸的公称尺寸；

$\quad\quad \bar{S}$ ——塑料的平均收缩率；

$\quad\quad \Delta$ ——塑件外表面径向尺寸的公差。

（2）型芯径向尺寸的计算 塑件孔径向尺寸的公称尺寸 l_s 是最小尺寸，其公差 Δ 为上极限偏差，型芯尺寸的公称尺寸 l_m 是最大尺寸，制造公差为下极限偏差的绝对值，经过与上面型腔径向尺寸相类似的推导，可得

$$(l_m)_{-\delta_z}^{0} = \left[(1+\bar{S}) l_s + (0.5 \sim 0.75)\Delta \right]_{-\delta_z}^{0} \tag{6-13}$$

式中 l_m——模具型芯径向尺寸的公称尺寸；

l_s——塑件内表面径向尺寸的公称尺寸；

Δ——塑件内表面径向尺寸的公差；

δ_z——模具制造公差。

（3）型腔深度和型芯高度尺寸的计算 计算型腔深度和型芯高度尺寸时，由于型腔的底面或型芯的端面磨损很小，所以可以不考虑磨损量，由此推导出型腔深度计算公式为

$$(H_m)_{0}^{+\delta_z} = \left[(1+\bar{S}) H_s - x\Delta \right]_{0}^{+\delta_z} \tag{6-14}$$

式中 H_m——模具型腔深度尺寸的公称尺寸；

H_s——塑件凸起部分高度尺寸的公称尺寸；

x——修正系数，$x = \dfrac{1}{2} \sim \dfrac{2}{3}$，当塑件尺寸较大、精度要求低时取小值，反之取大值。

型芯高度尺寸的计算公式为

$$(h_m)_{-\delta_z}^{0} = \left[(1+\bar{S}) h_s + x\Delta \right]_{-\delta_z}^{0} \tag{6-15}$$

（4）中心距尺寸的计算 塑件上凸台之间、凹槽之间或凸台与凹槽之间中心线的距离称为中心距。由于中心距的偏差都是双向等值偏差，同时磨损的结果不会使中心距尺寸发生变化，在计算时不必考虑磨损量。因此塑件上的中心距尺寸的公称尺寸 C_s 和模具上的中心距尺寸的公称尺寸 C_m 均为平均尺寸。于是：

$$C_m = (1+\bar{S}) C_s$$

标注制造偏差后得

$$(C_m) \pm \delta_z/2 = (1+\bar{S}) C_s \pm \delta_z/2 \tag{6-16}$$

式中 C_m——模具中心距尺寸的公称尺寸；

C_s——塑件中心距尺寸的公称尺寸。

模具中心距是由成型孔或安装型芯的孔的中心距所决定的。用坐标镗床加工孔时，孔轴线位置尺寸取决于机床精度，一般不会超过 $\pm$（$0.015 \sim 0.02$）mm；用普通方法加工孔时，孔间距大，则加工误差值也大，这时应使间隙误差和制造误差的积累值在塑件中心距所要求的偏差 $\pm \delta_z/2$ 范围内。

（5）螺纹型环和螺纹型芯工作尺寸的计算 螺纹塑件从模具中成型出来后，径向尺寸和螺距尺寸都要收缩变小，为了使螺纹塑件与标准金属螺纹有较好的配合，提高成型后塑件螺纹的旋入性能，计算成型塑件的螺纹型环或型芯的径向尺寸时都应考虑收缩率的影响。

螺纹型环的工作尺寸属于型腔类尺寸，而螺纹型芯的工作尺寸属于型芯类尺寸。螺纹连接的种类很多，配合性质也各不相同，影响塑件螺纹连接的因素比较复杂，因此要满足塑料

螺纹配合的准确要求是比较难的。目前尚无塑料螺纹的统一标准，也没有成熟的计算方法。

由于螺纹中径是决定螺纹配合性质的最重要参数，它决定着螺纹的可旋入性和连接的可靠性，所以计算模具螺纹大、中、小径的尺寸时，均以塑件螺纹中径公差 $\Delta_{\text{中}}$ 为依据。制造公差都采用了中径制造公差 δ_z，其目的是提高模具制造精度。下面介绍普通螺纹型环和型芯工作尺寸的计算公式。

1）螺纹型环的工作尺寸：

螺纹型环大径： $(D_{\text{m大}})_{0}^{+\delta_z} = \left[(1+\overline{S}) D_{\text{s大}} - \Delta_{\text{中}} \right]_{0}^{+\delta_z}$ (6-17)

螺纹型环中径： $(D_{\text{m中}})_{0}^{+\delta_z} = \left[(1+\overline{S}) D_{\text{s中}} - \Delta_{\text{中}} \right]_{0}^{+\delta_z}$ (6-18)

螺纹型环小径： $(D_{\text{m小}})_{0}^{+\delta_z} = \left[(1+\overline{S}) D_{\text{s小}} - \Delta_{\text{中}} \right]_{0}^{+\delta_z}$ (6-19)

式中　$D_{\text{m大}}$——螺纹型环大径尺寸的公称尺寸；

　　　$D_{\text{m中}}$——螺纹型环中径尺寸的公称尺寸；

　　　$D_{\text{m小}}$——螺纹型环小径尺寸的公称尺寸；

　　　$D_{\text{s大}}$——塑件外螺纹大径尺寸的公称尺寸；

　　　$D_{\text{s中}}$——塑件外螺纹中径尺寸的公称尺寸；

　　　$D_{\text{s小}}$——塑件外螺纹小径尺寸的公称尺寸；

　　　$\overline{S}$——塑料平均收缩率；

　　　$\Delta_{\text{中}}$——塑件螺纹中径公差，目前我国尚无专门的塑件螺纹公差标准，可参照金属螺纹公差标准中精度最低者选用，其值可查表 GB/T 197—2018；

　　　δ_z——螺纹型环中径制造公差，其值可取 $\Delta_{\text{中}}/5$ 或查表 6-2。

表 6-2　螺纹型环和螺纹型芯的直径制造公差 δ_z

	螺纹直径/mm	M3~M12	M14~M33	M36~M45	M46~M68
粗牙普通螺纹	中径制造公差/mm	0.02	0.03	0.04	0.05
	大径、小径制造公差/mm	0.03	0.04	0.05	0.06
	螺纹直径/mm	M4~M22	M24~M52	M56~M68	
细牙普通螺纹	中径制造公差/mm	0.02	0.03	0.04	
	大径、小径制造公差/mm	0.03	0.04	0.05	

2）螺纹型芯的工作尺寸：

螺纹型芯大径： $(d_{\text{m大}})_{-\delta_z}^{0} = \left[(1+\overline{S}) d_{\text{s大}} + \Delta_{\text{中}} \right]_{-\delta_z}^{0}$ (6-20)

螺纹型芯中径： $(d_{\text{m中}})_{-\delta_z}^{0} = \left[(1+\overline{S}) d_{\text{s中}} + \Delta_{\text{中}} \right]_{-\delta_z}^{0}$ (6-21)

螺纹型芯小径： $(d_{\text{m小}})_{-\delta_z}^{0} = \left[(1+\overline{S}) d_{\text{s小}} + \Delta_{\text{中}} \right]_{-\delta_z}^{0}$ (6-22)

式中　$d_{\text{m大}}$——螺纹型芯大径尺寸的公称尺寸；

　　　$d_{\text{m中}}$——螺纹型芯中径尺寸的公称尺寸；

　　　$d_{\text{m小}}$——螺纹型芯小径尺寸的公称尺寸；

　　　$d_{\text{s大}}$——塑件内螺纹大径尺寸的公称尺寸；

　　　$d_{\text{s中}}$——塑件内螺纹中径尺寸的公称尺寸；

$d_{s小}$——塑件内螺纹小径尺寸的公称尺寸；

$\Delta_{中}$——塑件螺纹中径公差；

δ_z——螺纹型芯的中径制造公差，其值取 $\Delta_{中}/5$ 或查表 6-2。

3）螺纹型环和螺纹型芯的螺距尺寸。螺纹型环和螺纹型芯的螺距尺寸计算公式均为

$$P_m \pm \delta_z/2 = P_s(1+\overline{S}) \pm \delta_z/2 \tag{6-23}$$

式中　P_m——螺纹型环或螺纹型芯螺距尺寸的公称尺寸；

P_s——塑件外螺纹或内螺纹螺距尺寸的公称尺寸；

δ_z——螺纹型环或螺纹型芯的螺距制造公差，查表 6-3。

表 6-3　螺纹型环和螺纹型芯的螺距制造公差 δ_z

螺纹直径/mm	配合长度 L/mm	制造公差 δ_z/mm
3~10	~12	0.01~0.03
12~22	12~20	0.02~0.04
24~68	>20	0.03~0.05

在螺纹型环或螺纹型芯的螺距尺寸计算中，由于考虑到塑件的收缩，计算所得到的螺距带有不规则的小数，加工这种特殊的螺距很困难，可采用下面的办法解决这一问题。

用收缩率相同或相近的塑件外螺纹与塑件内螺纹相配合时，计算螺距尺寸可以不考虑收缩率；当塑料螺纹与金属螺纹配合时，如果螺纹配合长度 $L < \dfrac{0.432\Delta_{中}}{\overline{S}}$ 时，可不考虑收缩率；一般在小于 7~8 牙的情况下，也可以不计算螺距的收缩率，因为在螺纹型芯中径尺寸中已考虑到了增加中径间隙来补偿塑件螺距的累积误差。

当螺纹配合牙数较多、螺纹螺距收缩累积误差很大时，必须计算螺距的收缩率。加工带有不规则小数的特殊螺距的螺纹型环或型芯，可以采用在车床上配置特殊齿数的交换齿轮等方法来进行。

4）牙型角。如果塑料均匀地收缩，则不会改变牙型角的大小，螺纹型环或螺纹型芯的牙型角应尽量制成接近标准数值，即米制螺纹为 60°，寸制螺纹为 55°。

（6）组合式矩形型腔侧壁和底板厚度的计算　组合式矩形型腔结构有很多种，其典型结构及受力情况如图 6-22a 所示。

1）组合式矩形型腔侧壁厚度的计算。

① 按刚度条件计算。图 6-22a 所示为组合式矩形型腔工作时侧壁受力情况。在熔体压力作用下，侧壁向外膨胀产生弯曲变形，使侧壁与底板之间出现间隙，间隙过大将发生溢料或影响塑件尺寸精度。将侧壁每一边都看成是受均匀载荷的端部固定梁，边的最大挠度在梁的中间，其值为

$$\delta_{max} = \frac{pH_1 l^4}{32EHs^3} \tag{6-24}$$

设允许最大变形量 $\delta_{max} \leqslant [\delta]$，其壁厚按刚度条件的计算式为

$$s \geqslant \sqrt[3]{\frac{pH_1 l^4}{32EH[\delta]}} \tag{6-25}$$

式中　s——矩形型腔侧壁厚度（mm）；

　　　p——型腔内熔体的压力（MPa）；

　　　H_1——承受熔体压力的侧高度（mm）；

　　　l——型腔侧壁长边长（mm）；

　　　E——钢的弹性模量（MPa），取 $2.06×10^5$ MPa；

　　　H——型腔侧壁总高度（mm）；

　　$[\delta]$——允许变形量（mm）。

② 按强度条件计算。矩形型腔侧壁每边都受到拉应力和弯曲应力的联合作用。按端部固定梁计算，梁的两端弯曲应力 σ_w 的最大值为

$$\sigma_w = \frac{pH_1l^2}{2Hs^2}$$

由相邻侧壁受载所引起的拉应力 σ_b 为

$$\sigma_b = \frac{pH_1b}{2Hs}$$

式中　b——型腔侧壁的短边长（mm）。

总应力应小于模具材料的许用应力 $[\sigma]$，即

$$\sigma_w + \sigma_b = \frac{pH_1l^2}{2Hs^2} + \frac{pH_1b}{2Hs} \leqslant [\sigma] \tag{6-26}$$

为计算简便，略去较小的 σ_b，按强度条件型腔侧壁的计算式为

$$s \geqslant \sqrt{\frac{pH_1l^2}{2H[\sigma]}} \tag{6-27}$$

当 $p=50$MPa、$H_1/H=4/5$、$[\delta]=0.05$mm、$[\sigma]=160$MPa 时，侧壁长边 l 的刚度计算与强度计算的分界尺寸为 370mm。即当 $l>370$mm 时按刚度条件计算侧壁厚度，反之按强度条件计算侧壁厚度。

2）组合式矩形型腔底板厚度的计算。

① 按刚度条件计算。组合式型腔底板厚度实际上是支承板的厚度（见图 6-22a）。底板厚度的计算因其支承形式不同有很大差异，最常见的动模一侧为双支脚的底板。为简化计算，假定型腔长边 l 和支脚间距 L 相等，底板可作为受均匀载荷的简支梁，其最大变形出现在板的中间，按刚度计算则

$$\delta_{max} = \frac{5pbL^4}{32EBh^3}$$

式中　h——矩形底板（支承板）的厚度（mm）；

　　　B——底板总宽度（mm）；

　　　L——双支脚间距（mm）。

应使 $\delta_{max} \leqslant [\delta]$，按刚度条件计算，底板的厚度为

$$h \geqslant \sqrt[3]{\frac{5pbL^4}{32EB[\delta]}} \tag{6-28}$$

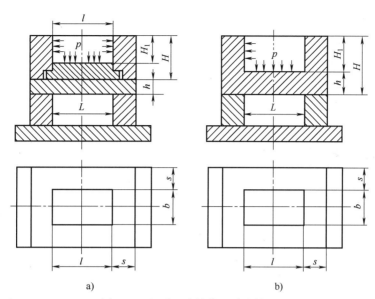

图 6-22　矩形型腔结构及受力情况

② 按强度条件计算。简支梁的最大弯曲应力也出现在板的中间最大变形处,按强度条件计算,底板厚度为

$$h \geqslant \sqrt{\frac{3pbL^2}{4B[\delta]}} \qquad (6\text{-}29)$$

当 $p = 50\text{MPa}$、$b/B = 1/2$、$[\delta] = 0.05\text{mm}$、$[\sigma] = 160\text{MPa}$ 时,强度与刚度计算的分界尺寸 $L = 108\text{mm}$。即当 $L > 108\text{mm}$ 时按刚度条件计算底板厚度,反之按强度条件计算底板厚度。

(7) 整体式矩形型腔侧壁和底板厚度的计算　整体式矩形型腔结构及受力情况如图 6-22b 所示,这种结构与组合式型腔相比刚性较大。由于底板与侧壁为一整体,所以在型腔底面不会出现溢料间隙,因此在计算型腔时,变形量的控制主要是为了保证塑件尺寸精度和顺利脱模。

1) 整体式矩形型腔侧壁厚度的计算。

① 按刚度条件计算。整体式矩形型腔的任何一侧壁均可视为三边固定、一边自由的矩形板。在塑料熔体压力作用下,矩形板的最大变形发生在自由边的中点,变形量为

$$\delta_{max} = \frac{cpH_1^4}{Es^3}$$

式中　c——由 H_1/l 决定的系数,见表 6-4。

应使 $\delta_{max} \leqslant [\delta]$,按刚度条件计算侧壁厚度为

$$s \geqslant \sqrt[3]{\frac{cpH_1^4}{E[\delta]}} \qquad (6\text{-}30)$$

② 按强度条件计算。整体式矩形型腔侧壁的最大弯曲应力为

$$\sigma_{max} = \frac{M_{max}}{W}$$

式中　σ_{max}——型腔侧壁的最大弯曲应力；

M_{max}——型腔侧壁的最大弯矩；

W——抗弯截面系数，见表6-4。

表6-4　系数 c、W 的值

H_1/l	0.3	0.4	0.5	0.6	0.7	0.8	0.9	1.0	1.2	1.5	2.0
c	0.930	0.570	0.330	0.188	0.117	0.073	0.045	0.031	0.015	0.006	0.002
W	0.108	0.130	0.148	0.163	0.176	0.187	0.197	0.205	0.210	0.235	0.254

考虑到短边所承受成型压力的影响，侧壁的最大应力 σ_{max} 用下列公式计算：

当 $H_1/l \geqslant 0.41$ 时，
$$\sigma_{max} = \frac{pl^2(1+Wa)}{2s^2}$$

当 $H_1/l < 0.41$ 时，
$$\sigma_{max} = \frac{3pH_1^2(1+Wa)}{s^2}$$

因此，型腔的侧壁厚度 s 为

当 $H_1/l \geqslant 0.41$ 时，
$$s \geqslant \sqrt{\frac{pl^2(1+Wa)}{2[\sigma]}} \tag{6-31}$$

当 $H_1/l < 0.41$ 时，
$$s \geqslant \sqrt{\frac{3pH_1^2(1+Wa)}{[\sigma]}} \tag{6-32}$$

式中　a——矩形型腔的边长比，$a = b/l$。

2）整体式矩形型腔底板厚度的计算。

①按刚度条件计算。整体式矩形型腔的底板，如果后部没有支承板，直接支承在模脚上，中间是悬空的，那么底板可以看成是周边固定的受均匀载荷的矩形板。由于熔体的压力，板的中心将产生最大的变形量，按刚度条件，型腔底板厚度 h 为

$$h \geqslant \sqrt[3]{\frac{c'pb^4}{E[\sigma]}} \tag{6-33}$$

式中　c'——由型腔边长比 l/b 决定的系数，见表6-5。

表6-5　系数 c' 的值

l/b	1.0	1.1	1.2	1.3	1.4	1.5	1.6	1.7	1.8	1.9	2.0
c'	0.0138	0.0164	0.0188	0.0209	0.0226	0.0240	0.0251	0.0260	0.0267	0.0272	0.0277

②按强度条件计算。整体式矩形型腔底板的最大应力发生在短边与侧壁交界处，按照强度条件，型腔底板厚度 h 为

$$h \geqslant \sqrt{\frac{a'pb^2}{[\sigma]}} \tag{6-34}$$

式中　a'——由模脚（垫块）之间距离和型腔短边长度比 l/b 所决定的系数，见表6-6。

表 6-6　系数 a' 的值

l/b	1.0	1.2	1.4	1.6	1.8	2.8	>2.8
a'	0.3078	0.3834	0.4256	0.4680	0.4872	0.4974	0.5000

由于型腔壁厚计算比较麻烦，表 6-7 列举了矩形型腔壁厚的经验推荐数据，供设计时参考。

表 6-7　矩形型腔壁厚　（单位：mm）

矩形型腔内壁短边 b	整体式型腔侧壁厚 s	组合式型腔	
		凹模壁厚 s_1	模套壁厚 s_2
~40	25	9	22
>40~50	25~30	9~10	22~25
>50~60	30~35	10~11	25~28
>60~70	35~42	11~12	28~35
>70~80	42~48	12~13	35~40
>80~90	48~55	13~14	40~45
>90~100	55~60	14~15	45~50
>100~120	60~72	15~17	50~60
>120~140	72~85	17~19	60~70
>140~160	85~95	19~21	70~80

（8）组合式圆形型腔侧壁和底板厚度的计算　组合式圆形型腔结构及受力状况如图 6-23a 所示。

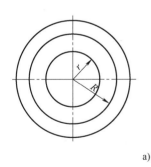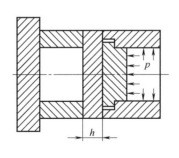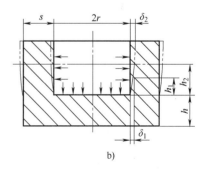

图 6-23　圆形型腔结构及受力状况

1）组合式圆形型腔侧壁厚度的计算。组合式圆形型腔侧壁可视为两端开口，仅受均匀内压力的厚壁圆筒。当型腔受到熔体的高压作用时，其内半径增大，在侧壁与底板之间产生纵向间隙，间隙过大便会导致溢料。

① 按刚度条件计算。侧壁和型腔底配合处间隙值为

$$\delta_{\max} = \frac{rp}{E}\left(\frac{R^2+r^2}{R^2-r^2}+\mu\right)$$

式中　p——型腔内单位面积熔体压力（MPa）；

　　　μ——型腔材料泊松比，碳钢取 0.25；

　　　E——型腔材料拉伸弹性模量（MPa），钢的弹性模量取 2.06×10^5 MPa；

　　　R——型腔外壁半径（mm）；

　　　r——型腔内壁半径（mm）。

应使 $\delta_{max}\leqslant[\delta]$，则

$$s=R-r\geqslant r\left[\sqrt{\dfrac{1-\mu+\dfrac{E[\delta]}{rp}}{\dfrac{E[\delta]}{rp}-\mu-1}}-1\right] \tag{6-35}$$

② 按强度条件计算。壁厚为

$$s=R-r\geqslant r\left[\sqrt{\dfrac{[\sigma]}{[\sigma]-2p}}-1\right] \tag{6-36}$$

当 $p=50$ MPa、$[\delta]=0.05$ mm、$[\sigma]=160$ MPa 时，刚度条件和强度条件的分界尺寸是 $r=86$ mm。即当内壁半径 $r>86$ mm 时按刚度条件计算型腔壁厚，反之按强度条件计算型腔壁厚。

2）组合式圆形型腔底板厚度的计算。组合式圆形型腔底板固定在圆环形的模脚上，并假定模脚的内半径等于型腔内半径，这样底板可视为周边简支的圆板，最大变形发生在板的中心。

① 按刚度条件计算。型腔底板厚为

$$h=\sqrt[3]{0.74\dfrac{pr^4}{E[\delta]}} \tag{6-37}$$

② 按强度条件计算。型腔底板厚为

$$h\geqslant\sqrt{\dfrac{1.22pr^2}{[\sigma]}} \tag{6-38}$$

（9）整体式圆形型腔侧壁和底板厚度的计算　整体式型腔因受底部约束，在熔体压力下侧壁沿高度不同点的变形情况不同，离底部距离越远变形越大，变形情况如图 6-23b 所示。

1）整体式圆形型腔侧壁厚度的计算。

① 按刚度条件计算。设想用通过型腔轴线的两平面截取侧壁，得到一个单位宽度长条，该长条可以视为一端固定、一端外伸的悬臂梁。由于长条的宽度取得很小，梁的截面可近似视为矩形。由于该梁承受均匀分布载荷，故最大挠度产生在外伸一端，其值为

$$\delta_{max}=\dfrac{ph_1^4}{8EJ}=\dfrac{3ph_1^4}{2Els^3}$$

式中　E——型腔材料的弹性模量；

　　　J——梁的惯性矩，$J=\dfrac{ls^3}{12}$；

　　　l——单位宽度；

s——侧壁厚度。

应使 $\delta_{\max} \le [\delta]$，可求得

$$s \ge 1.15 \sqrt[3]{\frac{ph_1^4}{El[\delta]}} = 1.15 \sqrt[3]{\frac{ph_1^4}{E[\delta]}} \tag{6-39}$$

② 按强度条件计算。整体式型腔受到熔体压力作用时，上口部分将产生最大径向位移，相应地也会出现最大切应力：

$$\tau_{\max} = \frac{pR^2}{R^2 - r^2}$$

因此，强度计算可采用组合式的计算方法，即

$$s = R - r \ge r \left[\sqrt{\frac{[\sigma]}{[\sigma] - 2p}} - 1 \right] \tag{6-40}$$

2）整体式圆形型腔底板厚度的计算。

① 按刚度条件计算。整体式圆形型腔底板可视为周边固定的圆板，在型腔内熔体压力作用下，最大挠度也产生在底板中心，其数值为

$$\delta_{\max} = 0.175 \frac{pr^4}{Eh^3}$$

应使 $\delta_{\max} \le [\delta]$，则

$$h \ge 0.56 \sqrt[3]{\frac{pr^4}{E[\delta]}} \tag{6-41}$$

② 按强度条件计算。在熔体压力作用下，型腔底板最大应力产生在底板周界，其数值为

$$\sigma_{\max} = \frac{3pr^2}{4h^2}$$

应使 $\sigma_{\max} \le [\sigma]$，则

$$h \ge 0.87 \sqrt{\frac{pr^2}{[\delta]}} \tag{6-42}$$

当 $p = 50\text{MPa}$、$[\delta] = 0.05\text{mm}$、$[\sigma] = 160\text{MPa}$ 时，强度与刚度计算的分界尺寸 $r = 136\text{mm}$。即当 $r > 136\text{mm}$ 时按刚度条件计算底板厚度，反之按强度条件计算底板厚度。

由于圆形型腔壁厚计算比较麻烦，表 6-8 列举了圆形型腔壁厚的经验推荐数据，供设计时参考。

表 6-8　圆形型腔壁厚　　　　　　　　（单位：mm）

圆形型腔内壁直径 $2r$	整体式型腔壁厚 $s = R - r$	组合式型腔	
		型腔壁厚 $s_1 = R - r$	模套壁厚 s_2
~40	20	8	18
>40~50	25	9	22
>50~60	30	10	25

（续）

圆形型腔内壁直径 2r	整体式型腔壁厚 s=R-r	组合式型腔	
		型腔壁厚 $s_1 = R-r$	模套壁厚 s_2
>60~70	35	11	28
>70~80	40	12	32
>80~90	45	13	35
>90~100	50	14	40
>100~120	55	15	45
>120~140	60	16	48
>140~160	65	17	52
>160~180	70	19	55
>180~200	75	21	58

注：表中型腔壁厚为淬硬钢数据，若用未淬硬钢，应乘以系数 1.2~1.5。

6.4 脱模机构设计

在注射成型的每个循环中，都必须使塑件从模具凹模中或型芯上脱出，模具中这种脱出塑件的机构称为脱模机构（或称为推出机构、顶出机构）。脱模机构的作用包括塑件等的脱出、取出两个动作，即首先将塑件和浇注系统凝料等与模具松动分离，称为脱出，然后把其脱出物从模具内取出。脱模机构一般由推出、复位和导向三大元件组成。现以图 6-24 所示的常用脱模机构具体说明脱模机构的组成与作用。

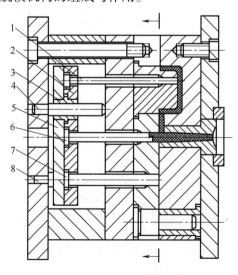

图 6-24 脱模机构

1—推杆 2—推杆固定板 3—推板导套 4—推板导柱 5—推板 6—拉料 7—复位杆 8—支承钉

6.4.1　脱模机构设计的一般原则

1. 推出平稳原则

1）为了使塑件或推件在脱模时不致因受力不均匀而变形，推件要均衡布置，尽量靠近塑件收缩包紧的型芯，或者难以脱模的部位。如塑件为细长管状结构，尽量采用推管脱模；深腔类的塑件，有时既要用推杆又要用推板，俗称"又推又拉"。

2）除了包紧力，塑件对模具的真空吸附力有时也很大，在较大的平面上，即便没有包紧力也要加推杆，或采用复合脱模机构或用透气钢排气，大型塑件还可设置进气阀，以避免因真空吸附而使塑件产生顶白、变形。

2. 推件给力原则

1）推力点不但应作用在包紧力大的地方，还应作用在塑件刚性和强度大的地方，避免作用在薄壁部位。

2）作用面应尽可能大一些，在合理的范围内，推杆"能大不小""能多不少"。

3. 塑件美观原则

1）避免推件痕迹影响塑件外观，推件位置应设置在塑件隐蔽面或非外观面。

2）对于透明塑件，推件即使在内表面其痕迹也"一览无遗"，因此选择推件位置须十分小心，有时必须和客户一起商量确定。

4. 安全可靠原则

1）脱模机构的动作应安全、可靠、灵活，且具有足够的强度和耐磨性。采用摆杆、斜顶脱模时，应提高摩擦面的硬度和耐磨性，如淬火或表面渗氮。摩擦面还要开设润滑槽，以减小摩擦阻力。

2）推出行程应保证塑件完全脱离模具。脱模系统必须将塑件完全推出，完全推出是指塑件在重力作用下可自由落下。推出行程取决于塑件的形状。对于锥度很小或没有锥度的塑件，推出行程等于后模型芯的最大高度加 5～10mm 的安全距离，如图 6-25a 所示。对于锥度很大的塑件，推出行程可以小一些，一般取后模型芯高度的 1/2～2/3 即可，如图 6-25b 所示。

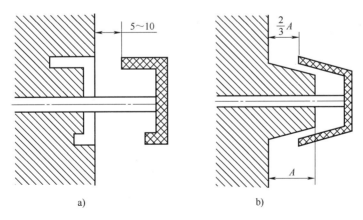

图 6-25　塑件必须安全脱离模具

推出行程受模架支承板高度的限制，支承板高度已随模架标准化。如果推出行程很大，支承板不够高时，应在订购模架时加高支承板高度，并在技术要求中写明。

3）螺纹自动脱模时塑件必须有可靠的防转措施。

4）模具复位杆的长度应保证在合模后与定模板有 $0.05 \sim 0.10\text{mm}$ 的间隙，以免合模时复位杆阻碍分型面贴合，如图 6-26 所示。

5）复位杆和动模板至少应有 30mm 的导向配合长度。复位弹簧是帮助推件固定板在合模之前退回复位，但复位弹簧容易失效，且没有冲击力，如果模具的推件固定板必须在合模之前退回原位（否则会发生撞模等安全事故），则应该再加机械先复位机构。

5. 加工方便原则

1）圆推杆和圆孔加工简单快捷，而扁推杆和方孔加工难度大，应避免采用。

2）在不影响塑件脱模和位置足够时，应尽量采用大小相同的推杆，以方便加工。

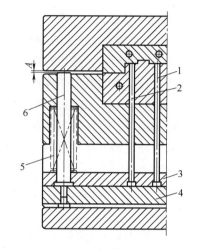

图 6-26　复位杆的长度（$A = 0.05 \sim 0.10\text{mm}$）
1、2—推杆　3—推件固定板　4—推件底板
5—复位弹簧　6—复位杆

6.4.2　脱模力的计算

塑件注射成型后在模内冷却定形，由于体积收缩，对型芯产生包紧力，塑件从模具中推出时，就必须先克服因包紧力而产生的摩擦力。对底部无孔的筒、壳类塑件，脱模推出时还要克服大气压力。型芯的成型端部一般均要设计脱模角度。另外，塑件刚开始脱模时，所需的脱模力最大，其后推出力的作用仅仅为了克服推出机构移动的摩擦力。

图 6-27 所示为塑件在脱模时型芯的受力分析。由于推出力 F_t 的作用，使塑件对型芯的总压力（塑件收缩引起）降低了 $F_t \sin\alpha$，因此推出时的摩擦力 F_m 为

$$F_m = (F_b - F_t \sin\alpha)\mu \tag{6-43}$$

式中　F_m——脱模时型芯受到的摩擦阻力；

F_b——塑件对型芯的包紧力；

F_t——脱模力（推出力）；

α——脱模角度；

μ——塑件对钢的摩擦系数，一般为 $0.1 \sim 0.3$。

根据力平衡的原理，列出平衡方程：

$$\sum F_x = 0$$

故　　　　　　　　　　　$$F_m \cos\alpha - F_t - F_b \sin\alpha = 0 \tag{6-44}$$

由式（6-43）和式（6-44）经整理后得

$$F_t = \frac{F_b(\mu\cos\alpha - \sin\alpha)}{1 + \mu\cos\alpha\sin\alpha} \tag{6-45}$$

因实际上摩擦系数 μ 较小，$\sin\alpha$ 更小，$\cos\alpha$ 也小于 1，故忽略 $\mu\cos\alpha\sin\alpha$，式（6-45）简化为

$$F_t = F_b(\mu\cos\alpha - \sin\alpha) = Ap(\mu\cos\alpha - \sin\alpha) \tag{6-46}$$

式中 A——塑件包络型芯的面积；

p——塑件对型芯单位面积上的包紧力，一般情况下，模外冷却的塑件，$p = (2.4 \sim 3.9) \times 10^7 \mathrm{Pa}$；模内冷却的塑件，$p = (0.8 \sim 1.2) \times 10^7 \mathrm{Pa}$。

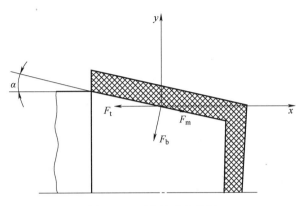

图 6-27　型芯的受力分析

由于图 6-27 所示为底部无孔的塑料制件，脱模推出时还要考虑克服大气压力，即

$$F_t = Ap(\mu\cos\alpha - \sin\alpha) + F_0 \tag{6-47}$$

式中 F_0——底部无孔的塑料制件脱模推出时要克服的大气压力，其大小为大气压力与被包络塑件端部面积的乘积。

影响塑件脱模力大小的因素很多，由式（6-46）可以看出，影响因素主要有以下几点：

1）脱模力的大小主要与塑件包络型芯面积的大小有关。包络型芯的面积越大，所需的脱模力也越大。

2）脱模力的大小与型芯的脱模角度有关。脱模角度越大，所需的脱模力越小。

3）脱模力的大小与型芯的表面粗糙度有关。表面粗糙度值越小，型芯表面越光洁，所需的脱模力就越小。

4）脱模力的大小与塑件的结构有关。塑件厚度越大，形状越复杂，冷却凝固时所引起的包紧力和收缩应力越大，则所需的脱模力越大。脱模力的大小还与塑件底部是否有孔有关。

5）脱模力的大小与注射工艺有关。注射压力越大，则包紧型芯的力越大，所需脱模力越大；脱模时模具温度越高，所需的脱模力越小；塑件在模内停留时间越长，所需的脱模力越大。

6）脱模力的大小与成型塑件的塑料品种有关。不同的塑料品种，由于分子的结构不一样，因而它们的脱模力也不一样。

另外，同一型腔中多个凹凸形状之间由于相对位置引起塑料收缩应力以及塑件与模具型腔之间的黏附力在脱模力计算过程中有时也不可忽略。

6.4.3　一次脱模机构设计

凡在动模一侧施加一次推出力，就可实现塑件脱模的机构，称为一次脱模机构或称为简单脱模机构。它通常包括推杆类脱模机构、推管类脱模机构、推板类脱模机构、螺纹自动脱模机构和气动脱模机构等。

1. 推杆类脱模机构设计

推杆包括圆推杆、扁推杆及异形推杆。其中，圆推杆推出时运动阻力小，推出动作灵活可靠，损坏后也便于更换，因此在生产中广泛应用。圆推杆脱模机构是整个脱模机构中最简单、最常见的一种形式。扁推杆截面是长方形，加工成本高，易磨损，维修不方便。异形推杆是根据塑件推出位置的形状而设计的，如三角形、弧形、半圆形等，因加工复杂，很少采用，此处不做探讨。

（1）圆推杆　圆推杆俗称顶针，它是最简单、应用最普遍的推出装置。圆推杆与推杆孔都易于加工，因此已被作为标准件广泛使用。圆推杆有直身推杆和有托推杆两种。推杆直径在 $\phi2.5$mm 以下，而且位置足够时要做有托推杆，直径大于 2.5mm 都做直身推杆，直身推杆简称推杆。推杆固定在推件固定板上，动、定模打开后，注射机顶棍推动推件固定板，由推杆推动塑件，实现脱模。如果被顶塑件的表面是斜面，则固定部位要设计防转结构。推杆推出机构和常用的防转结构如图 6-28 所示。

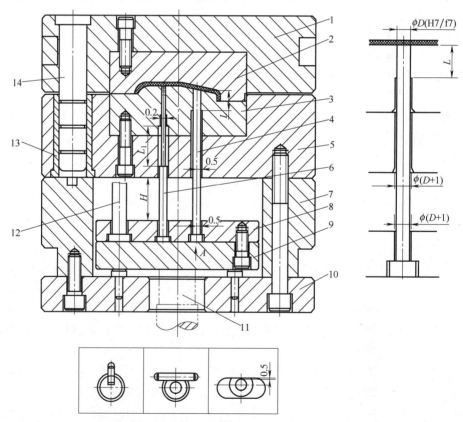

A向放大图：推杆的三种定位方式

图 6-28　推杆推出机构和常用的防转结构

1—A 板　2—定模镶件　3—动模镶件　4—直身圆推杆　5—B 板　6—有托推杆　7—支承板　8—推件固定板
9—推件底板　10—模具底板　11—注射机顶棍　12—复位杆　13—导套　14—导柱

1）推杆推出机构设计要点：

① 推杆上端面应高出镶件表面 0.03~0.05mm，特别注明除外。

② 为减小推杆与模具的接触面积，避免发生磨损烧死（咬蚀）现象，推杆与型芯的有效配合长度 L 应取推杆直径的 3 倍左右，但最小不能小于 10mm，最大不宜大于 20mm，非配合长度上单边避空 0.5mm。

③ 推杆与镶件的配合公差为 H7/f7。

2）圆推杆的优点：

① 制造和加工方便，成本低。圆孔钻削加工，比起其他形状的线切割或电火花加工要快捷方便得多。另外，圆推杆是标准件，购买很方便，相对于其他推杆，其价格最便宜。

② 阻力小。可以证明，面积相同的截面，以圆形截面的周长最短，因此摩擦阻力最小，磨损也最小。

③ 维修方便。圆推杆尺寸规格多，有备件，更换方便。当推杆处因磨损出现飞边时，可以将推杆孔扩大一些，再换上相应大小的推杆。

3）圆推杆的缺点：推出位置有一定的局限性。对于加强筋、塑件边缘及狭小的槽，布置圆推杆有时较困难，若用小推杆，几乎没有作用。

4）圆推杆位置设计。

① 推杆应布置在塑件包紧力大的地方，布置顺序：角、四周、加强筋、空心螺柱（用推管或两支推杆）。推杆不能太靠边，要保持 1~2mm 的钢厚，如图 6-29a 所示。

② 对于表面不能有推杆痕迹或细小塑件，可在塑件周边适当位置加辅助溢料槽推出，如图 6-29b 所示。

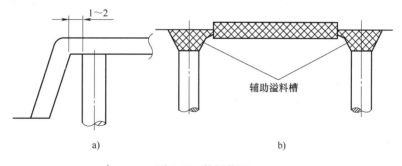

a)　　　　　　　　　　　　　　　b)

图 6-29　推杆位置

③ 长度大于 10mm 的实心柱下应加推杆，一则推出，二则排气。如果在旁边用双推杆时，实心柱下也应加推杆，以方便排气，如图 6-30 所示。

④ 推管可以顶空心螺柱。长度小于 15mm 以下的螺柱，如果旁边能够设置推杆，则可以不用推管，而在其附近对称加两支推杆，如图 6-31 所示。

⑤ 推杆可以顶边。顶边有两种方法：一是外部加一边缘，推杆顶边缘，如图 6-32c 所示，由于要多出一边缘，须征得客户同意；二是推杆推部分边，如图 6-32a 所示，因为有一部分要顶定模内模，易将定模内模推出凹陷而产生飞边，所以应将推杆顶部磨低 0.03~0.05mm（图 6-32b），或在复位杆下做推件固定板先复位机构。

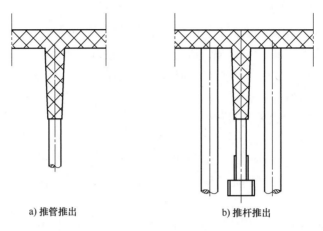

a) 推管推出   b) 推杆推出

图 6-30   实心柱顶出

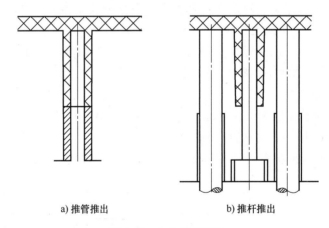

a) 推管推出   b) 推杆推出

图 6-31   空心螺柱顶出

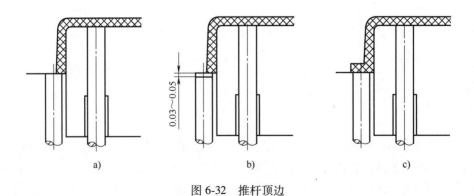

a)   b)   c)

图 6-32   推杆顶边

⑥ 推杆可以推加强筋。推加强筋有六种方法，如图 6-33 所示。图 6-33a 所示推杆直径一般为 2.5~3.0mm，若如此，则加强筋两边会增加筋厚，须征得客户同意，且要保证：不影响产品的装配和使用功能；不能导致塑件表面产生收缩凹陷。在图 6-33 所示的六种方法中，图 6-33a 所示方法最好，图 6-33f 所示方法最差。

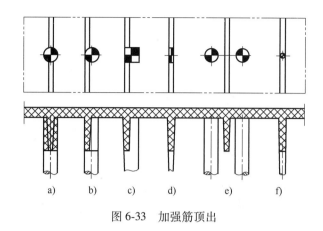

图 6-33　加强筋顶出

⑦ 尽量避免在斜面上布置推杆。若必须在斜面上布置推杆时，为防止塑件在推出时推杆滑行，推杆的上端面要设计台阶（图 6-34），底部须加防转销（俗称管位）防转，防转结构通常有三种（图 6-35）。

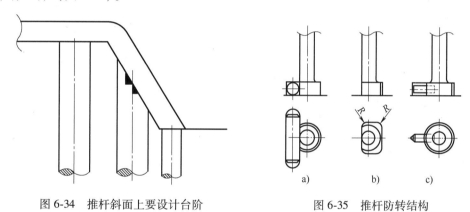

图 6-34　推杆斜面上要设计台阶　　　　　图 6-35　推杆防转结构

⑧ 圆推杆可实现延时推出。图 6-36 所示为一种常见的推杆延时推出结构，此种形式延时推出装置适用于电视机等大型模具，它先利用推块将产品推出一定距离 S 后，推杆和推块再一起作用将塑件推出。

图 6-36 中，$d=6mm$、$8mm$、$10mm$ 时，$D=16mm$；$d=12mm$、$16mm$、$20mm$ 时，$D=26mm$。

在采用潜伏式浇口进料时，为了达到自动切断浇口的目的，推流道和浇口的推杆也常采用延时推出。

5）圆推杆大小及规格。

① 圆推杆直径应尽量取大一些，这样脱模力大而平稳。除非特殊情况，模具应避免使用直径为 1.5mm 以下的推杆，因细长推杆易弯易断。细推杆要经淬火加硬，使其具有足够的强度与耐磨性。直径为 4～6mm 的推杆用得较多。塑件特别大时可用 $\phi12mm$，或视需要采用直径更大的推杆。

② 直身推杆规格：如推杆直径×推杆长度为 5mm×120mm。

③ 推杆过长或推杆细小时，要用有托推杆。使用有托推杆开料时，应注明托长。如有托推杆 1.5mm×3mm×90mm（托长）×200mm（总长）。

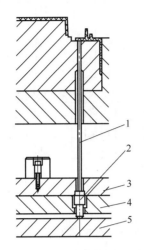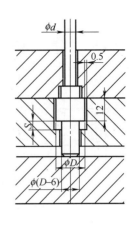

图 6-36 推杆延时推出结构

1—推杆 2—延时销 3—推件固定板 4—推件底板 5—模具底板

④ 推杆标准件长度系列：如 100mm、150mm、200mm 等。

⑤ 直身圆推杆：直径 1～25mm，长度可达 630mm；加托圆推杆最长 315mm，托长 13～50mm。

（2）扁推杆 扁推杆又称扁销，俗称扁顶针，其推动塑件的一端是方形，而且长宽之比较大，但固定端还是圆形。它一般用于特殊结构塑件的推出。塑件的特殊结构包括塑件内部的特殊筋、深加强筋、槽位等。扁推杆兼有排气作用，可帮助成型填充，但扁推杆顶端方孔加工困难，要采用线切割加工，强度也较圆推杆低。扁推杆配合长度见表 6-9。

表 6-9 扁推杆配合长度

扁推杆宽度/mm	配合长度 B/mm	扁推杆宽度/mm	配合长度 B/mm
<0.8	10	1.5～1.8	18
0.8～1.2	12	1.8～2.0	20
1.2～1.5	15		

1）基本结构。图 6-37 所示为扁推杆装配图。图 6-37 中，扁推杆 1 和动模镶件 7 按 H7/f7 配合，配合处起密封、导向和排气的作用。配合长度 B 按表 6-9 选用。

扁推杆头部易磨损，受力易变形，在模具装配时，扁推杆只能用手轻轻按进去，如果用手不能按进去，则此扁推杆中心有问题，必须立即找出问题，并加以解决。

在模具装配时，必须将推杆板放上推杆后，测试推杆板是否可顺畅地缓缓滑落。另外，必须加限位块 4，保证 $X<Y$。

扁推杆是标准件，可以外购，其扁形部分越短强度越好，加工也容易，设计规格中要注明圆柱部分长度。扁推杆规格也要注明托长，如扁推杆 2.5mm×10mm×φ12mm（托直径）×90mm（托长）×200mm（总长）。

2）使用场合。

① 不允许在底部加推杆的透明塑件,用扁推杆推边。

② 底部加推杆仍难以推出的深腔塑件,增加扁推杆推边。

③ 底部无法加推杆且推出困难的深腔塑件,用扁推杆推边。

④ 深骨部位。对于 20mm 以上高的深加强筋,建议用扁推杆推出。

3）优缺点。

① 优点。可以根据塑件形状设计推杆形状,脱模力较大,推出平稳。

② 缺点。加工困难,易磨损,成本高,在设计模具时尽量不用扁推杆。

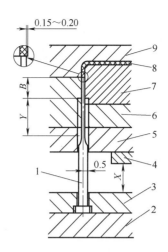

图 6-37　扁推杆装配图

1—扁推杆　2—推件底板　3—推件固定板　4—限位块
5—B 板　6、7—动模镶件　8—塑件　9—定模镶件

2. 推管类脱模机构设计

（1）推管推出基本结构　推管俗称司筒,其推出方式和推杆大致相同。推管的推管件包括推管 2 和推管型芯 1,推管型芯俗称司筒针,如图 6-38 所示。推管的装配方法和推杆一样,而推管型芯 1 用于成型圆柱孔,装在模架底板上,用无头螺钉压住。推管型芯数量多,或者要做防转时,也可采用一块或多块压板分别固定。

图 6-38 中推管型芯压板 5 也可以用无头螺钉。

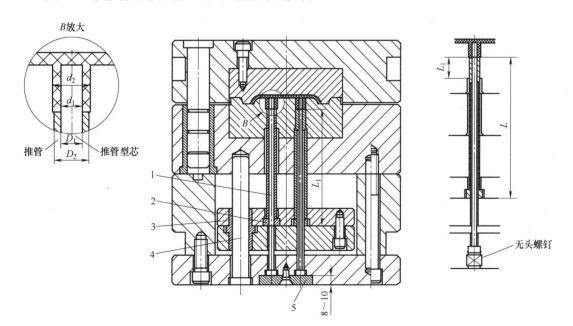

图 6-38　推管类脱模机构

1—推管型芯　2—推管　3—推杆板导套　4—推杆板导柱　5—推管型芯压板

（2）推管的设计

1）推管直径尺寸确认。推管型芯直径要大于或等于螺柱位内孔直径，推管外径要小于或等于螺柱的外径，并取标准值。即 $D_1 \geqslant d_1$，$D_2 \leqslant d_2$，见图 6-38 中 B 处放大图。

2）推管长度 L。推管长度取决于模具大小和塑件的结构尺寸，外购时在装配图的基础上加 5mm 左右，取整数。

3）何时加托。推管壁厚在 1mm 以下或推管壁径比 $\leqslant 0.1$ 的要做有托推管，托长尽量取大值。

4）推管规格型号。

① 写法 1。推管型芯直径×推管直径×推管长度，并注明推管型芯长度，如推管 $\phi 3mm \times \phi 6mm \times 150mm$。

② 写法 2。推管直径×推管长度；推管型芯直径×推管型芯长度，如推管 $\phi 6mm \times 150mm$，推管型芯 $\phi 6mm \times 200mm$。

（3）推管的优缺点　由于推管是一种空心推杆，故整个周边接触塑件，推出塑件的力量较大且均匀，塑件不易变形，也不会留下明显的推出痕迹，如图 6-39 所示。但是推管制造和装配麻烦，成本高。推出塑件时，内外圆柱面同时摩擦，易磨损出飞边。

（4）推管的使用场合　推管推出常用于三种情况：空心细长螺柱、圆筒形塑件和环形塑件。而用于细长螺柱处的推出最多，如图 6-39 所示。但对于柱高小于 15mm 或壁厚小于 0.8mm 的螺柱，则不宜用推管，前者尽量用双推杆，后者用推管推出易产生轴向变形。

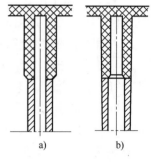

a)　　　　b)

图 6-39　空心螺柱倒角

（5）推管设计注意事项

1）推出速度快或者柱子较长时，柱子易被挤缩，高度尺寸难以保证，要加推杆辅助推出，但在推管旁边太近处加推杆易顶白，推杆宜设置在 15mm 以外。

2）推管推出时，推件固定板应设计导柱导向，以减少推管与镶件和推管型芯的磨损。

3）对于流动性好的塑料，易产生飞边，其模具尽量避免用推管。

4）推管硬度为 50~55HRC。

5）推管不可与支承柱、顶棍孔和冷却水孔位置干涉。

6）当推管位于模架顶棍孔内时，解决方案有两个：一是将塑件偏离，使顶棍孔与推管错开，但这常常造成推出不均匀；二是对于较大的模架可以采用双顶棍孔，而不用中间顶棍孔。

7）推管外侧不做倒角，一般柱子外侧倒角做在镶件上，孔内侧倒角做在推管型芯上，如图 6-39 所示。

8）推管和内模镶件的配合长度 L 等于推管直径的 2.5~3 倍。

3. 推板类脱模机构设计

推板类推出是在型芯根部（塑件的侧壁）安装一件与型芯密切配合的推板或推块，推板或推块通过复位杆或推杆固定在推件固定板上，以与开模相同的方向将塑件推离型芯。

推板类推出的优点是推出力量大且均匀，推出运动平衡稳定，塑件不易变形，塑件表面无推杆痕迹；缺点是模具结构较复杂，制造成本较高，对于型芯周边外形为非圆形的复杂型芯，其配合部分加工比较困难。

（1）推板类脱模机构的使用场合　推板类脱模机构使用场合如下：

1）大型筒形塑件的推出。

2）薄壁、深腔塑件及各种罩壳形塑件的推出。

3）表面不允许有推杆痕迹塑件的推出。有两种情况表面有推杆痕迹时会影响外观：一是透明塑件；二是动模成型的表面在装配后露在外面。

（2）推板类脱模机构的分类

1）一体式推板脱模机构。推件板为模架上既有的模板，典型结构如图 6-40 所示。其结构较简单，模架为外购标准件，减少了加工工作量，制造方便，最为常用。

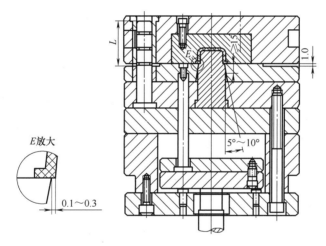

图 6-40　一体式推板脱模机构

一体式推板脱模机构简称推板脱模结构，如图 6-40 所示，推板通过螺钉和复位杆与推件固定板连接在一起，A、B 板打开后，注射机顶棍推动推件固定板，推件固定板通过复位杆推动推板，推板将塑件推离模具。

推板脱模机构设计要点如下：

① 推板孔应与型芯按锥面配合。推板与型芯配合面用 5°～10°锥面配合。推板内孔应比型芯成型部分大 0.2～0.3mm（见图 6-40 中的 E 处放大图），防止两者之间发生擦伤、磨花和卡死等现象。这一点对透明塑件尤其重要。

② 为了提高模具寿命，型芯应渗氮或淬火处理。复杂推板要设计成能采用线切割加工的形式。

③ 对于底部无通孔的大型壳体、深腔、薄壁等塑件，当用推板推出时，须在型芯顶端增加一个进气装置，以免塑件内形成真空，导致推出困难或损坏。

④ 推板推出时必须有导柱导向，因此有推板的模架，一定不可以将导柱安装在定模 A 板上，而必须将导套安装在动模 B 板上；而且导柱高出推板分型面的高度 L 应大于推板推出距离，使推板自始至终不脱离导柱，以保证推板复位可靠。

⑤ 推板材料应和内模镶件材料相同，当塑料为热敏性的塑料时，尤其要注意。当型芯为圆形镶件时，推板上可以采用镶圆套的方法，以方便加工，如图 6-41 所示。

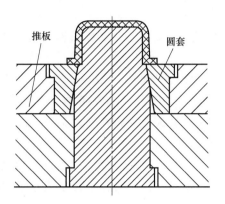

图 6-41　推板上的镶套结构

2）埋入式推板脱模机构。推板为镶入 B 板的板类零件，加工工作量大，制造成本较高，典型结构如图 6-42 所示。

因为简化型三板模架的动、定模板之间无导柱导套，因此这种模架没有推板，如果此时塑件需要用推板推出时，可考虑用埋入式推板，典型结构如图 6-42 所示。

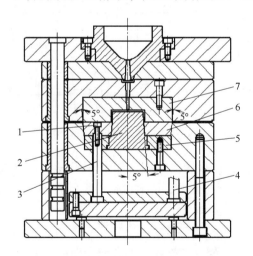

图 6-42　埋入式推板脱模机构
1—螺钉　2—型芯　3—推板复位杆　4—复位杆　5—动模镶件　6—埋入式推板　7—定模镶件

动、定模打开后，顶棍推动推件固定板，推件固定板通过推板复位杆 3 推动埋入式推板 6，从而将塑件推出。为减少摩擦以及复位可靠，埋入式推板四周要做 5°锥面，型芯和埋入式推板之间也要以锥面配合。

3）推块脱模机构。推件板为镶入内模的块状镶件，只推塑件边的一部分，推出位置有较大的灵活性，但脱模力不如前两种推板推出，典型结构如图 6-43 所示。

平板状或盒形带凸缘的塑件，需要推边时，如果用推板推出，推板难以加工，或塑件会黏附模具时，则应使用推块脱模系统，因推块可以只推塑件或其边的局部。此时推块也是型腔的组成部分，所以它应具有较高的硬度和较小的表面粗糙度值，如图 6-43 所示。

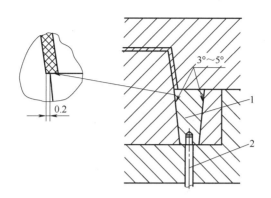

图 6-43 推块脱模机构

1—推块 2—推杆

推块的复位形式有两种：一种是依靠塑料压力和定模镶件压力；另一种是采用复位杆。但多数情况是两者联合使用。

推块脱模机构设计要点如下：

① 推块周边必须做 3°~5°斜度。

② 推块用 H13 材料，淬火至 52~54HRC。

③ 推块离型腔内边必须有 0.1~0.3mm 的距离（一般为 0.2mm），以避免顶出时推块与型芯摩擦。

④ 推块底部推杆必须防转，以保证推块复位可靠。

⑤ 推块与推杆采用螺纹连接，也可采用圆柱紧配合，另加横向固定销连接。

4. 螺纹自动脱模机构设计

塑件的螺纹分为外螺纹和内螺纹两种，精度不高的外螺纹一般用哈夫块成型，采用侧向抽芯机构。而内螺纹则由螺纹型芯成型，其脱模机构可根据塑件中螺纹的牙型、直径大小和塑料品种等因素采用螺纹型芯不旋转的强行脱模机构和螺纹型芯旋转的自动脱模机构。

内螺纹强行脱模须满足：

$$伸长率 = (螺纹大径 - 螺纹小径)/螺纹小径 \leqslant A$$

式中，A 的值取决于塑料品种，ABS 为 8%，POM 为 5%，PA 为 9%，LDPE 为 21%，HDPE 为 6%，PP 为 5%。

螺纹自动脱模机构的分类方法如下：

（1）按动作方式分类

1）螺纹型芯转动，推板推动塑件脱离，如图 6-44 所示。齿条 8 带动传动齿轮 6，传动齿轮 5 再带动传动齿轮 10，传动齿轮 10 带动螺纹型芯 4 实现内螺纹脱模。螺纹型芯 4 在转动的同时，推板 13 在弹簧 12 的作用下推动塑件脱离模具。

特别应注意的是，当塑件的型腔与螺纹型芯同时设计在动模上时，型腔就可以保证不使塑件转动。但当型腔不可能与螺纹型芯同时设计在动模上时，模具开模后，塑件就离开定模型腔，此时即使塑件外形有防转的花纹，也不起作用，塑件会留在螺纹型芯上与之一起运动，便不能推出。因此，在设计模具时要考虑止转机构的合理设置，如采用端面止转等方法，如图 6-44 中的镶套 3。

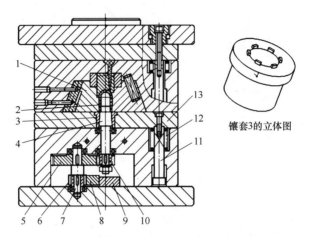

镶套3的立体图

图 6-44　螺纹型芯旋转推板推动塑件脱模

1—斜滑块　2—塑件　3—镶套　4—螺纹型芯　5、6、10—传动齿轮

7—齿轮轴　8—齿条　9—挡块　11—拉杆　12—弹簧　13—推板

2）螺纹型芯转动的同时后退，塑件自然脱离，如图 6-45 所示。齿条 10 带动齿轮轴 14，齿轮轴 14 带动传动齿轮 15，传动齿轮 15 带动螺纹型芯 9，螺纹型芯 9 一边转动，一边在螺纹导管 11 的螺纹导向下向下做轴向运动，实现内螺纹脱模。

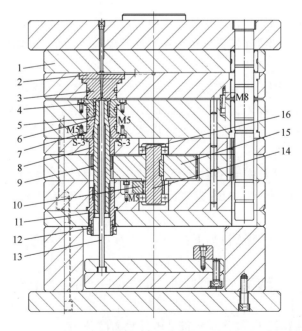

图 6-45　螺纹型芯一边旋转一边后退

1—脱料板　2—压板　3—定模镶件　4、5—动模镶件　6、7—密封圈

8—镶套　9—螺纹型芯　10—齿条　11—螺纹导管　12—螺母　13—推杆　14—齿轮轴

15—传动齿轮　16—轴承

（2）按动力来源不同分类

1）"液压缸+齿条"螺纹自动脱模机构，动力来源于液压。依靠液压缸给齿条以往复运动，通过齿轮使螺纹型芯旋转，实现内螺纹推出，如图 6-46 所示。

2）"电动机+链条"螺纹自动脱模机构，动力来源于电动机。用变速电动机带动齿轮，齿轮再带动螺纹型芯，实现内螺纹推出。一般电动机驱动多用于螺纹牙数多的情况，如图 6-47 所示。

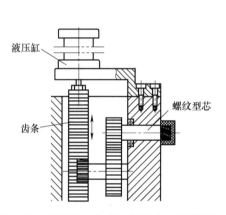

图 6-46　"液压缸+齿条"螺纹自动脱模机构

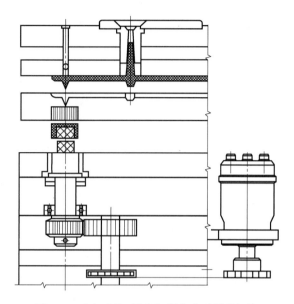

图 6-47　"电动机+链条"螺纹自动脱模机构

3）"齿条+锥齿轮"螺纹自动脱模机构，动力来源于齿条，或者来源于注射机的开模力。这种结构是利用开模时的直线运动，通过齿条或丝杠的传动，使螺纹型芯做回转运动而脱离塑件，螺纹型芯可以一边回转一边移动脱离塑件，也可以只做回转运动脱离塑件，还可以通过大升角的丝杠螺母使螺纹型芯回转而脱离塑件，如图 6-48 所示。

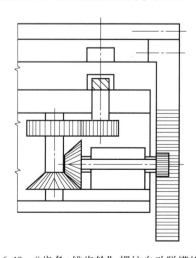

图 6-48　"齿条+锥齿轮"螺纹自动脱模机构

5. 气动脱模机构设计

气动推出常用于大型、深腔、薄壁或软质塑件的推出，这种模具必须在后模设置气路和气阀等结构。开模后，压缩空气（压力通常为 0.5~0.6MPa）通过气路和气阀进入型腔，将塑件推离模具。下面以推杆阀门式气吹模为例进行介绍。

这种气动推出注射模具，气阀不用弹簧复位，简单实用，很少出故障。其详细结构如图 6-49 所示。

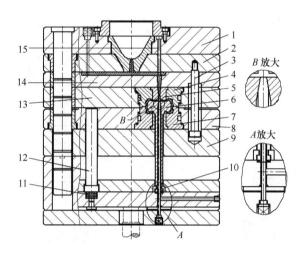

图 6-49　推杆阀门气动脱模机构

1—面板　2—脱料板　3—定距分型机构　4—定模镶件　5—镶件　6—活动型芯　7—动模镶件　8—动模 B 板
9—托板　10—卡环　11—先复位弹簧　12—复位杆　13—定模 A 板　14—定模压板　15—堵气杆

模具的工作过程如下：

① 熔体充满型腔，经保压和固化后，注射机动模板带动动模后退，模具在开闭器的作用下，先从脱料板和定模压板 14 之间打开，浇注系统凝料被拉断。

② 在定距分型机构 3 的作用下，脱料板 2 和面板 1 再打开，浇注系统凝料前半部分自动脱落。

③ 在开闭器的作用下，A、B 板打开，塑件从定模镶件 4 中强行脱出。

④ 模具完全打开后，注射机顶棍推动模具推件固定板，并通过推件固定板推动活动型芯 6，塑件从动模镶件 7 中被强行推出。在这个过程中，堵气杆 15 相对活动型芯 6 后退。当塑件被完全推出后，堵气杆 15 脱离活动型芯 6 的堵气孔，堵气孔变成了通孔。

⑤ 打开安全门，操作工人手动打开气阀（模具的压缩气体开关通常挂在安全门上），压缩气体由推件底板进入推杆，再进入活动型芯 6 和塑件之间，将塑件强行推离活动型芯 6。

⑥ 塑件推出后，注射机合模，开始下一次注射成型。

6.4.4　二次脱模

1. 二次脱模使用场合

1）塑件对模具包紧力太大，若一次推出，容易变形。大型薄壁塑件若单独承受推杆施加的力的作用，很容易变形，常常要分几次推出。

2）第一次推出后，再强行推出。塑件有倒扣，可以采用强行脱模，但强行脱模必须有塑件弹性变形的空间，若塑件倒扣和其背面都在动模侧或定模侧成型时，则必须采用二次脱模，倒扣的背面先脱离模具，再将塑件倒扣强行推离模具。

3）自动化生产时，为保证塑件安全脱落，有时也采用二次脱模。

2. 二次脱模机构的分类

二次脱模机构有很多种，可分为单组推件固定板和双组推件固定板二次脱模机构。单组推件固定板二次脱模机构是指在脱模机构中只设置了一组推板和推件固定板，而另一次推出则是靠一些特殊零件的运动来实现的。双组推件固定板二次脱模机构是在模具中设置两组推板，它们分别带动一组推出零件实现塑件二次推出的推出动作。

1）单组推件固定板二次脱模机构。图 6-50 所示为单组推件固定板二次脱模结构实例。开模时，模具先从分型面 1 处打开，塑件脱离定模型芯 1 和定模型腔。打开距离 T 后，定距分型机构中的拉钩 12 拉动挡销固定块 13，进而拉动动模推板 10，模具再从分型面 2 处打开，打开距离 L，由限位钉 9 控制，在这一过程中，塑件脱离动模型芯 3。完成开模行程后，注射机顶棍 4 通过模具的顶棍孔推动推件底板 5 和推件固定板 6，进而推动推杆 7，将塑件推离动模推板 10。

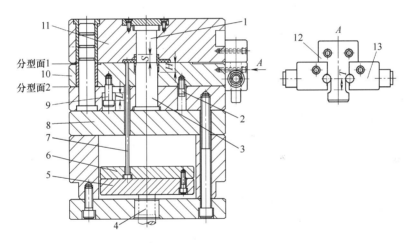

图 6-50　单组推件固定板二次脱模结构实例

1—定模型芯　2—尼龙塞　3—动模型芯　4—注射机顶棍　5—推件底板　6—推件固定板　7—推杆　8—托板
9—限位钉　10—动模推板　11—定模 A 板　12—拉钩　13—挡销固定块

2）双组推件固定板二次脱模机构。图 6-51 所示为双组推件固定板二次脱模结构实例。开模时，模具先从分型面 1 处打开，塑件脱离定模型腔。完成开模行程后，注射机顶棍 11 通过模具的顶棍孔推动推件底板 8，进而推动推杆 5 直接推动塑件。由于弹簧 12 的作用，复位杆固定板 9 和复位杆底板 10 及复位杆 6 同步推出，使塑件首先脱离动模型芯 15。双组推件固定板推出距离 L 后，在行程挡块 13 的作用下，复位杆固定板 9、复位杆底板 10 停止运动，但第一组推件固定板继续前进，将塑件推离推板 2。

3. 因塑件存在倒扣而采用二次脱模

塑件存在侧向凹凸结构（包括螺纹），但不采用侧向抽芯结构，而是依靠推杆或推板，

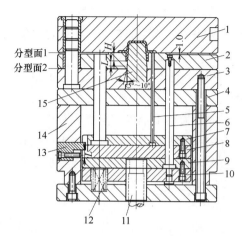

图 6-51 双组推件固定板二次脱模结构实例

1—定模型芯 2—推板 3—动模 B 板 4—托板 5—推杆 6—复位杆 7—推件固定板 8—推件底板
9—复位杆固定板 10—复位杆底板 11—注射机顶棍 12—弹簧 13—行程挡块 14—支承板 15—动模型芯

使塑件产生弹性变形,将塑件强行推离模具,这种推出方式称为强行脱模。强行脱模的模具相对于侧向抽芯的模具来说,结构相对简单,用于侧凹尺寸不大、侧凹结构是圆弧或较大角度斜面且精度要求不高的塑件。

强行脱模还有一种结构是利用硅橡胶型芯强制推出。利用具有弹性的硅橡胶来制造型芯,开模时,首先退出硅橡胶型芯中的芯杆,使得硅橡胶型芯有收缩空间,再将塑件强行推出。此种模具结构更简单,但硅橡胶型芯寿命低,适用于小批量生产的塑件。本书对这种结构不做讨论。

(1) 强行脱模必须具备的条件 强行脱模必须具备以下四个条件。

1) 塑料为软质塑料,如 PE、PP、POM 和 PVC 等。

2) 侧向凹凸允许有圆角或较大角度斜面。

3) 倒扣尺寸较小,侧向凹凸百分率满足下面的条件:通常含玻璃纤维(GF)的工程塑料凹凸百分率在 3% 以下;不含玻璃纤维(GF)者凹凸百分率可以在 5% 以下。侧向凹凸百分率计算如图 6-52 所示。

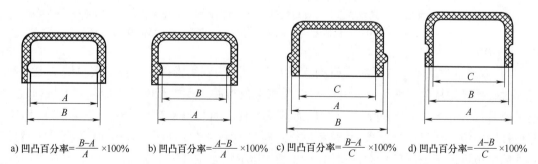

a) 凹凸百分率 $=\dfrac{B-A}{A} \times 100\%$　　b) 凹凸百分率 $=\dfrac{A-B}{A} \times 100\%$　　c) 凹凸百分率 $=\dfrac{B-A}{C} \times 100\%$　　d) 凹凸百分率 $=\dfrac{A-B}{C} \times 100\%$

图 6-52 侧向凹凸百分率计算

4) 需要强行推出的部位,在强行推出时必须有弹性变形的空间。如果强行推出部位全部在动模上成型，则成型侧凹（凸）部位的型芯必须做成活动型芯，在塑件推出时，这部分型芯先和塑件一起被推出，当需要强行推出的部位全部脱离模具后，顶杆再强行将塑件推离模具，即二次脱模。

（2）强行脱模的二次脱模典型结构设计　常用的强行脱模二次脱模结构有以下几种：

1）弹簧二次脱模机构，如图 6-53 所示，塑件结构较简单，但有一处存在倒钩，无法采用内侧抽芯，需要采取强行脱模。

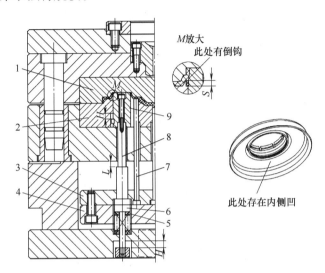

图 6-53　弹簧二次脱模机构

1—定模镶件　2—动模镶件　3—推件固定板　4—推件底板　5—弹簧　6—顶杆　7—推杆
8—活动型芯推杆　9—活动型芯

模具工作过程是：动、定模打开后，注射机顶棍通过模具的顶棍孔推动推件固定板，在弹簧 5、顶杆 6 和推杆 7 的作用下，活动型芯推杆 8 和活动型芯 9 随塑件一起被推出。当推出 L 距离后活动型芯推杆 8 和活动型芯 9 停止运动，塑件在推杆 7 的作用下被强行推出。图 6-53 中，$H>L>S$。

2）活动型芯二次脱模机构，如图 6-54 所示，塑件中心存在倒钩，需要强行脱模。强行脱模之前，必须抽出活动型芯 6。模具在定距分型机构的作用下，先从分型面 2 处打开距离 L，活动型芯 6 脱离塑件后，再从分型面 1 处打开，最后注射机顶棍推动推杆将塑件强行推出。

3）双（组）推件固定板二次脱模机构。双（组）推件固定板二次脱模机构的典型结构如图 6-55 和图 6-56 所示。

图 6-55 所示机构工作原理是：倒钩活动型芯 1 固定在第二组推件固定板 5 和 6 中，推杆固定在第一组推件固定板 3 和 4 中，L 必须大于 S。

模具打开后，注射机顶棍推动推件固定板 4，在弹簧 8 及塑件对倒钩活动型芯 1 包紧力的作用下，第二组推件固定板 5 和 6 跟着第一组推件固定板 3 和 4 一起运动，当第二组推件固定板 5 和 6 完成行程 L 后，被支承板挡住，由于 $L>S$，此时有倒钩的塑件结构已经脱离模具，强行脱模时塑件有变形的空间。推杆 2 继续前进，强行将塑件推离模具。

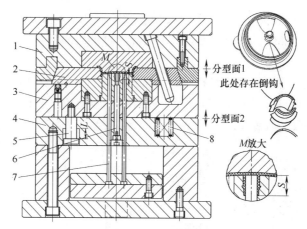

图 6-54　活动型芯二次脱模机构

1—A 板　2—滑块　3—B 板　4—托板　5—限位螺钉　6—活动型芯　7—推杆　8—弹簧

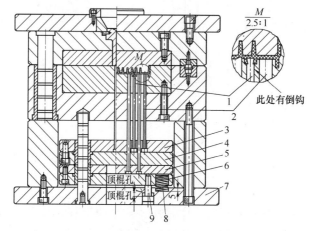

图 6-55　双（组）推件固定板二次脱模机构（一）

1—倒钩活动型芯　2—推杆　3、4—第一组推件固定板　5、6—第二组推件固定板　7—底板　8—弹簧　9—限位杆

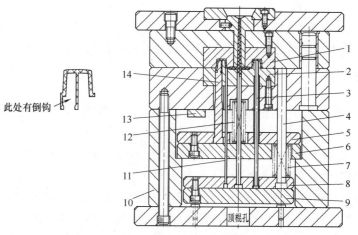

图 6-56　双（组）推件固定板二次脱模机构（二）

1—定模镶件　2—动模镶件　3、11—推杆　4—复位杆　5、6—第一组推件固定板　7、12—弹簧
8、9—第二组推件固定板　10—支承板　13—限位块　14—倒钩活动型芯

图 6-56 所示机构的工作原理和图 6-55 相似。模具打开后，注射机顶棍推动第二组推件固定板 8 和 9，在弹簧 7 及塑件对倒钩活动型芯 14 包紧力的作用下，第一组推件固定板 5 和 6 跟着第二组推件固定板 8 和 9 一起运动，当第一组推件固定板 5 和 6 被限位块 13 挡住后，必须做到有倒钩的塑件结构已经脱离模具，强行脱模时塑件有变形的空间，这时顶棍继续推动 8 和 9，弹簧 7 被压缩，推杆 11 强行将塑件推离模具。

6.4.5 浇注系统凝料的脱模机构

一般来说，普通浇注系统多数是单分型面注射模具，而点浇口多是双分型面注射模具。

1. 普通浇注系统凝料的脱模机构

通常采用侧浇口、直接浇口及盘环形浇口类型的模具，其浇注系统凝料一般与塑件连在一起。塑件脱出时，先用拉料杆拉住冷料，使浇注系统凝料留在动模一侧，然后用推杆或拉料杆推出，靠其自重而脱落。

2. 点浇口式浇注系统凝料的脱模机构

点浇口式浇注系统凝料，一般可用人工、机械手取出，但生产率低，劳动强度大，为适应自动化生产的需要，可采取以下几种依靠模具结构而使浇注系统凝料自动脱落的方法。

1）利用推杆拉断浇注系统凝料，如图 6-57 所示，开模时模具首先沿 A—A 面分开，流道凝料被带出定模座板 8，当限位螺钉 1 对推板 2 限位后，推杆 4 及推杆 5 共同将浇注系统凝料推出。

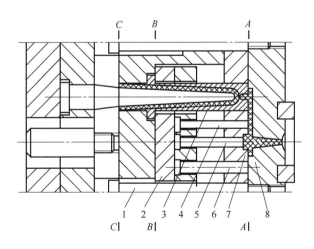

图 6-57 利用推杆拉断浇注系统凝料
1—限位螺钉 2—推板 3—镶件 4、5—推杆 6—复位杆 7—流道板 8—定模座板

2）利用拉料杆拉断浇注系统凝料，如图 6-58 所示。开模时，首先从 A—A 面分型，由于流道拉料杆 3 的作用，浇注系统凝料断开后留在定模一边，待分开一定距离后，限位螺钉 2 带动流道推板 1 沿 B—B 面分开，并将浇注系统凝料脱掉。继续开模时，中间板 5 受到限位拉杆 4 的阻碍不能移动，即实现沿 C—C 面分型，塑件随型芯移动而脱离中间板 5，最后在推杆 7 的作用下，脱模板 6 将塑件脱离型芯，即沿 D—D 面分开。

3）利用定模推板拉断浇注系统凝料，如图 6-59 所示，在定模型腔板 3 内镶一定模推板 5，开模时由定距分型机构保证定模型腔板 3 与定模座板 4 首先沿 A—A 面分型。拉料杆 2 将主流道凝料从浇口套中拉出，当开模到 L 距离时，限位螺钉 1 带动定模推板 5 使主流道凝料与拉料杆 2 脱离，即实现沿 B—B 面分型，同时拉断点浇口，浇注系统凝料便自动脱落。最后沿 C—C 面分型时，利用脱模板将塑件与型芯分离。

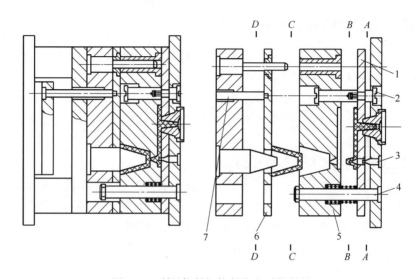

图 6-58　利用拉料杆拉断浇注系统凝料

1—流道推板　2—限位螺钉　3—流道拉料杆　4—限位拉杆　5—中间板　6—脱模板　7—推杆

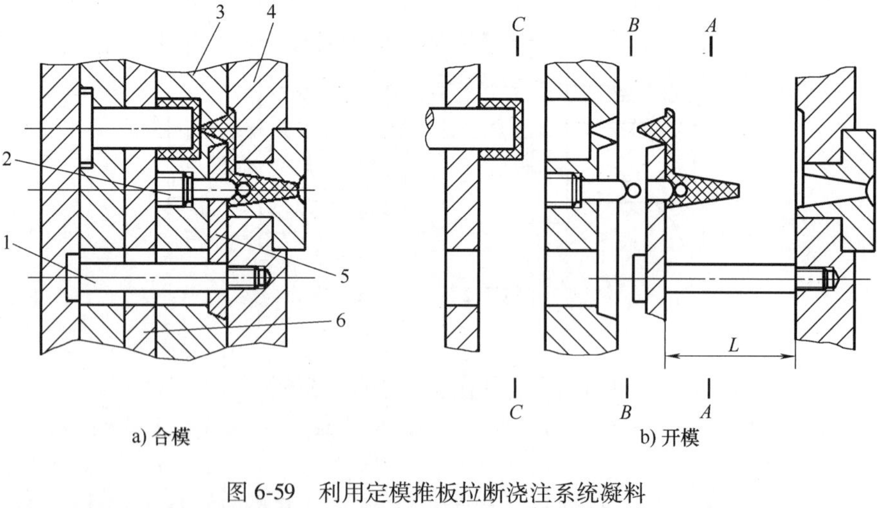

a) 合模　　　　　　　　　　　b) 开模

图 6-59　利用定模推板拉断浇注系统凝料

1—限位螺钉　2—拉料杆　3—定模型腔板（中间板）　4—定模座板　5—定模推板　6—脱模板

3. 潜伏式浇口凝料的脱模机构

采用潜伏式浇口的模具，必须分别设置塑件和浇注系统凝料的脱模机构，在推出过程中，浇口被拉断，塑件与浇注系统凝料各自自动脱落。

1）利用差动式推杆切断浇口凝料。为了防止潜伏式浇口被切断、脱模后弹出损伤塑件，可以设置延迟推出装置，如图 6-60 所示。图 6-60a 所示为合模状态，在脱模过程中，先由推杆 2 推动塑件，将浇口切断而与塑件分离（图 6-60b）。当推板 5 移动距离 l 后，限位圈 4 即开始被推动，从而由流道推杆 3 推动流道凝料，最终塑件和流道凝料都被推出型腔，如图 6-60c 所示。

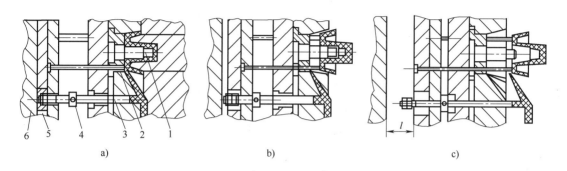

a)　　　　　　　　　　b)　　　　　　　　　　c)

图 6-60　利用差动式推杆切断浇口凝料

1—型芯　2—推杆　3—流道推杆　4—限位圈　5—推板　6—动模座板

在图 6-61 中，胶位的形状细且较深，容易产生困气，从而导致充填不完整。若只在此处加固定型芯镶件，在注射一段时间后也会堵死；若加细推杆推出，过细的推杆会因为受力太大而经常断裂。采用延迟推出的方式就可以解决这个问题，延迟推出推杆 7 起控制阶梯形推杆 4 延迟推出和复位的作用。延迟推出的好处是让其他推出零件（如普通推杆 2）先起作用，消除深胶位周围塑件与动模镶件之间的真空，这就决定了延迟推出距离 S 不能太大又不能太小，一般取 $0.5 \sim 1.0 \mathrm{mm}$。另外，阶梯形推杆总的推出行程为 H。

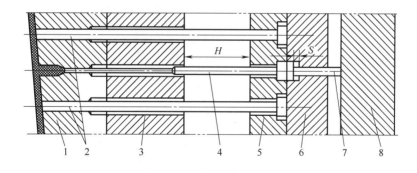

图 6-61　延迟推出行程示意图

1—动模镶件　2—普通推杆　3—动模板　4—阶梯形推杆　5—推杆固定板　6—推板
7—延迟推出推杆　8—动模座板

2）其他形式。图 6-62 和图 6-63 所示为其他类型潜伏式浇口的脱落形式。在推出过程中，流道推杆与塑件推杆分别推动浇口和塑件，并使其分离。最后，浇注系统凝料和塑件分别被推出。

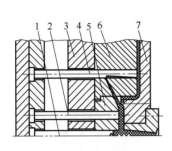
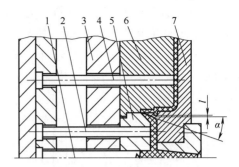

图 6-62　内侧潜伏式浇口的脱落形式　　　　图 6-63　外侧潜伏式浇口的脱落形式

1—拉料杆　2—流道推杆　3—动模垫板　4—塑件推杆　　　1—拉料杆　2—流道推杆　3—动模垫板

5—型芯固定板　6—型芯　7—定模　　　　4—塑件推杆　5—型芯固定板　6—型芯　7—定模

6.5　侧向抽芯机构设计

6.5.1　侧向分型与侧向抽芯机构分类

在注射模具设计中，当塑件上具有与开模方向不一致的孔或侧壁有凹凸形状时（如图 6-64 所示。其中，图 6-64a～g 所示为外侧凹结构，图 6-64h～o 所示为内侧凹结构），除极

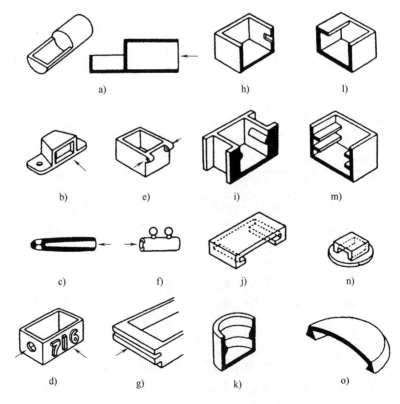

图 6-64　常见的侧壁有凹、凸形状的塑件

少数情况可以强制脱模外，一般都必须将成型侧孔或侧凹的零件做成可活动的结构，在塑件脱模前，一般都需要侧向分型和抽芯才能取出塑件，完成侧向活动型芯的抽出和复位的这种机构就称为侧向抽芯机构。侧型芯常常装在滑块上，这种滑块机构的运动常常有以下几种方式。

1）模具打开或闭合的同时，滑块也同步完成侧型芯的抽出和复位的动作，如图 6-65 所示，这是最常用的侧滑块运动的方式。

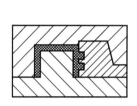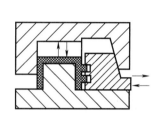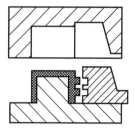

图 6-65　模具动、定模打开与侧型芯同步运动过程

2）模具打开后，滑块借助外力驱动完成侧型芯的抽出和复位的动作，如图 6-66 所示，这种侧滑块运动常常用于大型的滑块或侧抽芯距离较长的场合。

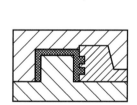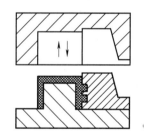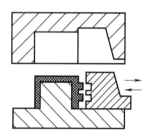

图 6-66　模具动、定模打开与侧型芯不同步运动过程

与前两种所不同，如图 6-67 所示，将滑块设在定模，在模具打开前，借助其他动力将侧型芯抽出。

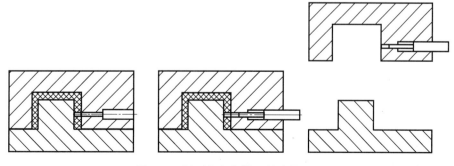

图 6-67　侧型芯在定模上滑动的过程

3）按照侧向抽芯机构的驱动形式，侧向抽芯机构的分类如图 6-68 所示。

下面按侧向抽芯机构的动力来源将其分为手动、液压、气动和机动四种类型。

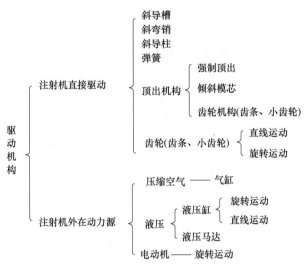

图 6-68　侧向抽芯机构的分类

1. 手动侧向分型与抽芯机构

在推出塑件前或脱模后用手工方法或手工工具将活动型芯或侧向成型镶块取出的方法，称为手动抽芯方法。手动抽芯机构的结构简单，但劳动强度大，生产率低，故仅适用于下列几种场合：①小型多用型芯、螺纹型芯、成型镶块的抽出距离较长；②因为塑件的形状特殊不适合采用其他侧向抽芯机构的场合；③为了降低模具生产成本的场合。当前，手动侧向分型与抽芯机构已很少使用。

2. 液压、气动侧向分型与抽芯机构

液压或气动侧向抽芯机构利用液体或气体的压力，通过液压缸或气缸活塞及控制系统，实现侧向分型或抽芯动作。液压缸抽芯距离长（可以自选），力量大，还可以由电路控制与其他开模动作的先后顺序，比较适合有动作先后顺序要求、抽芯距离较长或者较大型的滑块。其缺点是外形较大，有可能会影响模具在注射机上的安装；注射要求有电路及油路控制，较为复杂；价格较昂贵等。图 6-69 所示为气动抽芯机构，侧型芯和气缸都设在定模一

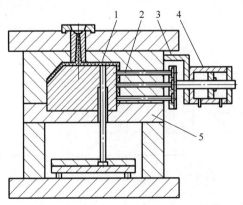

图 6-69　气动抽芯机构

1—定模板　2—侧型芯　3—支架　4—气缸　5—动模板

边，在开模之前利用气缸使侧型芯移动，然后再开模，塑件由推杆推出。这种结构没有锁紧装置，因此，侧孔必须是通孔，使得侧型芯没有后退胀型力，或是侧型芯承受的侧压力很小，靠气缸压力就能使侧型芯锁紧。

图 6-70 所示为装有锁紧装置（楔紧块 3）的液压抽芯机构，侧型芯在动模一边。开模后，首先由液压抽出侧型芯，然后再推出塑件，当脱模机构复位后，侧型芯再复位。液压抽芯可以单独控制型芯的动作，不受开模时间和推出时间的影响。

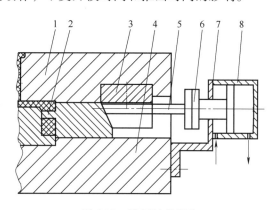

图 6-70　液压抽芯机构

1—定模板　2—侧型芯　3—楔紧块　4—动模板　5—拉杆　6—连接器　7—支架　8—液压缸

液压缸与滑块的连接一般采用 T 形槽连接形式。采用 T 形槽连接的目的是方便拆装，因为液压缸外形较大，常常最后安装，甚至要模具上了注射机才安装（液压缸凸出太多影响模具安装）。滑块上的 T 形槽为通槽，液压缸活塞杆前端旋上一个 T 形连接件，安装时，将液压缸放入后用螺钉固定于支架上即可。

模具上方的液压缸常常会影响模具的吊装，所以用设计大型框架的方法来避开；模具下方液压缸又会影响模具的摆放，可将模脚加高以支承起模具。总之，在设计模具的外围零件时，要考虑到模具的摆放、吊装、运输以及在注射机上装配的情况。

3. 机动侧向分型与抽芯机构

机动侧向分型与抽芯是利用注射机的开模力，通过传动机构改变运动方向，将侧向的活动型芯抽出。机动侧向抽芯机构的结构比较复杂，但抽芯不需要人工操作，抽芯力较大，具有灵活、方便、生产率高、容易实现全自动操作、无须另外添置设备等优点，在生产中被广泛采用。

机动抽芯按结构可分为斜导柱、弯销、斜导槽、斜滑块、楔块、齿轮齿条、弹簧等多种抽芯形式。

6.5.2　斜导柱侧向分型与抽芯机构

斜导柱抽芯机构是最常用的一种侧向抽芯机构。它具有结构简单、制造方便、安全可靠等特点。斜导柱抽芯机构动作原理如图 6-71 所示。图 6-71a 所示为合模状态；图 6-71b 所示为开模后的状态；图 6-71c 所示为推出塑件后的状态。侧向抽芯机构的工作过程是：开模时斜导柱 2 作用于滑块和侧型芯 3，迫使滑块和侧型芯 3 一起在动模板中的导滑槽内向外移动，完成侧抽芯动作，塑件 6 由推杆 7 推出型腔。限位螺钉 5、弹簧 4 使滑块和侧型芯 3 保持抽芯后的最终位置，以保证合模时斜导柱能准确地进入滑块的斜孔，使滑块回到成型位置。在合模注射时，为了防止侧型芯受到成型压力的作用而使滑块产生位移，用楔紧块 1 来锁紧滑块和侧型芯 3。

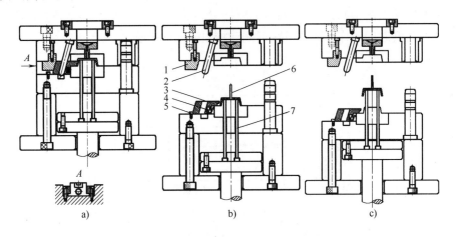

图 6-71　斜导柱抽芯机构动作原理

1—楔紧块　2—斜导柱　3—滑块和侧型芯　4—弹簧　5—限位螺钉　6—塑件　7—推杆

1. 斜导柱侧向分型与抽芯机构抽芯距和抽芯力的计算

（1）抽芯距的计算　将侧型芯从成型位置抽至不妨碍塑件的脱模位置所移动的距离，称为抽芯距，用 $S_{抽}$ 表示，如图 6-72 所示。抽芯距的计算方式要分以下两种情况。

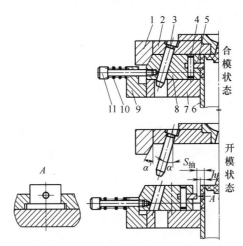

图 6-72　斜导柱侧向分型与抽芯机构

1—楔紧块　2—定模板　3—斜导柱　4—销　5—侧型芯　6—推杆或推管　7—动模板
8—滑块　9—限位块　10—压紧弹簧　11—螺钉

1）在一般情况下，侧向抽芯距通常比塑件上的侧孔、侧凹的深度或侧向凸台的高度大 2～3mm，即

$$S_{抽} = h + (2 \sim 3) \, \text{mm} \tag{6-48}$$

式中　$S_{抽}$——抽芯距（mm）；

　　　h——塑件上的侧孔深度或侧向凸台高度（mm）。

2）在某些特殊的情况下，当侧型芯或侧凹模从塑件中虽已脱出，但仍阻碍塑件脱模时，就不能简单地使用这种方法来确定抽芯距。如图 6-73 所示，其抽芯距不是 $S_2 + k$，而是 $S_1 + k$，可见塑件的形状不同、等分滑块的数目不同，抽芯距的计算方法也不同。下面分别就几种常见的典型等分滑块结构的抽芯距的计算公式进行推导。

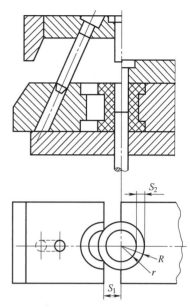

① 塑件外形为圆形并用二等分滑块抽芯时，抽芯距为

$$S_{抽} = \sqrt{R^2 - r^2} + k \tag{6-49}$$

式中　R——外形最大圆的半径（mm）；

　　　r——阻碍推出塑件的外形最小圆的半径（mm）；

　　　k——安全值（mm），$k = 2 \sim 3 \, \text{mm}$。

② 塑件外形为圆形并用多等分滑块抽芯（图 6-74）时，抽芯距为

图 6-73　二等分滑块抽芯

$$S_{抽} = h + k = \frac{R \sin\alpha}{\sin\beta} + (2 \sim 3) \, \text{mm} \tag{6-50}$$

式中　R——最大圆角半径（mm）；

　　　α——夹角，$\alpha = 180° - \beta - \gamma$，其中，$\gamma = \arcsin \dfrac{r \sin\beta}{R}$，$r$ 是阻碍推出塑件的外形最小圆的

　　　　　半径（mm）；

　　　β——夹角（三等分滑块，$\beta = 150°$；四等分滑块，$\beta = 135°$；五等分滑块，$\beta = 126°$；

　　　　　六等分滑块，$\beta = 120°$）。

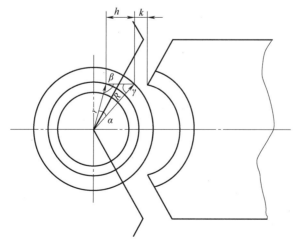

图 6-74　多等分滑块抽芯

③ 塑件外形为矩形并用二等分滑块抽芯（图 6-75）时，抽芯距为

$$S_{抽}=h/2+k \tag{6-51}$$

式中　h——矩形塑件的外形最大尺寸（mm）；

　　　k——安全值（mm），$k=2\sim3mm$。

④ 塑件外形为矩形并用四等分滑块抽芯（图 6-76）时，抽芯距为

$$S_{抽}=h+k \tag{6-52}$$

式中　h——外形内凹深度（mm）；

　　　k——安全值（mm），$k=2\sim3mm$。

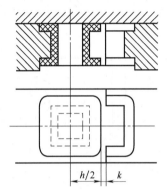

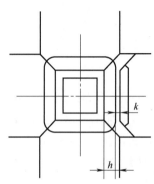

图 6-75　矩形塑件用二等分滑块抽芯　　　图 6-76　矩形塑件用四等分滑块抽芯

（2）抽芯力的计算　抽芯力是指塑件处于脱模状态，需要从与开模方向有一交角的方位抽出型芯所克服的阻力。当原材料确定时，抽芯力的大小与模具结构和塑件形状有密切关系，因此计算抽芯力的方法与脱模力的计算相同，可参阅脱模力计算公式式（6-43）~式(6-47)。

上面叙述了斜导柱抽芯机构的抽芯距和抽芯力的计算方法，采用其他侧向分型和抽芯机构时，其抽芯距和抽芯力的计算方法和斜导柱抽芯机构一样。

2. 斜导柱的设计

（1）斜导柱长度及开模行程计算　斜导柱的长度主要根据抽芯距、斜导柱直径及倾斜角的大小而确定，如图 6-77 所示。斜导柱总长度为

$$L =L_1+L_2+L_3+L_4+L_5$$
$$=\frac{D}{2}\tan\alpha+\frac{h}{\cos\alpha}+\frac{d}{2}\tan\alpha+\frac{S_{抽}}{\sin\alpha}+(8\sim15)\,mm \tag{6-53}$$

式中　L——斜导柱总长度（mm）；

　　　D——斜导柱固定部分大端直径（mm）；

　　　h——斜导柱固定板厚度（mm）；

　　　d——斜导柱直径（mm）；

　　$S_{抽}$——抽芯距（mm）；

　　　α——斜导柱的倾角（°）；

　　　L_4——斜导柱的有效长度，$L_4=\dfrac{S_{抽}}{\sin\alpha}$；

　L_3+L_4——斜导柱的伸出长度（mm）；

L_5——斜导柱头部长度（mm），常取 8~15mm。

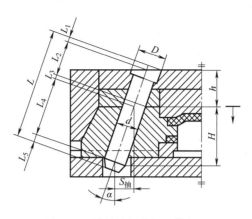

图 6-77　斜导柱长度与开模行程

1）当抽拔方向与开模方向垂直时（图 6-77），斜导柱的有效长度 L_4（mm）为

$$L_4 = \frac{S_{抽}}{\sin\alpha} \tag{6-54}$$

完成抽芯距所需最小开模行程 H（mm）为

$$H = S_{抽}\cot\alpha \tag{6-55}$$

2）当抽拔方向偏向动模角度为 β 时（图 6-78a），斜导柱的有效长度 L_4（mm）为

$$L_4 = \frac{S_{抽}}{\sin\beta}\cos\beta \tag{6-56}$$

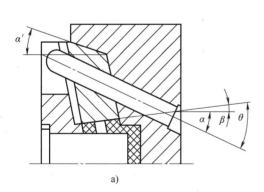

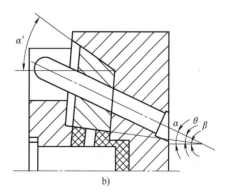

a)　　　　　　　　　　　　　　　b)

图 6-78　滑块倾斜时的斜导柱抽芯机构

最小开模行程 H（mm）为

$$H = S_{抽}(\cot\beta\cos\beta - \sin\beta) \tag{6-57}$$

3）当抽拔方向偏向定模角度为 β 时（图 6-78b），斜导柱有效长度 L_4（mm）为

$$L_4 = \frac{S_{抽}}{\sin\alpha}\cos\beta \tag{6-58}$$

最小开模行程 H（mm）为

$$H = S_{抽}(\cot\alpha\cos\beta + \sin\beta) \tag{6-59}$$

值得说明的是，上述计算较烦琐，在实际生产中常用查表法求得。

（2）斜导柱弯曲力计算

1）当抽拔方向与开模方向垂直时，滑块的受力示意图如图 6-79 所示。

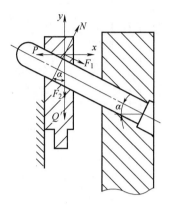

图 6-79　滑块的受力示意图

图 6-79 中，N 为斜导柱施加的正压力，也称为斜导柱所承受的弯曲力；Q' 为抽拔阻力，为导滑槽施加的压力；F_1 是斜导柱与滑块之间的摩擦阻力；F_2 是导滑槽与滑块之间的摩擦阻力。经过力平衡方程的推导，可得出斜导柱承受的弯曲力计算公式为

$$N=\frac{Q'\cos^2\phi}{\cos(\alpha+2\phi)} \tag{6-60}$$

或

$$N=\frac{Q'}{\cos\alpha(1-2f\tan\alpha-f^2)} \tag{6-61}$$

式中　N——斜导柱所受弯曲力（N）；

　　　Q'——抽拔阻力（N）；

　　　ϕ——摩擦角（°），$\tan\phi=f$；

　　　f——钢材之间的摩擦因数，一般取 $f=0.15$。

2）当抽拔方向偏向动模角度为 β 时，斜导柱承受的弯曲力为

$$N=\frac{Q'}{\cos(\alpha+\beta)[1-2f\tan(\alpha+\beta)-f^2]} \tag{6-62}$$

3）当抽拔方向偏向定模角度为 β 时，斜导柱承受的弯曲力为

$$N=\frac{Q'}{\cos(\alpha-\beta)[1-2f\tan(\alpha-\beta)-f^2]} \tag{6-63}$$

（3）斜导柱横截面尺寸确定　常用的斜导柱结构如图 6-80 所示。

对圆形横截面的斜导柱，其直径 d（mm）为

$$d=\sqrt[3]{\frac{NL_4}{0.1[\sigma]}} \tag{6-64}$$

对矩形横截面的斜导柱，设横截面高为 h（mm），横截面宽为 b（mm），且 $b=2h/3$，则

$$h = \sqrt[3]{\frac{9NL_4}{[\sigma]}} \qquad (6-65)$$

式中　$[\sigma]$——许用弯曲应力（MPa），对于碳钢 $[\sigma]=137.2$ MPa；

　　　　L_4——斜导柱有效长度（mm）；

　　　　N——斜导柱最大弯曲力（N）。

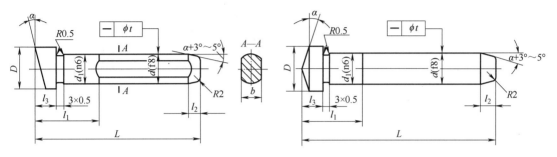

图 6-80　常用的斜导柱结构

（4）斜导柱与滑块的组合形式　为保证在开模瞬间有一很小空程，使塑件在活动型芯未抽出之前从凹模内或型芯上获得松动，并使楔紧块先脱开滑块，以免干涉抽芯动作。斜导柱与滑块的组合形式如图 6-81 所示。

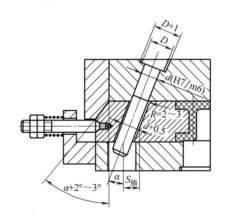

图 6-81　斜导柱与滑块的组合形式

3. 滑块、导滑槽及定位装置的设计

（1）活动型芯与滑块的连接形式　滑块分为整体式和组合式，组合式的连接形式如图 6-82 所示。

当型芯直径较小时，可用螺钉顶紧的形式，如图 6-82a 所示；对较大的型芯，可用燕尾槽连接，如图 6-82b 所示；如果型芯为薄片状时，可用通槽固定，如图 6-82c 所示；对于多个型芯，可加压板固定，如图 6-82d 所示。

（2）滑块的导滑形式　滑块在导滑槽中的活动必须顺利平稳，不发生卡滞、跳动等现象。滑块的导滑形式如图 6-83 所示，其中图 6-83b~d 所示为优选形式。

（3）滑块的导滑长度　滑块的导滑长度 L 应大于滑块高度 H 的 1.5 倍，滑块完成抽芯动作后应继续留在导滑槽内，并保证在导滑槽内的长度 *l* 大于滑块全长 *L* 的 2/3，如图 6-84 所示。

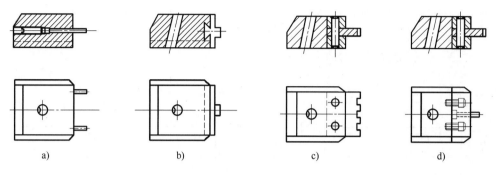

图 6-82　型芯与滑块组合式的连接形式

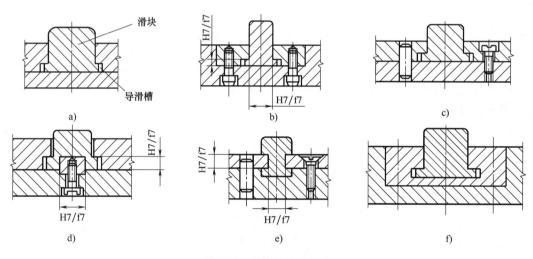

图 6-83　滑块的导滑形式

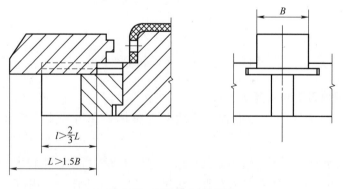

图 6-84　滑块的导滑长度

（4）滑块的定位装置　为了保证在合模时斜导柱的伸出端可靠地进入滑块的斜孔，滑块在抽芯后的终止位置必须定位（即必须停留在固定位置）。滑块的各种定位装置如图 6-85 所示。

图 6-85a 所示为弹簧钢球式，为优先选择的定位装置，其加工简单，安装方便，占位小，在设计中最为常用，适用于中小型滑块。一般滑块上使用一个或两个定位装置，使用两个时应注意均衡排位，使滑块受力平均。

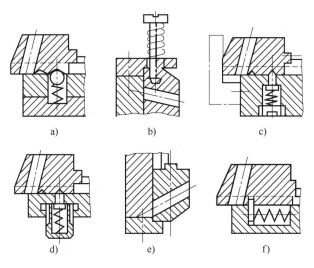

a)　　　　　　　　b)　　　　　　　　c)

d)　　　　　　　　e)　　　　　　　　f)

图 6-85　滑块的各种定位装置

图 6-85b 所示为外置弹簧式，利用外置弹簧弹力使滑块停靠在挡板上。这种定位装置简单，安装调试方便，可安装于模具外部，开模时在弹簧的作用下拉动滑块，最适用于在模具上方的滑块。弹簧弹力应该是滑块自重的 1.5 倍以上。

图 6-85c、d 所示为弹簧球头销定位，与弹簧钢球式类似。

图 6-85e 所示为滑块自重式，只适用于滑块向下抽芯时使用，它靠滑块的自重和挡块定位。

图 6-85f 所示为内置弹簧式，利用埋在模板槽内的弹簧及挡板与滑块上的沟槽配合来定位。这种装置结构简单，开模时能推动滑块，适用于中小型滑块。若滑块行程较远，弹簧较长，中心要穿销以防止弹簧弯曲。但是，由于滑块前端面不一定有足够位置放弹簧，加上弹簧工作一段时间后可能会断裂在模具内部，因此这种设计的使用受到一定限制。

4. 楔紧块的设计

（1）滑块的锁紧形式　为了防止活动型芯和滑块在成型过程中受力而移动，滑块应采用楔紧块锁紧。滑块的锁紧形式如图 6-86 所示。图 6-86a 所示滑块采用整体式楔紧块锁紧，适用于大型塑件和锁紧面积较大的场合；图 6-86b 所示滑块采用镶拼式楔紧块锁紧，结构简单，但刚性差，易松动，适用于小型模具；图 6-86c 所示滑块采用嵌入式楔紧块锁紧，适用于较宽的滑块；图 6-86d 所示滑块采用嵌入式楔紧块锁紧，楔紧块采用平面支承，强度增高，适用于锁紧力较大的场合。

在实际生产中，根据所成型塑件和模具的特点，楔紧块的结构也会适当地做一些变化。

（2）楔紧块的几种变形结构

1）在图 6-87 中，开模时由安装于定模的斜导柱带动滑块做侧向滑动，从而从塑件侧壁上的孔中抽出，然后塑件就可以顺利被脱出。

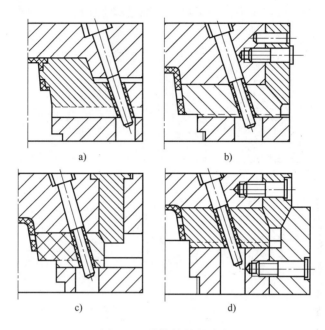

图 6-86　滑块的锁紧形式

　　滑块的行程 S 应足够滑块滑出侧向的凸、凹部位，并且加一定的余量，以保证塑件推出时完全不会受阻。斜导柱的直径应根据滑块的重量来确定。若滑块较大，应考虑增加斜导柱的数量以保证能够带动滑块滑出。斜导柱的倾斜角度 $A \leqslant 25°$；楔紧块的斜面角度 $B = A + 2°$；楔紧块尾部凸出定模部分应做斜面锁紧，$C = 30° \sim 5°$ 即可。应注意的是，A 越大，斜导柱受力越大，所以应尽量减小 A。

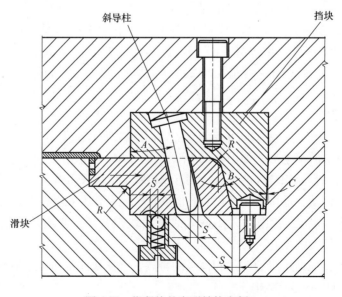

图 6-87　楔紧块的变形结构实例 1

2）当定模不允许楔紧块做大时，可直接将斜导柱安装于定模镶件或定模板上，如图 6-88 所示。与图 6-87 相比，斜导柱较长，且在定模镶件或定模板上加工斜孔较麻烦，但节省了定模位置，在一些情况下可采用这种楔紧块方式。楔紧块的倾斜角度应尽可能地小，以减小滑块和楔紧块所受的力。滑块斜槽各处应加圆角，以便楔紧块的插入及增加强度。由于结构所限，此种滑块一般行程较小，适用于侧型芯滑动行程很小的情况。

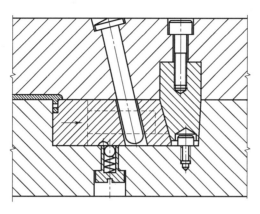

图 6-88　楔紧块的变形结构实例 2

3）若模具位置非常有限时，滑块必须做得很小，如图 6-89 所示，采用这种方式最节省位置，也比较简单。楔紧块既起锁紧滑块的作用，在开模时又起到斜导柱的作用。但是由于滑块很小，上面的斜槽为通槽，使滑块的强度大大降低（容易爆裂）。

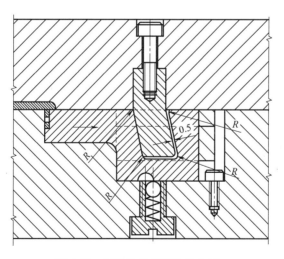

图 6-89　楔紧块的变形结构实例 3

4）有些塑件滑块厚度较厚时，可将滑块的外侧减薄，如图 6-90 所示，这样，既减轻了滑块重量，又减少了定模楔紧块空位的加工量。

5）有些塑件的侧壁是悬空的，滑块滑出时可能会黏塑件侧壁，而使侧壁变形或损坏，导致塑件脱不了模，这时可在滑块上增加推杆来解决问题。在楔紧块锁紧斜面上设计一段直身面，如图 6-91 所示。开模时，滑块在斜导柱的作用下向外滑动，但是推杆却在楔紧块的直身面限制下保持静止不动，推杆顶着塑件，使其不会被滑块带出。当楔紧块的直身面完全离开推杆尾部的球头后，推杆便会随滑块一起运动了。直身面只能限制推杆比滑块迟动一点距离，但只要滑块一离开塑件，不会再黏滑块就可以了。推杆由弹簧推动保持复位，并由限位螺钉限位。滑块滑动行程结束后，斜导柱离开滑块，此时滑块需要定位装置定位，以保证在合模时斜导柱能够顺利进入滑块。根据滑块结构、重量及模具生产时滑块所处位置，有不同的定位方法。

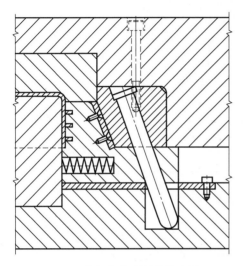

图 6-90　楔紧块的变形结构实例 4

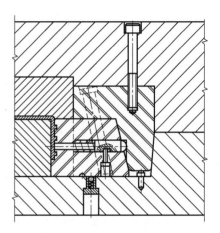

图 6-91　楔紧块的变形结构实例 5

6）内缩滑块仅适用于塑件内侧壁凹下部位的成型脱模，结构较简单，但由于滑块占位较大，往往会影响冷却水道和推杆的布局。图 6-92 中的滑块即为内缩滑块，开模时滑块由斜导柱带动向内滑动，S 为滑块行程，开模后由弹簧顶住滑块，使其保持相对位置。合模时，斜导柱带回滑块，并由定模一边的斜面压紧滑块。应注意的是，滑块后部要设计一块镶件，其底部与滑块底部平齐，宽度与滑块一致，长度 $\geqslant L+2\text{mm}$，以便滑块的安装与拆卸。

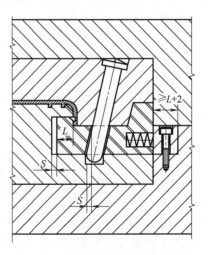

图 6-92　楔紧块的变形结构实例 6

5. 斜导柱抽芯机构的常见形式

（1）斜导柱在定模、滑块在动模　图 6-93 所示为广泛应用的一种斜导柱在定模、滑块在动模的侧向抽芯机构。开模时滑块一边随动模部分左移，同时还在斜导柱的作用下移动，从而完成侧向抽芯的动作。

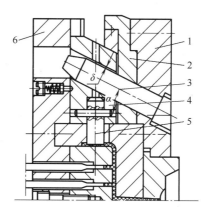

图 6-93　斜导柱在定模、滑块在动模的侧向抽芯机构
1—定模板　2—锁紧块　3—斜导柱　4—滑块　5—侧型芯　6—动模板

图 6-94 所示为斜导柱在定模、滑块在动模的侧向延迟抽芯机构，其特点是避免塑件抽芯后留在定模型芯上，故在滑块斜孔与斜导柱之间留有一定的延时抽芯间隙。开模时，动模、定模分开，滑块 2 不动，定模型芯 1 松动，解除塑件对型芯的包紧力。当延时结束后，滑块 2 在斜导柱 3 的作用下做侧向抽芯动作，并使塑件脱离定模型芯 1 并留在动模上。另外，斜导柱在定模、滑块在动模还可以实现内侧抽芯，如图 6-92 所示。

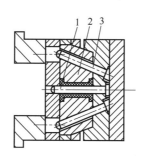

图 6-94　斜导柱在定模、滑块在动模的侧向延迟抽芯机构
1—定模型芯　2—滑块　3—斜导柱

（2）斜导柱在动模、滑块在定模　图 6-95 所示为斜导柱在动模、滑块在定模的结构。开模时，在弹簧 3 的作用下模具首先从 A—A 面分型，此时斜导柱 1 带动滑块进行侧向抽芯。当侧型芯完全抽出后，由于限位钉 4 的作用迫使模具沿 B—B 面分型，从而使包覆在型芯上的塑件脱离凹模，最后由脱模机构脱离型芯。

图 6-96 所示为斜导柱在动模而滑块在定模的另一种形式，即型芯浮动式斜导柱抽芯机构。为了使塑件在开模时不滞留在定模上，在设计时将型芯 3 设计成可在动模板 2 中浮动一段距离。开模时，因动模板 2 与型芯 3 做相对运动，故模具首先从 A—A 面分型，在保证型

芯 3 和脱模板 1 不动的情况下，滑块 5 在斜导柱 4 的作用下将侧向型芯从塑件中抽出，以保证塑件留在动模一侧。在继续开模过程中，当动模板 2 与型芯 3 的台肩接触后，模具即从 B—B 面分型，由于塑件收缩的包紧力及型芯顶部开设的锥形拉料销，型芯 3 则带着塑件脱离定模，最后由脱模板 1 将塑件从型芯上推出。

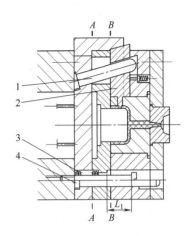

图 6-95　斜导柱在动模、滑块在定模的结构
1—斜导柱　2—滑块　3—弹簧　4—限位钉

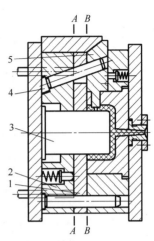

图 6-96　型芯浮动式斜导柱抽芯机构
1—脱模板　2—动模板　3—型芯　4—斜导柱　5—滑块

图 6-97 所示为无需脱模机构的斜导柱抽芯机构。由于斜导柱 1 与滑块 2 之间有较大的间隙 C（一般 C=1.6～3.6mm），因此在滑块未分开之前，模具就能分开一段距离 D（D=C/sinα），这样便可将型芯 3 从塑件中抽出距离 D，从而使塑件松动，然后斜导柱 1 使滑块 2 上下脱开，附在型芯 3 上的塑件即可由人工将其取下。

（3）斜导柱和滑块同在定模　图 6-98 所示为斜导柱和滑块同在定模的结构。开模时由于摆钩 6 的连接作用，使模具首先沿 A—A 面分型，与此同时斜导柱驱动滑块 2 完成外侧向抽芯。当压板 8 压动摆钩时，使摆钩脱开，模具沿 B—B 面分型，再由脱模板 1 将塑件推出。

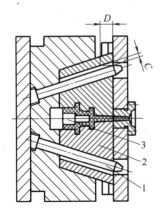

图 6-97　无需脱模机构的斜导柱抽芯机构
1—斜导柱　2—滑块　3—型芯

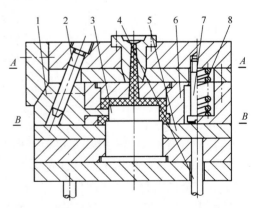

图 6-98　斜导柱和滑块同在定模的结构
1—脱模板　2—滑块　3—推杆　4—型芯　5—螺钉
6—摆钩　7—弹簧　8—压板

图 6-99 所示为斜导柱和滑块同在定模抽内侧型芯的结构。开模时，在弹簧 2 的作用下模具首先沿 A—A 面分型，此时斜导柱 3 带动滑块 4 完成内侧抽芯；继续开模时，由于限位螺钉 1 作用使模具沿 B—B 面分开，塑件被带到动模，最后由推杆推出。

（4）斜导柱和滑块同在动模　图 6-100 所示为斜导柱和滑块同在动模的结构，滑块 3 装在脱模板 4 的导滑槽内，开模后，脱模板 4 在推杆 7 的作用下，使塑件脱离型芯 5 的同时，滑块 3 受斜导柱 2 的驱使沿脱模板 4 上的导滑槽向外运动，完成外侧抽芯，即塑件脱模与滑块抽芯同步进行。

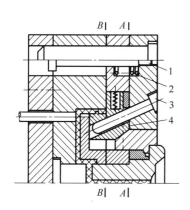 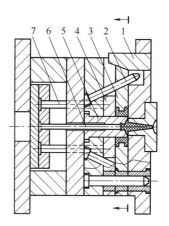

图 6-99　斜导柱和滑块同在定模抽内侧型芯的结构
1—限位螺钉　2—弹簧　3—斜导柱　4—滑块

图 6-100　斜导柱和滑块同在动模的结构
1—楔紧块　2—斜导柱　3—滑块　4—脱模板
5—型芯　6—拉料杆　7—推杆

6. 干涉现象及先复位机构

对于斜导柱在定模、滑块在动模的侧向抽芯机构来说，由于滑块的复位是在合模过程中实现的，而脱模机构的复位一般也是在合模过程中实现的（通过复位杆的作用），如果滑块先复位，而推杆等后复位，则可能要发生侧型芯与推杆相撞击的现象，就称为干涉现象，如图 6-101 所示。因为这种形式往往是滑块先于推杆复位，致使活动型芯或推杆损坏。

如图 6-102 所示，滑块与推杆不发生干涉现象的条件是

$$h'\tan\alpha > s' \tag{6-66}$$

式中　h'——推杆端面至活动型芯的最近距离；

　　　s'——活动型芯与推杆在水平方向上的重合距离，一般情况下，$h'\tan\alpha$ 比 s' 大 0.5mm 以上。

为了避免上述干涉现象的发生，在模具结构允许的情况下，可采取如下措施：

1）避免推杆与活动型芯的水平投影相重合。

2）使推杆的推出不超过活动型芯的最低面。

3）在一定的条件下采用推杆先于活动型芯复位的机构。

通常可以用增大 α 角的方法避免干涉。当 α 角的改变不能避免干涉时，要采用推杆预先复位机构，常见的先复位机构有以下几种形式。

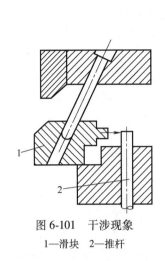

图 6-101　干涉现象

1—滑块　2—推杆

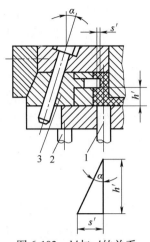

图 6-102　h' 与 s' 的关系

1—推杆　2—复位杆　3—滑块

（1）楔形-三角滑块式先复位机构　如图 6-103 所示，合模时楔形杆 1 使三角滑块 2 向右移动时，带动推板 3 向下移动而使推杆 4 复位。

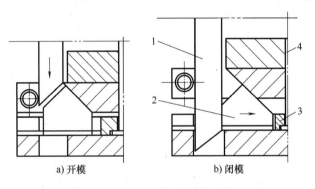

a) 开模　　　　　　　　　　　b) 闭模

图 6-103　楔形-三角滑块式先复位机构

1—楔形杆　2—三角滑块　3—推板　4—推杆

（2）楔形-摆杆式先复位机构　如图 6-104 所示，其先行复位原理与前一种机构基本相

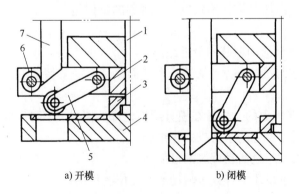

a) 开模　　　　　　　　　　　b) 闭模

图 6-104　楔形-摆杆式先复位机构

1—推杆　2—支承板　3—推杆固定板　4—推板　5—摆杆　6—滚轮　7—楔形杆

同，只是用摆杆 5 代替了三角滑块的作用。合模时楔形杆 7 推动滚轮 6 迫使摆杆 5 向下转动，并同时压迫推板 4 带动推杆 1 向下移动，从而先于侧型芯进行复位。

（3）楔形-杠杆式先复位机构　如图 6-105 所示，楔形杆 1 端部的 45°斜面推动杠杆 2 的外端，当杠杆的内端转动而顶住动模垫板 5 时，则推动推杆固定板 4 并连同推杆 3 向下移动而先复位。

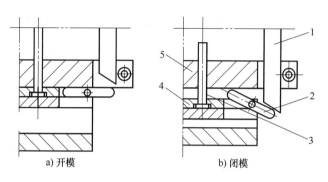

图 6-105　楔形-杠杆式先复位机构
1—楔形杆　2—杠杆　3—推杆　4—推杆固定板　5—动模垫板

（4）楔形-铰链式先复位机构　如图 6-106 所示，合模时，在侧型芯 1 移至推杆 5 的部位之前，楔形杆 2 已推动铰链杆 4 使推板 6 后退，迫使推杆 5 先复位，避免了侧型芯 1 与推杆 5 发生干涉。

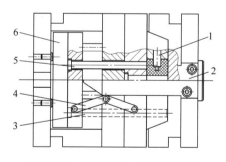

图 6-106　楔形-铰链式先复位机构
1—侧型芯　2—楔形杆　3—复位杆　4—铰链杆　5—推杆　6—推板

（5）弹簧先复位机构　如图 6-107 所示，该机构结构简单，装配和更换都较方便，在生产中有一定应用，但弹簧在使用过程中容易失效，故要慎用。

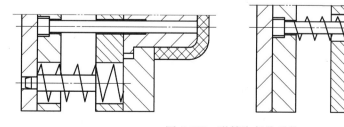

图 6-107　弹簧先复位机构

7. 弯销侧向抽芯机构

弯销侧向抽芯机构实际上是斜导柱的变异形式。该结构的优点是斜角 α 最大可达 30°，即在同一个开模距离中，能得到比斜导柱更大的抽芯距。弯销抽芯还可以在弯销的不同段设置不同的斜角，如图 6-108 所示。

如图 6-108 所示，α′>α 可以改变侧抽芯的速度和抽芯距。此种机构常适用于侧抽芯距及抽拔力比较大的情况。另外，在设计弯销侧向抽芯机构时，必须注意弯销与滑块孔之间的间隙要大些，一般在 0.5mm 左右，否则合模时可能发生卡死现象。

（1）弯销在模内侧向抽芯机构　图 6-109 所示为弯销在模内侧向抽芯机构，开模时，塑件首先脱离定模型芯，然后在弯销的作用下使滑块向外移动而完成塑件外侧抽芯。

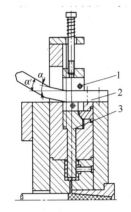

图 6-108　不同斜角的弯销

1—滚轮　2—弯销　3—滑块

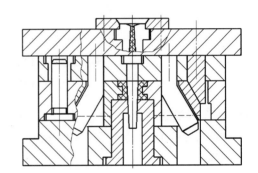

图 6-109　弯销在模内侧向抽芯机构

（2）弯销在模内延时分型侧向抽芯机构　图 6-110 所示为弯销在模内延时分型侧向抽芯机构，开模时滑块 4 带着塑件随动模板 6 移动而脱离定模型芯 3，然后弯销 5 带动滑块 4 分开，塑件自动脱落。

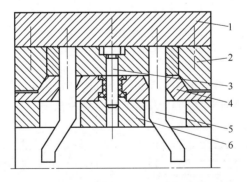

图 6-110　弯销在模内延时分型侧向抽芯机构

1—定模板　2—楔紧块　3—型芯　4—滑块　5—弯销　6—动模板

（3）弯销、滑块的内侧抽芯机构　图 6-111 所示的是弯销还可以用于滑块的内侧抽芯，塑件内侧壁有凹槽，开模时首先沿 A—A 面分开，弯销 2 带动滑块 4 向中心移动，完成内侧抽芯动作,弹簧 3 使滑块 4 保持终止位置。

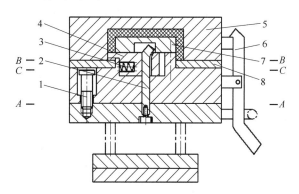

图 6-111 弯销、滑块的内侧抽芯机构

1—限位螺钉 2—弯销 3—弹簧 4—滑块 5—凹模 6—摆钩 7—型芯 8—脱模板

图 6-112 所示为弯销、斜导柱分级侧向抽芯机构。由于塑件的 A 处较薄,为避免此处被损坏,采用分级抽芯。其原理是,滑块 2 可在滑块 3 上滑动,而滑块 3 又可在脱模板 5 上滑动,开模时,在弯销 1 作用下完成滑块 2 的侧抽芯,当推出系统作用时,脱模板 5 推动滑块 3 在斜导柱 4 的作用下完成二级侧抽芯。

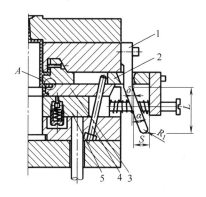

图 6-112 弯销、斜导柱分级侧向抽芯机构

1—弯销 2、3—滑块 4—斜导柱 5—脱模板

也可以用改变分型面的位置来防止塑件外侧凹的变形或损坏,如将图 6-113a 所示的结构改为图 6-113b 所示的结构,也能起到与上面分级抽芯相类似的效果。

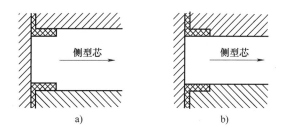

图 6-113 改变分型面的结构来防止外侧凹的变形

8. 斜导槽侧向抽芯机构

这种机构实际上是斜导柱的一种变异形式，如图 6-114 所示。它是在侧型芯滑块的外侧用斜导槽代替斜导柱，开模时滚轮 7 沿斜导槽 4 的直槽部分运动，该部分的斜角 $\alpha = 0°$，可以起到延时抽芯的作用，目的是使滑块 5 先脱离楔紧块 6。当运动到斜导槽 4 的斜槽位置（$\alpha \neq 0°$）便带动滑块 5 完成侧抽芯动作。一般斜槽起抽芯作用的斜角 α 在 25° 以下较好，如果抽芯距很大需超过此角度时，可将斜槽分两段，第一段 α 为 25° 左右，第二段 α 也不应超过 40°，如图 6-115 所示。这种机构可用于抽芯距较大（100mm 左右）的场合。

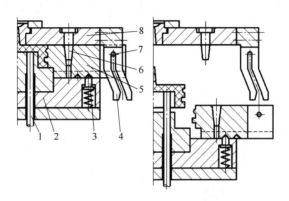

图 6-114　斜导槽侧向抽芯机构

1—推杆　2—动模板　3—弹簧顶销　4—斜导槽　5—滑块　6—楔紧块　7—滚轮　8—定模座板

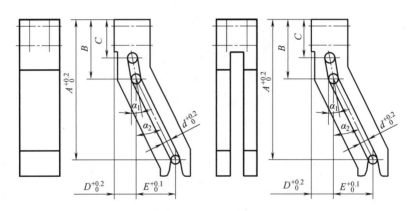

图 6-115　斜导槽侧向抽芯机构的尺寸

9. 斜滑块侧向抽芯机构

该侧向抽芯机构是利用成型塑件侧孔或侧凹的斜滑块，在模具脱模机构的作用下沿斜导槽滑动，从而使分型抽芯以及推出塑件同时进行的一种侧向脱模抽芯机构。这种机构结构简单，运动平稳、可靠，因此应用广泛。根据导滑部分的结构不同，常见的是滑块导滑的斜滑块侧向抽芯机构。

（1）滑块导滑的斜滑块侧向抽芯机构分类　按斜滑块所处的位置不同，又可分为斜滑块外侧向抽芯和内侧向抽芯两种形式。

1）斜滑块外侧向抽芯机构。如图 6-116 所示，凹模由两块斜滑块 2 组成，斜滑块 2 在推杆 3 的作用下，沿斜滑槽移动的同时向两侧分开，并完成塑件脱离主型芯的动作。

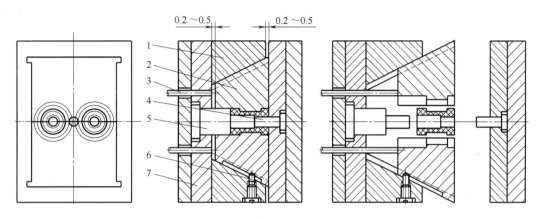

图 6-116　斜滑块外侧向抽芯机构

1—锥形模套　2—斜滑块　3—推杆　4—型芯　5—动模型芯　6—限位螺钉　7—型芯固定板

对于这种结构，通常将斜滑块 2 和锥形模套 1 都设计在动模一边，以便在利用推出力的同时，达到推出塑件和完成侧向抽芯的目的。

2）斜滑块内侧向抽芯机构。图 6-117 所示为成型带直槽内螺纹（即螺纹分成几段）塑件的斜滑块内侧向抽芯机构。开模后在推杆 4 的作用下，斜滑块 1 沿型芯 2 的导滑槽移动，塑件的推出与内侧抽芯同时进行，使塑件脱出型芯和斜滑块。

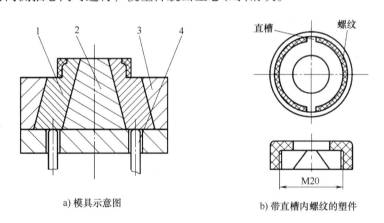

a）模具示意图　　　　　　　　　b）带直槽内螺纹的塑件

图 6-117　成型带直槽内螺纹（即螺纹分成几段）塑件的斜滑块内侧向抽芯机构

1—斜滑块　2—型芯　3—型芯固定板　4—推杆

（2）滑块导滑的斜滑块侧向抽芯机构设计要点

1）斜滑块的组合形式。根据塑件成型要求，斜滑块侧向抽芯机构常由几块滑块组合成型。图 6-118 所示为斜滑块常用组合形式，设计时应根据塑件外形、分型与抽芯方向合理组合，以满足最佳的外观质量要求，避免塑件有明显的拼合痕迹。同时，还应使组合部分有足够的强度，使模具结构简单，制造方便，工作可靠。

2）斜滑块的导滑形式。按导滑部分的形状可分为矩形、半圆形和燕尾形三种形式，如图 6-119 所示。

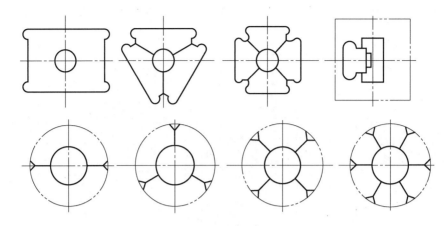

图 6-118　斜滑块常用组合形式

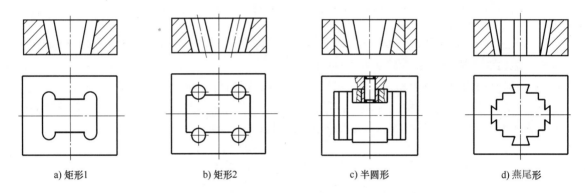

a) 矩形1　　　　　b) 矩形2　　　　　c) 半圆形　　　　　d) 燕尾形

图 6-119　斜滑块的导滑形式

3）为保证斜滑块的分型面密合，成型时不致发生溢料，斜滑块底部与模套之间应留有 0.2~0.5mm 的间隙，同时斜滑块顶面应高出模套 0.2~0.5mm，其装配要求如图 6-116 所示。

4）斜滑块的导向斜角 α 可比斜导柱的大些，但也不应大于 30°，一般取 10°~25°，斜滑块的推出长度 l 必须小于导滑总长 L 的 2/3，如图 6-120 所示。

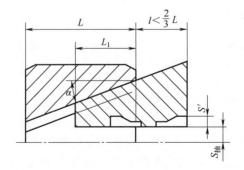

图 6-120　斜滑块的推出长度

5）斜滑块与导滑槽的双面配合间隙 z 见表 6-10。

表6-10　斜滑块与导滑槽的双面配合间隙 z

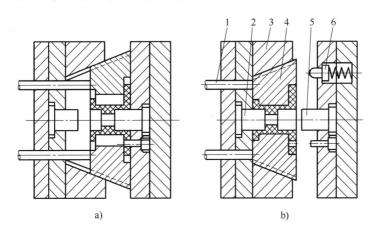

斜滑块宽度 b/mm				
$0 \sim 20$	$>20 \sim 40$	$>40 \sim 60$	$>60 \sim 80$	$>80 \sim 100$
$0.02 \sim 0.03$	$0.03 \sim 0.05$	$0.04 \sim 0.06$	$0.05 \sim 0.07$	$0.07 \sim 0.09$
斜滑块宽度 b/mm				
$>100 \sim 120$	$>120 \sim 140$	$>140 \sim 160$	$>160 \sim 180$	$>180 \sim 200$
$0.08 \sim 0.11$	$0.09 \sim 0.12$	$0.11 \sim 0.13$	$0.13 \sim 0.15$	$0.14 \sim 0.17$

（3）主型芯位置的选择　为了使塑件顺利脱模，必须合理选择主型芯的位置，如图6-116所示。当主型芯位置设在动模一侧，在塑件脱模过程中主型芯起了导向作用，塑件不至于黏附在斜滑块一侧。因此，一般使主型芯尽可能位于动模一侧。

若主型芯设在定模侧，如图6-121a所示，由于塑件对定模型芯5包紧力较大，开模时定模有可能将斜滑块带出而损伤塑件。为了防止这种情况发生，可以在定模部分设计如图6-121b所示止动销6，开模时，在弹簧的作用下止动销6强迫塑件留在动模一侧。

图6-121　斜滑块的止动方式
1—推杆　2—动模型芯　3—模套　4—斜滑块　5—定模型芯　6—止动销

10. 斜推杆侧向抽芯机构

（1）斜推杆导滑的两种基本形式　图6-122所示为斜推杆应用的常见结构形式，在推出塑件的同时也可完成内侧抽芯动作。斜推杆还可以通过改变倾斜方向实现外侧抽芯的功能。

（2）斜推杆设计要点

1）当内侧抽芯时，斜推杆的顶端面应低于型芯顶端面 $0.05 \sim 0.1$mm，以免推出时阻碍斜滑块的径向移动，如图6-123所示。另外，在斜推杆顶端面的径向移动范围内（$L > L_1$），塑件内表面上不应有任何台阶，以免阻碍斜滑块运动。

2）在可以满足侧向出模的情况下，斜推杆的斜角 α 尽量选用较小角度，斜角 α 一般不大于 $20°$，并且将斜推杆的侧向受力点下移，如增加图6-124中的镶块5，其和斜推杆3需要进行热处理增加硬度。另外，斜推杆底部在推杆固定板上的滑动要求平顺，以提高其使用寿命。

3）斜推杆在开模方向的复位。为了保证合模后斜推杆回复到预定的位置，一般采用

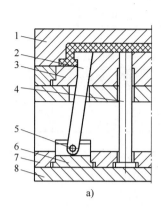
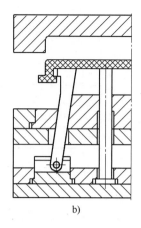

图 6-122　斜推杆应用的常见结构形式

1—定模板　2—斜推杆　3—型芯　4—推杆　5—销　6—滑块座　7—推杆固定板　8—推板

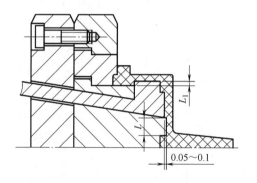

图 6-123　顶端面结构

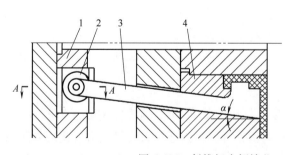
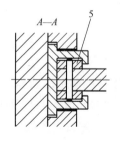

图 6-124　斜推杆内侧抽芯

1—推杆固定板　2—滚轮　3—斜推杆　4—型芯　5—镶块

图 6-125所示结构形式。在图 6-125a 中，通常利用平行于开模方向的平面或柱面 A 对斜推杆进行限位，保证斜推杆回复到预定的位置。

在图 6-125b 中，通常利用垂直于开模方向的平面 A 对斜推杆进行限位，保证斜推杆回复到预定的位置。台阶平面也可设计于斜推杆的另两个侧面。

4）在结构允许的情况下，尽量加大斜推杆横截面尺寸。当斜推杆较长且单薄或斜角较

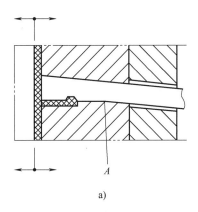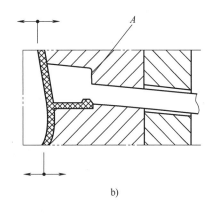

图 6-125　斜推杆限位装置

大的情况下，通常采用图 6-126 所示的缩短斜推杆的方法，来增加斜推杆的刚度以提高寿命。在斜推杆可向塑件外侧加厚的情况下，向外加厚，以增加强度，并使 B_1 有足够的位置，作为回位装置。加限位块，$H_2 = H_1 + 0.5mm$，同样，斜推杆要低于型芯表面 $0.05 \sim 0.1mm$，以免推出时斜推杆刮伤塑件，斜推杆及下面垫块表面应进行渗氮处理，以增强耐磨性。另外，也可采用图 6-126b 所示的复位机构来取代图 6-126a 所示的宽度为 B_1 的复位台阶。

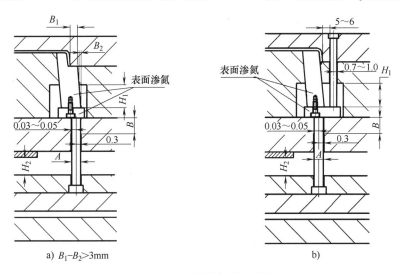

a) $B_1 - B_2 > 3mm$　　　　b)

图 6-126　缩短斜推杆的两种方法

11. 齿轮齿条侧向抽芯机构

使用齿轮齿条机构，并且借助于模具开模提供动力，将直线运动转换为回转运动，再将回转运动转换为直线或圆弧运动，以完成侧型芯的抽出与复位。按照侧型芯的运动轨迹不同可分为侧型芯水平运动、倾斜运动和圆弧运动三种情况。

（1）齿轮齿条水平侧抽芯　图 6-127 中大齿条装在定模上，开模时，当同轴齿轮 3 上的大齿轮移动一段距离后会与静止的大齿条 4 上的轮齿啮合，并在其作用下做逆时针旋转，同方向旋转的小齿轮则带动小齿条 5 向右运动，从而完成侧抽芯运动。

165

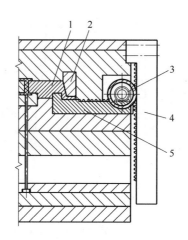

图 6-127 大齿条在定模传动水平侧抽芯
1—滑块 2—楔紧块 3—同轴齿轮 4—大齿条 5—小齿条

（2）齿轮齿条倾斜侧抽芯 图 6-128 所示为齿条固定在定模上的斜向抽芯机构，塑件上的斜孔由齿条型芯 1 成型。开模时，固定在定模上的传动齿条 3 通过齿轮 2 带动齿条型芯 1 脱出塑件。开模到最终位置时，传动齿条 3 脱离齿轮 2。为保证型芯的准确复位，可在齿轮轴上设置定位钉 6 和弹簧来定位。

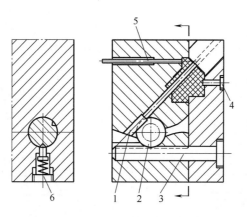

图 6-128 齿条固定在定模上的斜向抽芯机构
1—齿条型芯 2—齿轮 3—传动齿条 4—型芯 5—推杆 6—定位钉

图 6-129 所示为齿条固定在推板上的斜向抽芯机构。开模后，在注射机推杆的作用下，传动齿条 3 带动齿轮 2 逆时针方向旋转并驱动型芯齿条 1 从塑件中脱出。继续开模时，齿条推板 6 和推板 5 相接触并同时动作将塑件推出。由于传动齿条 3 与齿轮 2 始终啮合，所以在齿轮轴上不需要设定位装置。

（3）齿轮齿条圆弧形侧抽芯 图 6-130 所示为齿轮齿条圆弧形侧向抽芯机构，塑件为电话听筒，利用开模力使固定在定模板上的齿条 1 拖动动模边的齿轮 2，通过互成 90°的斜齿轮转向后，由齿轮 3 带动弧形齿条型芯 4 沿弧线抽出，同时装在定模板上的斜导柱使滑块 5 抽芯，塑件由推杆推出模外。

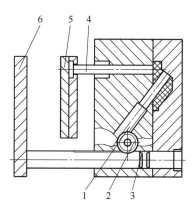

图 6-129　齿条固定在推板上的斜向抽芯机构

1—型芯齿条　2—齿轮　3—传动齿条　4—推杆　5—推板　6—齿条推板

12. 弹性元件侧向抽芯机构

当塑件的侧凹比较浅，而抽芯力和抽芯距都不大的情况下，可以采用弹簧或硬橡胶实现侧抽芯动作。如图 6-131 所示，合模时锁紧楔 3 迫使侧型芯 1 至成型位置。开模后，锁紧楔 3 脱离侧型芯 1，此时侧型芯 1 即在弹簧 2 的作用下脱出塑件。图 6-131 中弹簧是内置式，也可以将弹簧改为外置式。

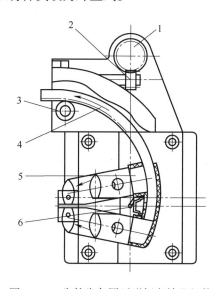

图 6-130　齿轮齿条圆弧形侧向抽芯机构

1—齿条　2、3—齿轮　4—弧形齿条型芯　5—滑块　6—型芯

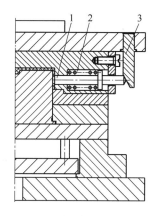

图 6-131　弹簧侧向抽芯机构

1—侧型芯　2—弹簧　3—锁紧楔

6.6　模架设计

6.6.1　注射模具模架的结构

模架也称为模体，是注射模具的骨架和基体，模具的每一部分都寄生其中，通过它将模

具的各个部分有机地联系在一起。我国市场上销售的标准模架如图 6-132 所示。它一般由定模座板（或称为定模底板）、定模固定板（或称为定模板）、动模固定板（或称为型芯固定板）、动模垫板、垫块（或称为垫脚、模脚）、动模座板、推板（或称为推出底板、推料板）、推杆固定板、导柱、导套、复位杆等组成。另外，根据需要还有特殊结构的模架，如点浇口模架、带脱模板的模架等。

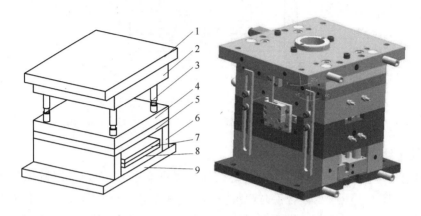

图 6-132　我国市场上销售的标准模架
1—定模座板　2—定模固定板　3—导柱及导套　4—动模固定板　5—动模垫板
6—垫块　7—推杆固定板　8—推板　9—动模座板

6.6.2　模架分类

（1）二板模架　二板模架又称大水口模架，其优点是模具结构简单，成型塑件的适应性强。但塑件连同流道凝料在一起，从同一分型面中取出，需人工切除。二板模架应用广泛，约占总注射模具的 70%。二板模架由定模部分和动模部分组成，定模部分包括面板和定模板，动模部分包括推板、动模板、托板、支承板、底板及推件固定板和推件底板等，如图 6-133 所示。

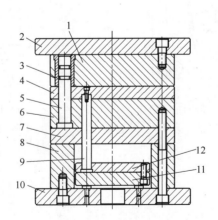

图 6-133　二板模架
1—定模 A 板　2—面板　3—导套　4—推板　5—导柱　6—动模 B 板
7—托板　8—支承板　9—复位杆　10—模具底板　11—推杆底板　12—推杆固定板

（2）标准型三板模架　标准型三板模架又称细水口模架，需要采用点浇口进料的投影面积较大塑件，桶形、盒形、壳形塑件都采用三板模架。采用标准型三板模架时塑件可在任何位置进料，塑件成型质量较好，并且有利于自动化生产。但这种模架结构较复杂，成本较高，模具的重量增大，塑件和流道凝料从不同的分型面取出。因三板模架的浇注系统较长，故它很少用于大型塑件或流动性较差的塑料成型。

标准型三板模架也由动模部分和定模部分组成，定模部分包括面板、脱料板和定模 A 板，比二板模架多一块脱料板和四根长导柱，动模部分与二板模架的动模部分组成相同，如图 6-134 所示。

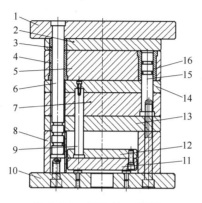

图 6-134　标准型三板模架

1—面板　2—脱料板　3—直身导套　4—带法兰导套　5—定模 A 板　6—拉杆

7—动模 B 板　8—支承板　9—复位杆　10—模具底板　11—推杆底板

12—推杆固定板推板　13—托板　14—推板　15—导柱　16—导套

（3）简化型三板模架　简化型三板模架又称简化细水口模架，它由三板模架演变而来，比三板模架少四根 A、B 板之间的短导柱，如图 6-135 所示。

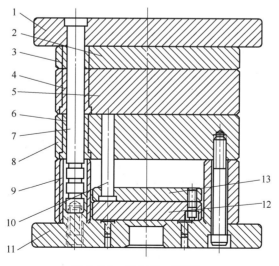

图 6-135　简化型三板模架

1—面板　2—脱料板　3—直身导套　4、6—带法兰导套　5—定模 A 板　7—拉杆

8—动模 B 板　9—支承板　10—复位杆　11—模具底板　12—推杆底板　13—推杆固定板推板

简化型三板模架的定模部分和标准型三板模架的定模部分相同，但因动模部分没有导柱，所以就不可能有推板，如果塑件必须由推板推出，而又必须采用简化型三板模架，则只能采用埋入式推板，这种结构详见 6.4 节。

（4）非标模架　非标模架是指用户根据特殊需要而定制的特殊模架。因非标模架价格较贵，订货时间长，设计模具时尽量不要采用。

6.6.3　注射模具材料的选用

1. 模具零件的失效形式

（1）表面磨损失效

1）模具型腔表面质量恶化。如酚醛树脂对模具的磨损作用，导致模具表面拉毛，使被压缩塑件的外观不合要求，因此，模具应定期卸下抛光。经多次抛光后，由于型腔尺寸超差而失效。如用工具钢制成的酚醛树脂塑件模具，连续压制 20000 次左右，模具表面磨损约 0.01mm。同时，表面粗糙度明显增大而需重新抛光。

2）模具尺寸磨损失效。当压制的塑料中含有无机填料如云母粉、硅砂、玻璃纤维等硬度较大的固体物质时，将明显加剧模具磨损，不仅模具表面质量迅速恶化，而且尺寸也由于磨损而急剧变化，最终导致尺寸超差。

3）模具表面腐蚀失效。由于塑料中存在氯、氟等元素，受热分解析出 HCl、HF 等强腐蚀性气体，侵蚀模具表面，加剧其磨损失效。

（2）塑性变形失效　模具在持续受热、周期受压的作用下，发生局部塑性变形而失效。生产中常用的渗碳钢或碳素工具钢制作酚醛树脂塑件模具，在棱角处易产生塑性变形，表面出现橘皮、凹陷、麻点、棱角堆塌等缺陷。当小型模具在大吨位压力机上超载使用时，这种失效形式更为常见。产生这种失效，主要是由于模具表面硬化层过薄，变形抗力不足，或是模具回火不足，在使用过程中工作温度高于回火温度，使模具发生组织转变所致。

（3）断裂失效　断裂失效是危害性最大的一种失效形式。塑料模具形状复杂，存在许多凹角、薄边应力集中，因而塑料模具必须具有足够的韧性。为此，对于大型、中型、复杂型腔塑料模具，应优先采用高韧性钢（渗碳钢或热作模具钢），尽量避免采用高碳工具钢。

2. 成型零件材料选用的要求

（1）材料高度纯洁　组织均匀致密，无网状及带状碳化物，无孔洞、疏松及白点等缺陷。

（2）良好的冷、热加工性能　要选用易于冷加工，且在加工后得到高精度零件的钢种，因此，以中碳钢和中碳合金钢最常用，这对大型模架尤为重要；应具有良好的热加工工艺性能，热处理变形少，尺寸稳定性好。另外，对需要电火花加工的零件，还要求该钢种的烧伤硬化层较浅。

（3）抛光性能优良　注射模具成型零件工作表面，多需抛光达到镜面，即 $Ra \leqslant 0.05\mu m$，要求钢材硬度达 35~40HRC 为宜，过硬表面会使抛光困难。这种特性主要取决于钢的硬度、纯净度、晶粒度、夹杂物形态、组织致密性和均匀性等因素。其中高的硬度及细的晶粒，均有利于镜面抛光。

（4）淬透性高　热处理后应具有高的强韧性、高的硬度和好的等向性能。

（5）耐磨性和抗疲劳性能好　注射模具型腔不仅受高压塑料熔体冲刷，而且还受冷热交变的热应力作用。一般的高碳合金钢，可经热处理获得高硬度，但韧性差易形成表面裂纹，不宜采用。所选钢种应使注射模具能减少抛光修模的次数，能长期保持型腔的尺寸精度，达到批量生产的使用寿命期限。这对注射次数在 30 万次以上和纤维增强塑料的注射成型生产尤其重要。

（6）具有耐蚀性　对有些塑料品种，如聚氯乙烯和阻燃型塑料，必须考虑选用有耐蚀性的钢种。

3. 注射模具材料的种类与选用

国产塑料模具钢的分类基本特征和应用见表 6-11。

表 6-11　国产塑料模具钢的分类基本特征和应用

钢种		基本特征	应用
优质碳素结构钢	20	经渗碳、淬火可获得高的表面硬度	适用于冷挤法制造形状复杂的型腔模
	45	具有较高的温度，经调质处理后有较好的综合力学性能，可进行表面淬火以提高硬度	
碳素工具钢	T7、T8、T10	T7、T8 比 T10 有较好的韧性，经淬火后有一定的硬度，但淬透性较差，淬火变形较大	用于制造塑料和压铸模型腔
合金结构钢	20Cr、12CrNi3	具有良好的塑性、焊接性和可加工性，渗碳、淬火后有高硬度和耐磨性	用于制造各种形状简单的模具型芯和型腔
	40Cr	调质后有良好的综合力学性能，淬透性好，淬火后有较好的疲劳强度和耐磨性	用于制造大批量压缩成型时的塑料模型腔
低合金工具钢	9Mn2V、CrWMn、9CrWMn	淬透性、耐磨性、淬火变形均比碳素工具钢好。CrWMn 钢为典型的低合金钢，它除易形成网状碳化物而使钢的韧性变坏外，基本具备了其低合金工具钢的独特优点，严格控制锻造和热处理工艺，则可改善钢的韧性	用于制造形状复杂的中等尺寸型腔和型芯
高合金工具钢	Cr12、Cr12MoV	有高的淬透性、耐磨性，热处理变形小。但由于碳化物分布不均匀而降低强度，合理的热加工工艺可改善碳化物的不均匀性，Cr12MoV 较 Cr12 有所改善，强度和韧性都比较好	用于制造形状复杂的各种模具型腔

（续）

钢种		基本特征	应用
新型模具钢种	8Cr2MnMoVS、4Cr5MoSiVS、25CrNi3MoAl	可加工性和镜面研磨性能好；8Cr2MnMoVS 和 4Cr5MoSiVS 为预硬化钢，在预硬化硬度 43~46HRC 的状态下能顺利地进行切削加工。25CrNi3MoAl 为时效硬化钢，经调质处理至 30HRC 左右进行加工，然后经 520℃时效处理 10h，硬度即可上升到 40HRC 以上	用于有镜面要求的精密塑料模成型零件
	SM1（55CrNiMnMoVS）、SM2、5NiSCa（55CrNiMnMoVSCa）	在预硬化硬度 35~42HRC 的状态下能顺利地进行切削加工，抛光性能甚佳，表面粗糙度 $Ra \leqslant 0.05\mu m$，还具有一定的耐蚀性，模具寿命可达 120 万次	用于热塑性塑料和热固性塑料模的成型零件

部分钢种制造的型腔的寿命见表 6-12。

表 6-12　部分钢种制造的型腔的寿命

塑料与塑件	型腔注射次数（寿命）	成型零件钢种
PP、HDPE 等一般塑料	10 万次左右	50、55 正火
	20 万次左右	50、55 调质
	30 万次左右	P20
	50 万次左右	SM1、5NiSCa
工程塑料	10 万次左右	P20
精密塑件	20 万次左右	PMS、SM1、5NiSCa
玻璃纤维增强塑料	10 万次左右	PMS、SM2
	20 万次左右	25CrNi3MoAl、H13

思 考 题

1. 分型面有哪些基本形式？选择分型面的基本原则是什么？

2. 多型腔模具的型腔在分型面上的排布形式有哪两种？每种形式的特点是什么？

3. 注射模具为什么需要设计排气系统？排气有哪几种方式？

4. 熔体填充时，型腔内的气体必须及时排出；开模和塑件推出时，气体必须及时进入，以防止型腔出现真空。如何理解"及时"两字？

5. 简述困气对注射周期和成型质量的影响。

6. 何谓凹模（型腔）和凸模（型芯）？绘出整体组合式凹模或凸模的三种基本结构，并标上配合精度。

7. 常用小型芯的固定方法有哪几种形式？分别使用在什么场合？

8. 写出脱模力的计算公式，并分析脱模力与哪些因素有关。

9. 熟练应用脱模力计算公式计算脱模力与侧向抽芯力。

10. 指出推杆固定部分及工作部分的配合精度、推管与型芯及推管与动模板的配合精度、推件板与型芯的配合精度。

11. 绘出任意两种推管脱模的结构。

12. 绘出任一种推件板脱模的结构。

13. 凹模脱模机构与推件板脱模机构在结构上有何不同？在设计凹模脱模机构时应注意哪些问题？

14. 在设计组合式螺纹型环时应注意哪些问题？

15. 斜导柱侧向分型与抽芯机构由哪些零件组成？各部分的作用是什么？

16. 斜导柱设计中有哪些技术问题？请分别叙述。

17. 当侧向抽芯与模具开合模的垂直方向成 β 角度时，其斜导柱倾斜角一般如何选取？楔紧块的楔紧角如何选取？

18. 设计液压侧抽芯机构时应注意哪些问题？

19. 实施模具标准化有什么好处？

20. 直浇口型和点浇口型模架各自的结构特点是什么？选用标准模架的要点是什么？

第 7 章　CAE 模流分析及 Moldex3D 简介

传统开发应用试错法方式，无法有效掌握制程重要参数且常事倍功半，故科学化的 CAE 技术成了众人殷切期盼的技术。本章将针对注射成型 CAE 模流分析的基本原理和 Moldex3D 进行概括性的介绍与了解。

7.1　注射成型 CAE 模流分析的基本原理

计算机辅助工程（Computer Aided Engineering，CAE）技术已广泛地应用在许多领域的开发，常见的工程应用包括结构应力分析、应变分析、振动分析、流场分析、热传分析、电磁场分析、机构运动分析、塑料加工成型模流分析等。注射成型 CAE 模拟就是在科学计算的基础上，融合计算机技术、塑料流变学和弹性力学，将试模过程全部用计算机进行模拟，求出熔体充模过程中的速度分布、压力分布、温度分布、切应力、制件的熔接痕、气穴及成型机器的锁模力等结果，这些结果可以用等高线、彩色渲染图、曲线图及文本报告等形式直观地展现出来。其目的是利用计算机处理的高速度，在短时间内对各种设计方案进行比较和评测，为优化塑件结构、模具设计方案和成型工艺参数等多方面提供科学的依据，以生产出高质量的产品。目前常见 CAE 技术应用于塑料加工成型模流分析可包括：注射成型模流分析、押出成型模流分析、热塑成型模流分析、吹塑成型模流分析等。其中，应用最广泛的注射成型 CAE 模流分析软件是 Moldflow 和 Moldex3D。本书后续章节主要围绕 Moldex3D 注射成型模流分析技术进行论述。

要实现注射成型充模过程的数值模拟，一般需要具备以下几个条件：

1）建立一个比较完整合理的充模过程的数学物理模型。

2）选用有效的数值计算方法。

3）计算机硬件及相关软件的支持。

7.1.1　充填模型

注射成型的充填过程，实际上是一个可压缩、黏弹性流体的非稳态、非等温流动的一个相当复杂的过程。人们对它的认识也经历了由简单到深入的逐渐全面的过程。20 世纪 70 年代初，由 Richardson 第一次描述了该过程的数学模型，他将注射成型充模过程视为不可压缩的牛顿流体的等温流动过程；后来在 Kamal 等人的研究中提出了非牛顿流体充模流动的模型；进一步的研究由 Ballman 等研究者将充模过程视为非等温、非稳态的过程；后来由 Wang 等人提出了一个描述可压缩性黏弹性流体在非稳态、非等温条件下的一般 Hele-Shaw

型充模流动、保压及冷却过程统一的数学模型。这些研究结果对于塑料注射成型充模流动数值模拟的实现具有非常重大的意义。

其实，注射成型充模过程的数学物理模型可归结为一系列偏微分方程（如三大传递理论和黏度模型方程等）的边值问题，下面是简化后的数学物理模型。

运动方程：

$$\frac{\partial}{\partial z}\left(\eta\,\frac{\partial u}{\partial z}\right) - \frac{\partial p}{\partial x} = 0 \tag{7-1}$$

$$\frac{\partial}{\partial z}\left(\eta\,\frac{\partial v}{\partial z}\right) - \frac{\partial p}{\partial y} = 0 \tag{7-2}$$

连续性方程：

$$\frac{\partial}{\partial x}(b\,\vec{u}) + \frac{\partial}{\partial y}(b\,\vec{v}) = 0 \tag{7-3}$$

能量方程：

$$\rho c_p(T)\left(\frac{\partial T}{\partial t} + u\,\frac{\partial T}{\partial x} + v\,\frac{\partial T}{\partial y}\right) = \frac{\partial}{\partial z}\left[k(T)\frac{\partial T}{\partial z}\right] + \eta y^2 \tag{7-4}$$

式中　u、v——熔体沿 X、Y 方向上的速度分量；

$\vec{u}$、$\vec{v}$——熔体沿 X、Y 方向在 Z 轴（厚度）上的平均流速；

η——熔体黏度；

p——熔体所受的压力；

ρ——熔体的密度；

c_p——比定压热容；

T——温度；

t——时间；

b——型腔半厚；

k——热导率。

7.1.2　熔体黏度模型

在塑料成型充模的模拟过程中，熔体的黏性流变特性也是必需的，因此，建立一个合理的黏度模型，也是实现熔体充模模拟的重要一环。常用的主要有三个加工模型：①幂律模型；②Cross-Arrhenius 模型；③Carrean 模型。其中，Cross-Arrhenius 模型同时考虑了温度、压力及剪切速率等因素对黏度的影响，可以很好地描述熔体在高或接近零剪切速率下的流变形为。因此，它比较适合描述塑料成型充模中的流变特性，在熔体充模模拟及流动分析软件中也常选用该模型。其公式如下：

$$\eta(T,\dot{\gamma},p) = \frac{\eta_0(T,p)}{1+\left(\eta_0\dfrac{\dot{\gamma}}{\tau^*}\right)^{1-n}} \tag{7-5}$$

$$\eta_0(T,p) = B\exp(T_b/T)\exp(\beta p) \tag{7-6}$$

式中　η_0——零剪切时的熔体黏度；

T、$\dot{\gamma}$、p——熔体温度、剪切速率和压力。

下面几个是本模型的常数：

τ^* 为复数切应力，表示聚合物的黏弹切应力行为；n 为熔体非牛顿指数；T_b 为零剪切黏度 η_0 时的温度；B 为零剪切黏度 η_0 的水平，由聚合物的相对分子质量等参数决定的常数量；β 为零剪切黏度 η_0 对压力的敏感度。

7.1.3 保压阶段

保压就是在填充过程中保证熔融塑料受到稳定的压力，可以使塑料件在成型过程中始终保持紧密性，可以弥补冷却阶段的塑料收缩。在填充完后，由于受到高温高压的作用，型腔内的塑件有可能会产生收缩或者翘曲，为了解决这些问题，就需要不断地把熔融流体注入型腔中，用以补偿因体积收缩而造成的产品毁坏。保压的最终目的就是保证产品的完整性。保压的压力一般要低于注射压力，但是也需要设置得较为合理。压力过小，可能会导致零件产生气泡，影响美观；压力过大，脱模难度较大，致使产品受到损伤和破坏。

在保压阶段，对其流动分析做部分假设：

1）塑件的厚度要比其他部分尺寸小很多，所以把熔体的流动状态当作 Hele-Shaw 流动。

2）由于剪切力较大，压力在厚度上的影响可忽略不计。

3）熔体的雷诺系数及小，可以将其当成蠕动，因此只要考虑黏性。

根据以上分析，可得到保压控制方程：

连续性方程：

$$\frac{\partial p}{\partial t}+\frac{\partial(\rho u)}{\partial x}+\frac{\partial(\rho v)}{\partial y}+\frac{\partial(\rho w)}{\partial z}=0 \tag{7-7}$$

运动方程：

$$\frac{\partial p}{\partial x}-\frac{\partial}{\partial z}\left(\eta\,\frac{\partial x}{\partial z}\right)=0 \tag{7-8}$$

$$\frac{\partial p}{\partial y}-\frac{\partial}{\partial z}\left(\eta\,\frac{\partial x}{\partial z}\right)=0 \tag{7-9}$$

能量方程：

$$\rho c_p(T)\left(\frac{\partial T}{\partial t}+u\,\frac{\partial T}{\partial x}+v\,\frac{\partial T}{\partial y}\right)=\frac{\partial}{\partial z}\left[k(T)\,\frac{\partial T}{\partial z}\right]+\eta y^2 \tag{7-10}$$

7.1.4 冷却阶段

整个工艺流程中，冷却阶段接近为注射工艺周期的 80%、合理地降低冷却时间可以有效改善产品生产周期。因此在保证能更完整地模拟冷却过程情况下，现对冷却过程进行如下分析：

1）模具的材料可以当成各向同性材料。

2）由于注射产品与模具相接触，因此其中的热阻力可以忽略不计。

3）冷却阶段可以用稳态替代瞬态。

注射件温度场的控制方程：

$$\rho c_p \left(\frac{\partial T_\mathrm{P}}{\partial t} \right) = \frac{\partial}{\partial z} \left(k_\mathrm{P} \frac{\partial T_\mathrm{P}}{\partial z} \right) \tag{7-11}$$

式中　　T_P——塑件温度（K）；

　　　　T——时间（s）；

　　　　k_P——塑件的热导率 $[W/(\mathrm{m \cdot K})]$；

　　　　ρ——塑件密度（$\mathrm{g/cm^3}$）；

　　　　c_p——比定压热容 $[\mathrm{J/(kg \cdot K)}]$。

7.1.5　数值解法及模拟的实现

对于上述这类方程组的求解，解析法往往是无能为力的，只有数值解法才是行之有效的，而这种数值解法通常有：一类是区域型数值解法，如有限元（可适合各类复杂的边界问题，但其计算比较复杂）、有限差分法（它几乎能对所有的偏微分方程求解，但是对复杂区域或边界条件的适应性比较差）；另一类为边界型数值法，如边界元法（它只对边界进行离散，因而可大大节约时间，提高计算的效率）。最早将有限差分法用在注射成型充模模拟中的是 Toor、Ballman 及 Cooper 等人，而 Kamal 等人对其做了更深入的研究。到了 20 世纪 70 年代后，有限元法也被引入充模流动模拟中，并在此基础上发展出了两种简化的数值模拟技巧：偶合流动路径法（Coupled-Flow-Path）及流动分析网络法（Flow-Analysis-Network）。进入 20 世纪 80 年代，Wang 等人提出了控制容积法（Control-Volume Scheme），该方法在充模流动模拟时，在厚度及时间步长上采用有限差分法，而在平面坐标中采用有限元法来进行离散。在确定熔体前沿位置时，用控制体积来代替矩形单元，这样可以更加接近实际的流动状况。因此，它被广泛用于熔体充模过程的模拟及一些流动分析软件中。

7.1.6　CAE 模流分析主要程序和应用

CAE 模流分析与一般 CAE 技术相同，主要分成三个部分：前处理、求解器计算和后处理。前处理主要是建立几何模型、建构网格、设定相关边界条件及相关设定、给定相关的材料特性等；求解器计算主要是读取前处理所完成的相关档案（含几何网格档、材料档、加工档），依照输入的条件，利用数值方法求解；后处理则是将解算所得的结果，利用人机接口的流域分布图、历程图、动画图让使用者能迅速了解结果。

CAE 模流分析应用于射出成型，主要是使用计算机仿真分析来协助诊断与开发复杂的产品与制程；特别是它能快速地整合产品与模具设计的特性，高分子材料复杂的流变特性、热性质、压力、比热容、温度相依性、力学性质，以及各项操作条件的设定，让设计及开发人员能针对产品设计或模具设计进行解析，也可针对已有的模具进行问题诊断。

另外，CAE 模流分析有虚拟现实化及让程序可视化的优点，让设计及开发人员能适切地了解重要参数的影响，再利用此等特性进行设计修正，让所需的实际试模次数降至最低。当完成产品设计及模具设计后，并不直接进行模具制作，而是利用 CAE 模流分析整合整体制程参数进行计算机仿真与分析，并不断地修正设计或参数不佳处，直到整体系统达到良好（或客户可接受）时，再进行真实的模具制作。随后进行实际试模及修模相关工作，等一切顺利后即可进行量产。应用 CAE 模流分析可让所需实际试模次数降至最低，降低开发的费用并提升效能。传统塑料射出成型制程开发的流程如图 7-1 所示。

应用 CAE 模流分析技术，必须了解分析结果的可信度取决于许多良好及适切的物理模式、数值方法、材料参数、几何模式及用户的工程背景知识及相关技巧。倘若不当地输入不正确的参数，或不认真地执行，都可能导致不合理的结果。而搭配良好友善的模流分析软件，更能使开发过程获得事半功倍的效果。

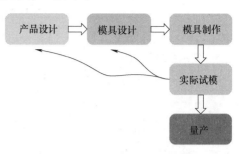

图 7-1　传统塑料射出成型制程开发的流程

7.2　Moldex3D 模流分析软件简介

Moldex3D 是科盛科技股份有限公司于 1995 年研发的一款注射 CAE 软件，以计算机辅助工程（CAE）技术为核心，提供专业的模拟技术，给予塑胶注射成型产业最佳化的服务，在量产前可以及时优化设计，解决产品开发问题，降低开发成本，并提升产品品质。近年来，相比于较为普及的 Moldflow 软件，Moldex3D 更加与时俱进，开发了其具有特色的模块组，例如热流道浇注系统、异型水路等模块，为产品设计提供了更多的优化方案。

CAE 模流分析的核心为软件，好的软件加上正确地使用，可引导使用者快速解决问题。目前 CAE 商用软件应用于射出成型模流分析不少，其中 Moldex3D 为全世界首先将三维实体技术应用于射出成型模流分析成功的软件，经多年的不懈努力，整合严谨的学术背景知识，并经数以千计的工业界实际案例的千锤百炼，不断提升产品的广度、深度及精度。目前，Moldex3D 是工业界最完整的模流工具，可协助使用者分析处理各种不同产品，如厚件产品、薄件产品、厚薄件变化产品、复杂几何产品、多型腔设计、微小射出成型、其他产品等。另外，若以应用的产业探究，Moldex3D 已广泛地应用于各式各样的塑料射出产业，如汽车、计算机外壳、家用电器、航空航天、通信器材、半导体工业、民生用品、关键零部件、光电产品、其他产品等。

Moldex3D 完整提供设计链各个阶段所需要的不同分析工具，如图 7-2 所示。eDesign 系列是一套完整的产品与模具设计工具，方便模具设计者在模具加工前快速进行验证。Professional 以及 Advanced 是高阶的塑料射出成型工程分析与优化软件，对各种先进制程均提供深入完整的分析功能。Moldex3D 软件的优势在于 CAD 嵌入式前处理、高级自动 3D 网格引擎、高解析三维网格技术、高效能平行运算。

Moldex3D 的产品与模块列表见表 7-1。

图 7-2　Moldex3D 对塑料射出成型制程提供的完整工具

表 7-1　Moldex3D 的产品与模块列表

	Professional Basic	eDesign	Professional	Advanced
网格建构技术				
BLM（边界层网格）	●		●	●
eDesign	●	●	●	●
Solid（Hexa，Prism，Pyramid，Hybrid）				●
Shell（2.5D 薄壳网格）				●
标准射出成型模块				
计算能力				
同时可进行分析计算的最大数目	1	1	1	3
平行运算（最大 CPU 核心数）	4	4	8	12
云端运算	●	●	●	●
材料库[1]	●	●	●	●
热塑性塑料射出成型（IM）	●	●	●	●
反应射出成型（RIM）	●	●	●	●
仿真功能				
流动分析	●	●	●	●
表面缺陷预测	●	●	●	●
排气设计	●	●	●	●
浇口设计	●	●	●	●
冷流道及热流道	●	●	●	●
流道平衡	●	●	●	●
机台响应[2]	○	○	○	○
保压分析		●	●	●
冷却分析		●	●	●
瞬时模具冷却或加热		●	●	●
异形冷却		●	●	●
3D 实体水路分析（3D CFD）		○	●	●
快速温度循环		●	●	●
感应加热		●	●	●
加热元素		●	●	●
翘曲分析		●	●	●
嵌件成型	●	●	●	●
多射依序成型		●	●	●
进阶分析模块				
CAD 协作工具				
SYNC[3]	○	○	○	○
Moldex3D CADdoctor	○	○	○	○

（续）

	Professional Basic	eDesign	Professional	Advanced
纤维强化塑件分析				
纤维分析④	○	○	○	○
FEA 界面⑤	○	○	○	○
微观力学界面⑥	○	○	○	○
Moldex3D Digimat-RP	○	○	○	○
力学				
应力分析		○	○	○
力学分析			○	○
光学				
黏弹性分析（VE）		○	○	○
光学分析				○
设计管理与优化				
专家分析（DOE 实验设计优化）		○	○	○
进阶热流道分析（AHR）		○	○	○
模内装饰分析（IMD）			○	○
API	○	○	○	○
特殊成型制程模拟				
粉末注射成型（PIM）	○	○	○	○
发泡射出成型（FIM）		○	○	○
气体辅助射出成型（GAIM）			○	○
水辅助射出成型（WAIM）			○	○
共射射出成型（CoIM）			○	○
双料共射成型（BiIM）			○	○
PUR 化学发泡（CFM）			○	○
压缩成型（CM）				○
射出压缩成型（ICM）				○
树脂转注成型（RTM）				○

注：● 为产品内含模块功能；○ 为产品可加购模块功能。

① 材料库：热塑性材料、热固性材料、成型机、冷却液、模具材料。

② 机台响应功能需要由机台特性服务所取得的档案来启用。

③ Moldex3D SYNC 支持 CAD 软件：PTC、Creo、NX、SolidWorks。

④ 扁纤与流纤耦合功能需要额外的授权：EnhancedFiber。

⑤ Moldex3D FEA 接口模块支持结构分析软件：Abaqus、ANSYS、MSC. Nastran、NX. Nastran、LS-DYNA、MSC. Marc、OptiStruct。

⑥ Moldex3D 微观力学接口模块支持结构分析软件：Digimat、CONVERSE。

Moldex3D 操作系统和硬件需求见表 7-2 和表 7-3。

表 7-2　操作系统

平台	操作系统	备注
Windows/x86-64	Windows 10 系列 Windows 8 系列 Windows 7 系列 * Windows Server 2012 R2 ** Windows Server 2016 Windows Server 2019	Moldex3D 2021 已通过认证并支持 Windows 10 *：Windows 7 平台将在下一个正式版本后停止支持 **：需要更新到 KB2919355 或更新的版本
Linux/x86-64	CentOS 7 系列 CentOS 8 系列 RHEL 7 系列 RHEL 8 系列	Linux 平台仅用于计算资源。Moldex3D LM、前处理、后处理都不支持 Linux 平台

表 7-3　硬件需求

基本	
CPU	Intel ® Core i7 Sandy Bridge 系列
RAM	16GB
HDD	1TB
建议	
CPU	Intel ® Xeon Platinum 8000 系列
RAM	64GB
HDD	4TB
显卡（Graphic Card）	NVIDIA Quadro 系列，AMD Radeon 系列
屏幕分辨率（Screen Resolution）	1920×1080

注：为了增加计算效能和稳定性，建议关闭 RC/DMP 下的 Hyper-Threading RC/DMP。

为让读者能了解其特性及适用性，以及如何有效了解相关分析技术，后续章节将逐次说明 Moldex3D 分析理论技术与应用，并针对三维实体模流分析功能进行剖析，辅以工业界应用实例进行指引。

7.3　Moldex3D 三维实体网格简介

7.3.1　概述

本小节介绍 Moldex3D 实体网格的一些基本概念，再推及如何应用其执行模拟与分析，并使用范例进行程序说明。进行 3D 实体模型分析时，前处理的程序是非常重要的一环，本章将介绍支持的元素类型，以及常用的网格建造方法。首先是 eDesign 网格，程序依据用户指定的网格层级自动建构出三维实体网格，由于此种网格建构技术简单易用，适合初学者学习。接着将进行边界层网格（Boundary Layer Meshing，BLM）的范例说明，基本上 BLM 是四面体（Tetra）与棱柱体（Prism）元素的混合形式，以往此类混合形式的网格需要耗费许多时间进行手动调整，以及相当有经验的前处理工程师才能进行，是由 Moldex3D 开发的方便易用的功能，已可让初学者轻易利用几个功能键打造出 BLM，增加分析的准确度。

7.3.2 三维实体模型的基本概念

从塑件的几何观点而言，传统 2.5D 薄壳模型能够满足大部分的射出件，但是使用传统 2.5D 薄壳模型仿真时，需要适切地选取薄壳模型的中间面，在许多不符合薄壳假设的区域，如图 7-3 所示选取中间面有时是相当令人困惑的，不知道从何下手。加上简化为薄壳模型的过程中，部分几何特征如倒角、厚度转换的区域是被迫忽略的，在 3D 实体模型分析里，这些特征却是完整被考虑且不需简化的。

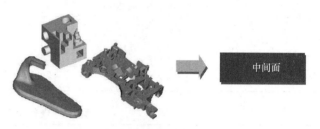

图 7-3　薄壳模型中间面选取困难

实体网格由于并未对几何做简化，因此分析的结果较传统 2.5D 薄壳分析更精确，一些 3D 实体的射出现象如喷泉流动、转角处的影响、纤维配向所造成的翘曲等，3D 实体模型分析皆能准确抓取趋势并提高分析的分辨率。尤其对于一些粗厚件，2.5D 薄壳分析因理论上的简化，使其模流分析无法准确预测流动充填行为，甚至会得到使人误解的结果，如图 7-4 所示。

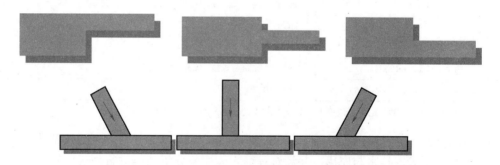

图 7-4　用户应用薄壳模型时将无法区分几何形式的差异

随着计算机计算能力的不断提升，应用三维实体模型进行模流分析，已经是目前模流分析的主流，如图 7-5 所示。Moldex3D 以其全球领先的真实三维模流分析技术，提供广泛且深入的分析验证及解决方案。基于实体混合网格和高效能有限体积网格计算法，Moldex3D 能让用户优化产品设计并精准预测产品的可制造性，可广泛应用于各种案例，呈现真实三维模拟结果。

7.3.3 网格元素介绍

Moldex3D 网格支持各种不同的网格类型，包含 2D 三边形及 3D 四面体（Tetra）、六面体（Hexa）、金字塔体（Pyramid）、棱柱体（Prism）等，并提供不同的网格生成技术，包含 eDesign、Tetra/BLM、Hybrid（混合）。实体分析网格的最简单建立方法是 eDesign 网格，使用者可以很快通过 eDesign 技术建构完成实体模型，其次是 Tetra 与 BLM 生成技术，它支

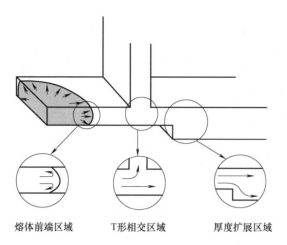

熔体前端区域　　　　T形相交区域　　　　厚度扩展区域

图 7-5　真实 3D 流动形式

持更多进阶制程的分析,在半自动网格生成技术下,大多数产品的三维实体网格模型都可以在短时间内完成;而对于高阶功能有需求的用户,Moldex3D 也提供混合(Hybrid)实体网格建构技术,如图 7-6 所示,此项技术优势可让使用者手动控制网格类型与分辨率并有效维持网格元素的总量,虽然使用者的网格技能要求较高,但若使用者熟悉此技术后,更能体验到这项技术带来的效果。Moldex3D 支持的三种网格划分方法包括 eDesign、BLM、Solid,三者之间的对比见表 7-4。不同类型实体网格如图 7-7 所示。

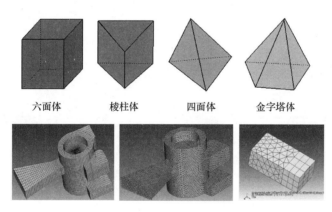

六面体　　　　　棱柱体　　　　　四面体　　　　金字塔体

图 7-6　混合 3D 实体网格

表 7-4　不同网格划分方法对比

设计验证(eDesign)	模流创新(BLM)	模流创新+(Solid)
自动化网格生成	自动化网格生成	手动化控制网格 (Hexa,Prism,Pyramid,Hybrid)
CAD/PLM 整合	CAD/PLM 整合 制程优化	制程优化 特殊制程的支持
简单、快速、效率	精细、准确、效率	客制化、精细、准确

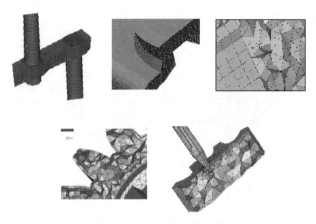

图 7-7　不同类型实体网格

注射成型与一般 CAE 分析不同地方在于，注射件在厚度方向的物理性质变化是最剧烈的，因而厚度方向的网格分辨率可能影响整体分析的结果。以图 7-8 为例，厚度方向只有一层网格，温度分布则显示均一的结果。但是若修正网格分辨率为在厚度方向有 4 层时，温度分布中显示出中间图层间有较高的数值。很明显地，借由提高网格分辨率，能掌握更多精细的物理现象，显示合适网格分辨率也是仿真分析结果好坏的决定性要素之一。

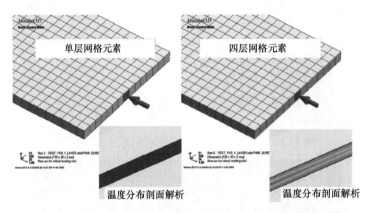

单层网格元素　　　　　　　　　　四层网格元素

温度分布剖面解析　　　　　　　　温度分布剖面解析

图 7-8　网格元素分辨率与温度场分布

7.4　Moldex3D 建立实体 3D 网格要领

7.4.1　实体网格设计注意事项

在建构网格前，必须清楚仿真分析要取得何种信息，网格将在接下来的工作中扮演重要的角色，而在工作开始前这是需要详细考虑的。实体网格设计的相关注意事项如下：

1. 良好的分辨率

如前所述，合适的网格分辨率及元素数量可帮助用户得到精确的结果。

2. 内存容量

内存问题应该在一开始时就注意，例如硬件的限制以及计算的效率。精确的分析结果需有高分辨率的网格，但也会受限于系统硬件。以 2GB 内存来说，元素的上限约为 100 万个 Tetra 元素或者 80 万个 Hexa 元素。如果执行标准冷却分析，型腔元素应尽可能地减少以避免内存不足的问题。

3. 有效的计算时间

使用者应该确认如何在预期的时间内完成模拟分析，而可能影响 Moldex3D 计算时间的因素如下：

1) 元素数量与型态。

2) 计算机规格与数量。

3) 加速处理器。

4) 填充纤维的聚合物的流动分析。

4. 模型的范围

模型的范围取决于用户想要计算的多少和想要分析的问题。例如，如果用户只想确定浇口位置，增修型腔部分的网格即可；若主要是比较不同冷却系统的效率，则整个模型均需建立。

5. 设计变更

Moldex3D 的价值在于比较不同的设计、选择较佳的设计或是避免将来可能出现的问题。不过，在修改设计时，实体网格通常并不比薄壳模型容易。建议最好预先设想将来可能的变更，并将实体网格切割成数块，以便修正。

6. 几何分割

无论网格的类型是 Tetra、BLM 或是 Hybird，都建议分割实体网格。它将帮助使用者在不同的区块建构网格，如图 7-9 所示。这将在未来的修改过程中，提供更高的弹性。可以在单一 Tetra 区域、多 Tetra 区域、两者均有或是在混合网格中建构，所以在网格建构前，使用者应依据几何设计分割不同区块的网格。

有效的分割实体网格，将更方便使用者进行不同设计变更的建立。若模拟的目

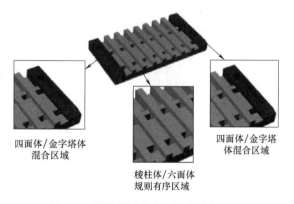

四面体/金字塔体混合区域

棱柱体/六面体规则有序区域

四面体/金字塔体混合区域

图 7-9　根据使用者的几何设计来分割

的是计算不同的浇口位置将如何影响射出成型，将需要储存数组不同位置的浇口设计，如图 7-10 所示，此时分割几何便可快速变更网格模型。

7. 简化实体模型

欲通过使用实体网格模型来得到与真实情况相同的形状是可行的但不是必要的，通常忽略小特征或者简化以方便网格的制作，避免遭遇网格质量问题或是元素数量的问题，如图 7-11 所示。

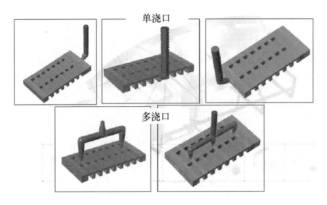

图 7-10　储存不同位置的浇口设计

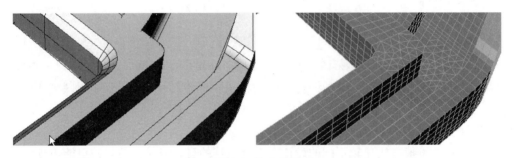

a) 小肋条/凹槽可以被简化

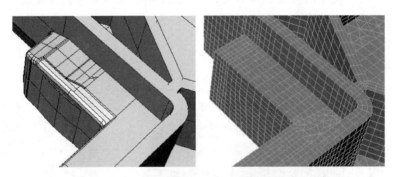

b) 不需要精确描述琐碎的特征

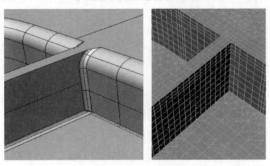

c) 适当简化模型对分析结果没有影响

图 7-11　可以适当简化的实体模型

7.4.2　实体网格建立流程

Moldex3D 具有强大的网格划分技术的前处理工具与支持不同的网格元素型态，以提高实体网格产生效率，可以产生纯三边形网格与四边形为主的表面网格，支持自动四面体、边界层网格、混合实体网格，与 voxel（三维像素）型态实体网格结合可以产生高质量的三维实体网格，提供自动检核与自动修复工具以确保网格质量的分析准确性。以下是对 Moldex3D 网格支持的网格输入/输出格式而言的，通常建立实体网格的基本流程如图 7-12 所示。Moldex3D 网格支持的网格输入/输出格式见表 7-5。

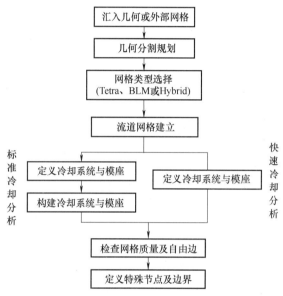

图 7-12　实体网格建立的基本流程

表 7-5　**Moldex3D 网格支持的网格输入/输出格式**

软件	三维实体网格		薄壳网格	
	输入	输出	输入	输出
ABAQUS		*.inp	*.ans	
ANSYS	*.ans	*.ans	*.unv	*.ans
FEMAP	*.neu		*.unv	
HyperMesh	*.ans		*.msh	
IDEAS	*.unv			
Moldex3D	*.mfe			*.msh
MSC. Nastran	*.dat			
MSC. Patran			*.pat	
Creo（Pro/Engineer）				
STL				*.stl

思 考 题

1. 简述 CAE 的定义及其意义。
2. Moldex3D 模流分析的优势有哪些？
3. 模流分析充填、保压、冷却的本构方程分别是什么？
4. 网格划分的类型及其特点有哪些？
5. 简述实体网格建构的流程。

第8章　Moldex3D 前处理网格划分步骤

本章提供 Moldex3D eDesign 的进一步教学，说明如何用 Moldex3D Designer 来完成完整的网格模型，包括流道、水路与模座等。接着执行充填、保压、冷却及翘曲的完整分析，并在完成分析后针对各项分析结果进行结果判读与探讨。

8.1　前处理程序——eDesign 模式

8.1.1　启动 Moldex3D Designer

1）双击桌面上的 M 图标，以启动 Moldex3D Designer。

2）Moldex3D Designer 提供两种网格产生方式，eDesign 模式和边界层网格（BLM）模式，如图 8-1 所示。选择『eDesign 模式』后单击『确定』按钮开始进行网格前处理的准备。

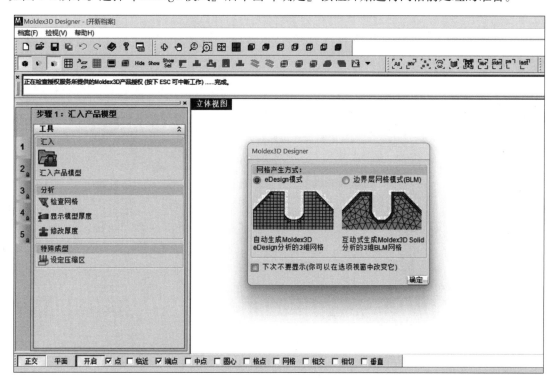

图 8-1　Moldex3D Designer 启动界面

8.1.2　步骤1：汇入产品模型

1）单击『汇入产品模型』图标来选择汇入几何模型，如图 8-2 所示。

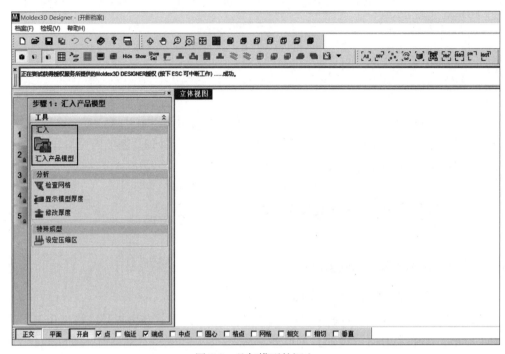

图 8-2　几何模型的汇入

2）在随即弹出的如图 8-3 所示的『打开』对话框中，选取 STL 格式的文件类型，汇入对象的默认属性为『塑件』。

图 8-3　选择要汇入的几何模型

3）在图 8-4 所示的对话框中，选择模型单位，如『公厘（mm）』，单击『确定』按钮。

图 8-4　设定模型的单位

4）在完成汇入后，模型会显示在窗口中，如图 8-5 所示。

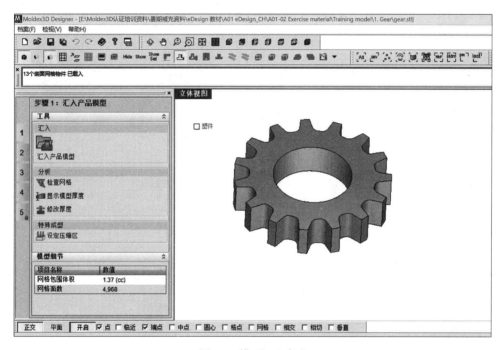

图 8-5　模型汇入完成

① 单击『检查网格』按钮进行网格的检查，如图 8-6 所示。

② 若网格有缺陷，单击『是』按钮进行网格修复，如图 8-7 所示。

③ 单击『修复精灵』图标，进行网格自动修复，如图 8-8 所示。

④ 设定修复的公差值后单击『执行』按钮进行网格自动修复，自由边、T 连接边、重叠网格为 0 后修复结束。单击左侧的数字『2』按钮进行流道系统的建立，如图 8-9 所示。

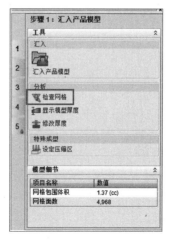

图 8-6　几何网格检查

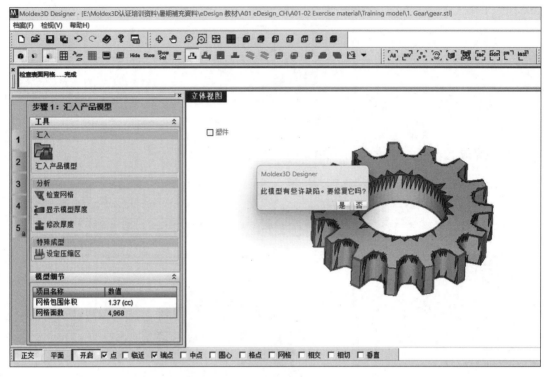

图 8-7　几何网格缺陷

图 8-8　网格修复

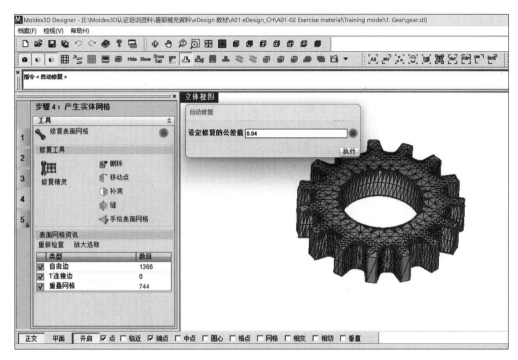

图 8-9　网格修复执行界面

8.1.3　步骤 2：建立流道系统

在建立流道系统的工具栏中提供浇口、流道、进浇点及对称等工具，使用者可以按照由上而下的顺序，逐步建构出流道系统，在每个类别中提供精灵与手动两大类功能让用户依需求选择最适合的操作方式。

1）使用『浇口精灵』功能进行浇口的指定，如图 8-10 所示。

① 如果不能确定浇口位置，单击『建议浇口位置』按钮，系统在对模型进行计算后给出适宜设置浇口的位置作为参考。如果需要更改浇口类型，也可以按图 8-11 所示重新设定浇口类型。使用『针点浇口』功能后直接在模型上单击选择浇口位置。

图 8-10　『浇口精灵』操作栏

图 8-11　浇口类型的重新设定

② 在左侧工具栏进行针点浇口的尺寸设定，如图 8-12 所示完成后单击『 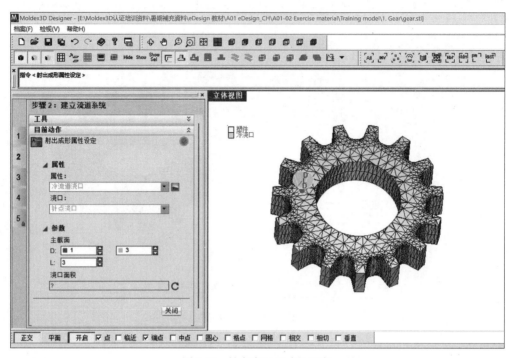 』按钮继续新增浇口。

图 8-12　针点浇口尺寸的设定

③ 在模型上新增另一个浇口位置，如图 8-13 所示。

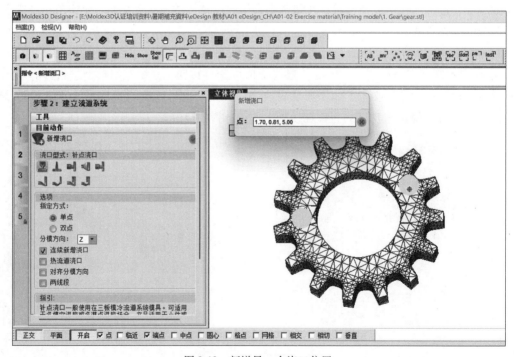

图 8-13　新增另一个浇口位置

④ 单击『』按钮完成浇口设定，模型浇口设定完成后的窗口如图 8-14 所示。

2）建立流道可以使用『流道精灵』功能自动生成，也可以选择将已绘好的流道文件汇入，还可以选择『手绘』工具进行手动绘制，如图 8-15 所示。其中，使用『流道精灵』功能自动建立流道的具体操作包含以下两步。

图 8-14　模型浇口设定完成模型图

图 8-15　『流道精灵』操作栏

① 流道精灵共分为模具设定、直浇口设定和流道设定，如图 8-16 所示。依序进行相关参

数设定，并利用 与 按钮进行界面的切换。

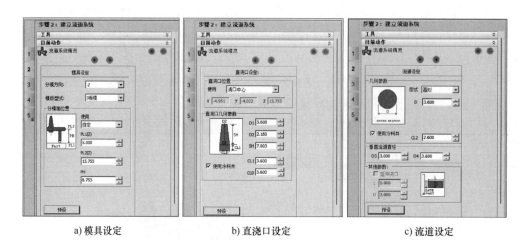

a) 模具设定　　　b) 直浇口设定　　　c) 流道设定

图 8-16　建立流道系统时的设定

② 单击『 』按钮完成流道系统的建立，程序会显示如图 8-17 所示流道系统设定完成后的模型图。

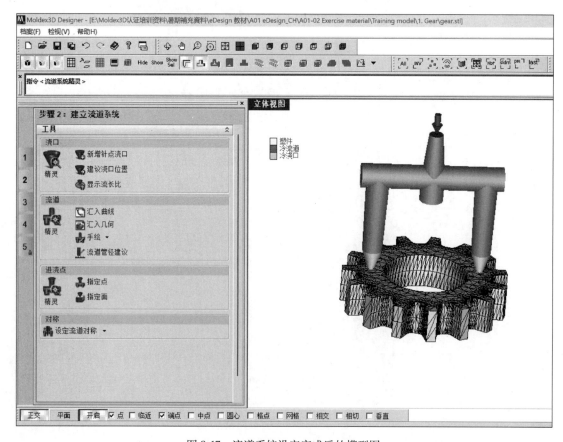

图 8-17　流道系统设定完成后的模型图

8.1.4　步骤 3：设定冷却系统

1）切换到『步骤 3：设定冷却系统』，使用『模座精灵』功能建立模座，如图 8-18 所示。

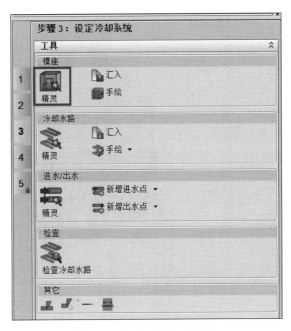

图 8-18　『模座精灵』操作栏

① 单击『模座精灵』按钮，自动生成模座，可对模座参数进行修改和设定。如图 8-19 所示，模座精灵共分为尺寸设定与高度设定。使用 ◄ 与 ► 按钮进行界面的切换，完成模座的相关尺寸设定。

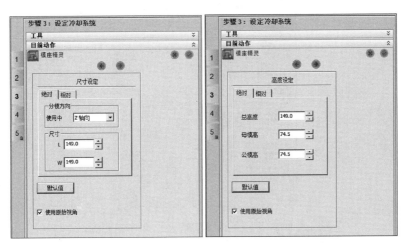

a）尺寸设定　　　　　　　　b）高度设定

图 8-19　模座的尺寸和高度设定

② 模座参数设定完成后，单击『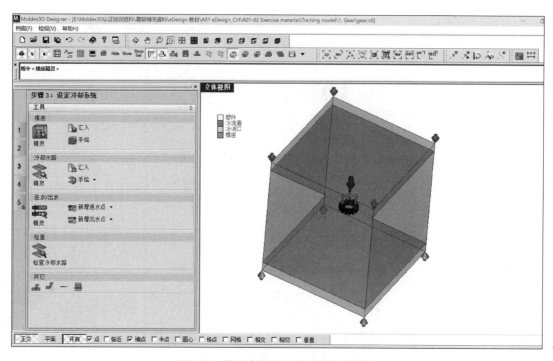』按钮完成模座的建立，效果如图 8-20 所示。

图 8-20　模座参数设定完成后的模型图

2）建立冷却水管可以使用『冷却水管精灵』功能自动生成，也可以选择将已绘好的冷却水管文件汇入，还可以选择『手绘』工具进行手动绘制。其中，通过『冷却水管精灵』工具自动建立流道方法如图 8-21 所示，首先单击『冷却水管精灵』按钮，自动生成冷却水管。

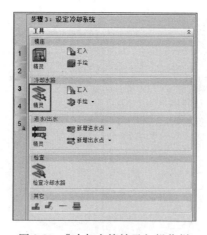

图 8-21　『冷却水管精灵』操作栏

① 对自动生成的冷却水管的参数进行修改和设定。冷却水路精灵共分为基本设定与进阶设定，如图 8-22 所示。使用与按钮进行界面的切换，完成水路的相关设定。

a) 基本设定

b) 进阶设定

图 8-22　冷却水路设定

② 单击『　』按钮完成冷却水路的建立，效果如图 8-23 所示。

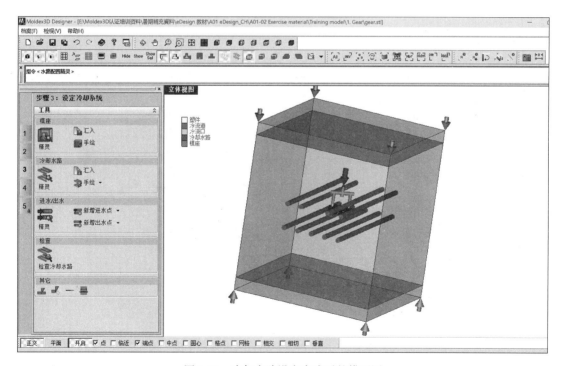

图 8-23　冷却水路设定完成后的模型图

3）使用『进水/出水精灵』功能建立进水/出水点，如图 8-24 所示，单击『进水/出水精灵』按钮。

① 进水/出水精灵自动产生『冷却液入口』和『冷却液出口』，并给各个入口和出口自动编号，如图 8-25 所示。

图 8-24 『进水/出水精灵』操作栏

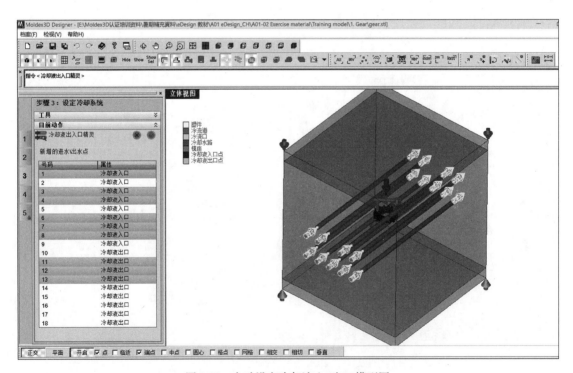

图 8-25 自动设定冷却液入/出口模型图

② 单击『⊚』按钮完成进水/出水点的建立，效果如图 8-26 所示。

③ 使用『检查冷却水路』功能，如果没有问题可以进行下一步，如果有问题按照提醒进行修改，如图 8-27 所示。

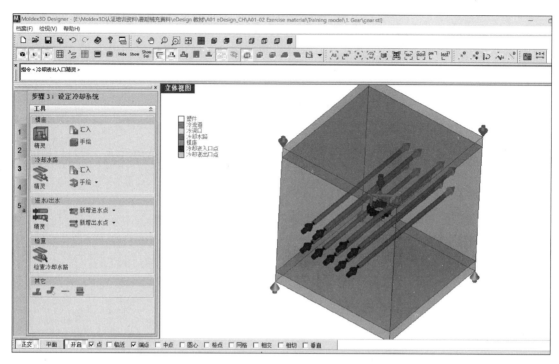

图 8-26　冷却系统进/出水点设定完成后的模型图

8.1.5　步骤 4：产生实体网格

在完成流道、模座与水路的建构后，切换至步骤 4 准备进行实体网格的生成。

1）在图 8-28 中单击『生成』按钮，进行网格层级设定。

图 8-27　『检查冷却水路』操作栏

图 8-28　『产生实体网格』操作栏

2）网格等级分为 1~5 级，可根据需求设定，比如『等级 4』，如图 8-29 所示。通常网格等级越高，产生的网格单元数越多，准确度越高，但运算时间就越长；反之，网格等级越低，产生的网格单元数越少，准确度降低，但运算时间缩短。一般将网格等级设定为『等级 4』，网格等级推荐 3~5 级。

图 8-29　实体网格等级的设定

3）单击『 ⚫ 』按钮，程序将自动产生实体网格并显示进度，如图 8-30 所示。

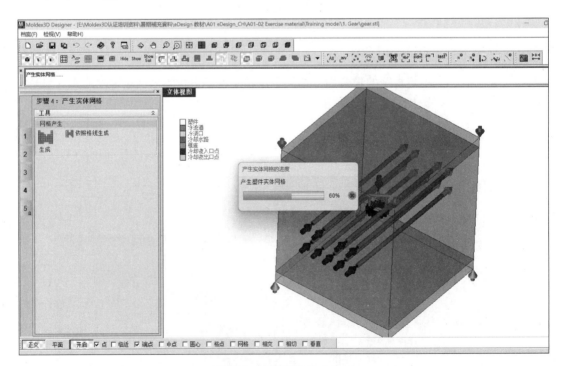

图 8-30　实体网格生成窗口

4）完成实体网格产生，模型细节信息将在图 8-31 所示左侧工具栏中显示。

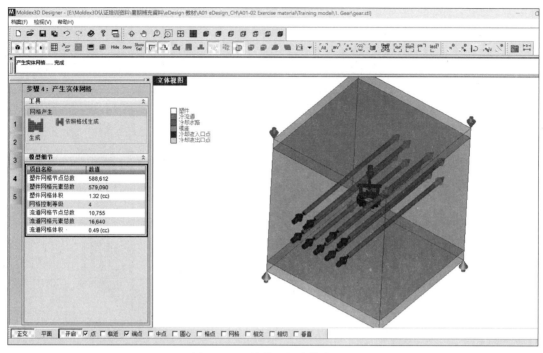

图 8-31　网格模型细节信息显示

8.1.6　步骤 5：输出网格模型

1）切换到『步骤 5：输出网格模型』界面，单击『储存分析用网格档』按钮将建立完的网格档案汇出，如图 8-32 所示。

图 8-32　『输出网格模型』工具栏

2）在档案路径与名称设定后，单击『另存为』按钮，将网格模型导出为 *.mde 档，如图 8-33 所示。

3）当系统弹出图 8-34 所示的信息提示对话框时，表示网格模型已成功输出。

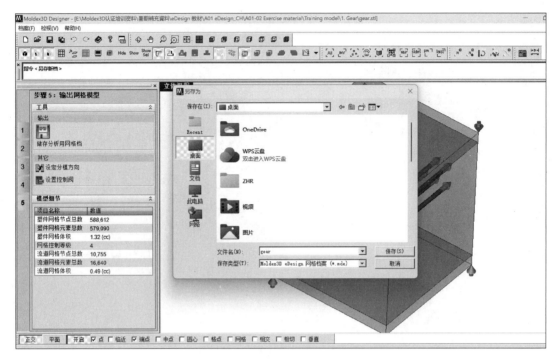

图 8-33　保存网格模型

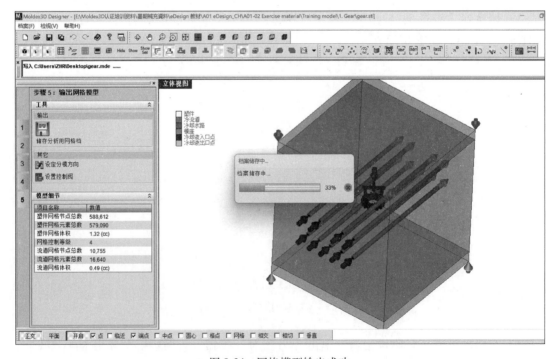

图 8-34　网格模型输出成功

8.2　前处理程序——边界层网格（BLM）模式

8.2.1　启动 Moldex3D Designer

1）双击桌面上的⦿图标，以启动 Moldex3D Designer。

2）Moldex3D Designer 提供两种网格产生方式，如图 8-35 所示，选择『边界层网格模式（BLM）』后单击『确定』按钮开始进行网格前处理的准备。

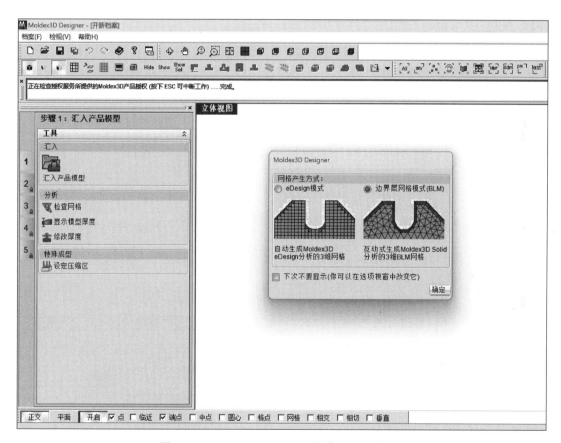

图 8-35　Moldex3D Designer 网格前处理初始界面

8.2.2　步骤 1：汇入产品模型

1）单击『汇入产品模型』来选择汇入几何模型，如图 8-36 所示。

2）在弹出如图 8-37 所示『打开』对话框中，取 STEP 格式的文件类型，汇入对象的默认属性为『塑件』。

3）在完成汇入后，模型会显示在窗口中，如图 8-38 所示。

① 单击『几何检查』按钮，查看几何是否有缺陷，如果有缺陷进行几何修复，如图 8-39 所示。

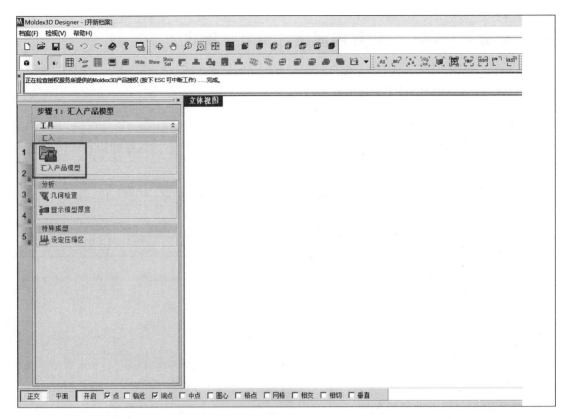

图 8-36　汇入产品模型窗口

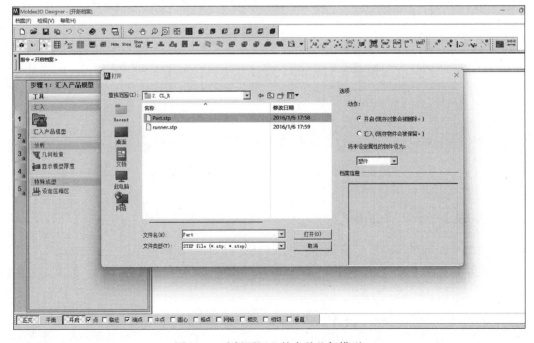

图 8-37　选择要汇入的产品几何模型

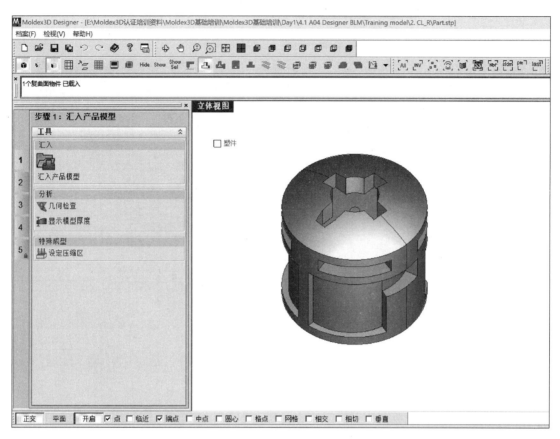

图 8-38　模型汇入完成

② 单击『CADdoctor』按钮，自动开启 CADdoctor，如图 8-40 所示。

图 8-39　『几何检查』操作栏

图 8-40　『CADdoctor』操作栏

③ 依次单击『』『』『』三个按钮，自动修复几何模型，最后单击『』按钮导出（注意不是关闭修复界面），单击左侧的数字『2』按钮进行流道系统的建立，如图 8-41所示。

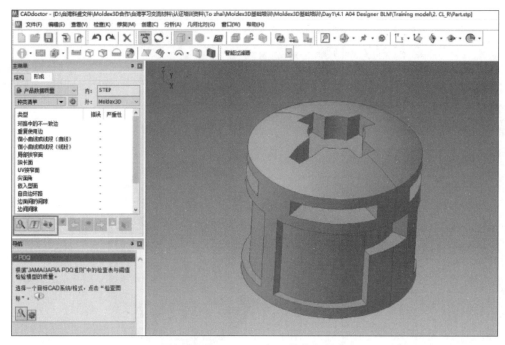

图 8-41 『CADdoctor』几何修复界面

8.2.3 步骤 2：建立流道系统

在建立流道系统的工具栏中提供浇口、流道、进浇点及对称等工具，使用者可以按照由上而下的顺序，逐步建构出流道系统，在每个类别中提供精灵与手动两大类功能让用户依需求选择最适合的操作方式。

1）使用『流道/汇入几何』功能进行流道几何的汇入操作，如图 8-42 所示。

图 8-42 流道几何的汇入

① 在弹出的『打开』对话框中，选取 STEP 格式的文件类型，汇入对象的默认属性为『冷流道』，如图 8-43 所示。

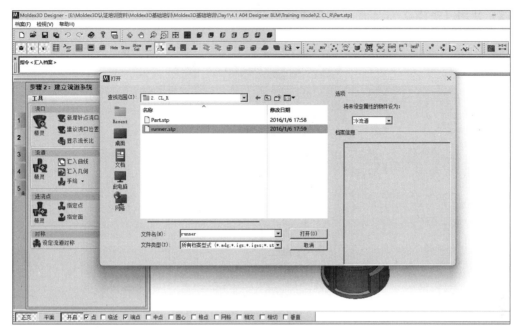

图 8-43　『打开』对话框

② 在完成汇入后，模型会显示在窗口中，单击左侧的数字『2』进行流道系统的建立，流道完成效果如图 8-44 所示。

图 8-44　流道完成效果

2）使用『进浇点/指定面』功能进行进浇面的指定，如图 8-45 所示，单击『指定面』按钮。

图 8-45　『进浇点/指定面』工具栏

① 依照提示在实体对象上的曲面进行进浇面的指定，如图 8-46 所示。

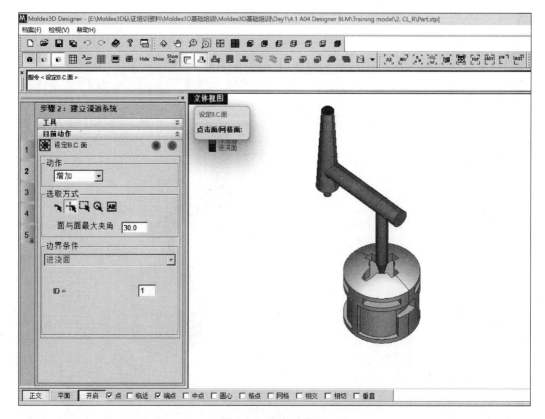

图 8-46　指定进浇面

② 完成后单击『 　 』按钮结束指令，进浇面设定完成效果如图 8-47 所示。

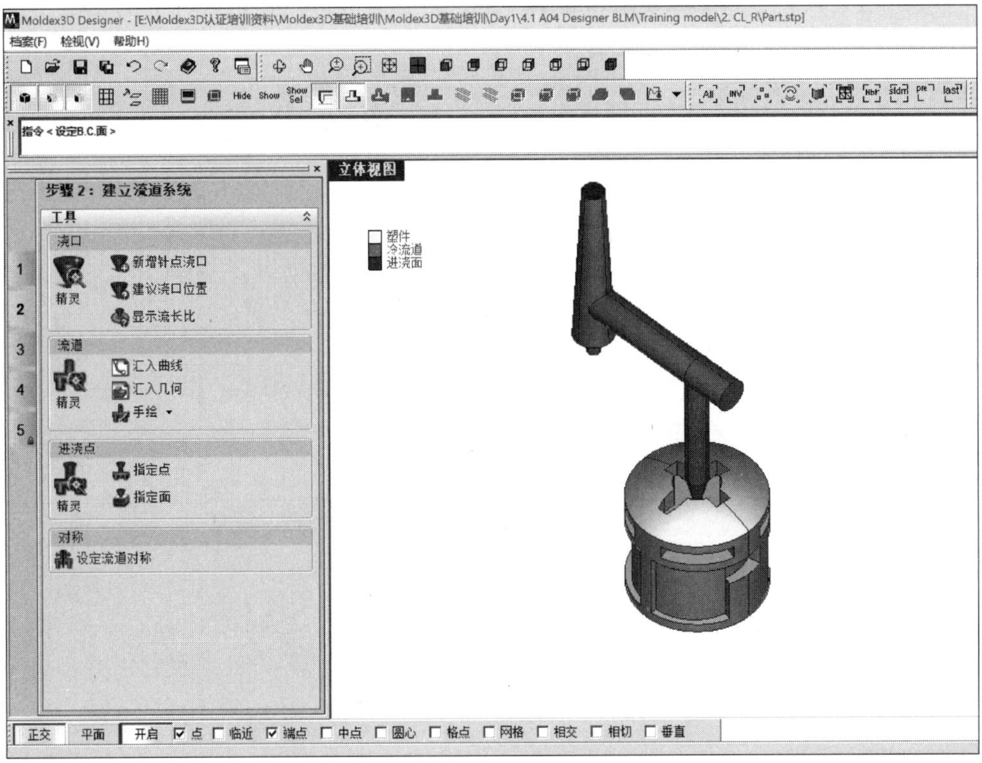

图 8-47　进浇面设定完成效果

8.2.4　步骤 3：设定冷却系统

1）单击左侧工作区的数字『3』按钮，切换到『骤步 3：设定冷却系统』，使用『模座精灵』功能建立模座，如图 8-48 所示。

图 8-48　『模座精灵』工具栏

① 单击『模座精灵』按钮，自动生成模座，可对模座参数进行修改和设定。如图 8-49 所示，『模座精灵』共分为尺寸设定与高度设定。使用 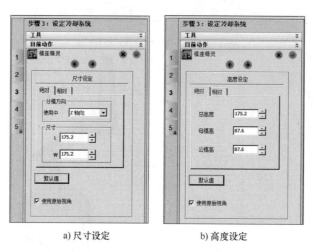 与 按钮进行界面的切换，完成模座的相关尺寸设定。

a) 尺寸设定   b) 高度设定

图 8-49 模座的尺寸和高度设定

② 单击『 』按钮完成模座的建立，效果如图 8-50 所示。

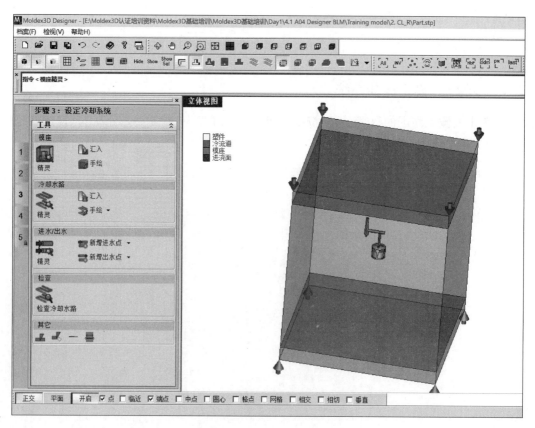

图 8-50 模座设定完成后的效果

2）使用『冷却水管精灵』功能建立冷却水管，如图 8-51 所示，单击『冷却水管精灵』
按钮。

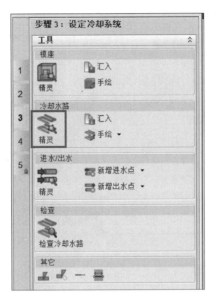

图 8-51　『冷却水管精灵』工具栏

① 冷却水路精灵共分为基本设定与进阶设定，如图 8-52 所示。使用 与 按钮进行界
面的切换，完成水路的相关设定。

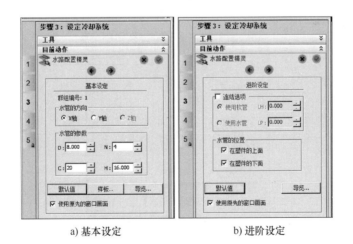

a) 基本设定　　　　　　　　b) 进阶设定

图 8-52　冷却水路设定

② 单击『 』按钮完成冷却水路的建立，冷却水路设定完成后的模型图如图 8-53
所示。

3）使用『进水/出水精灵』功能建立进水/出水点，如图 8-54 所示，单击『进水/出水
精灵』按钮。

① 进水/出水精灵自动产生『冷却液入口』和『冷却液出口』，并给各个入口和出口自

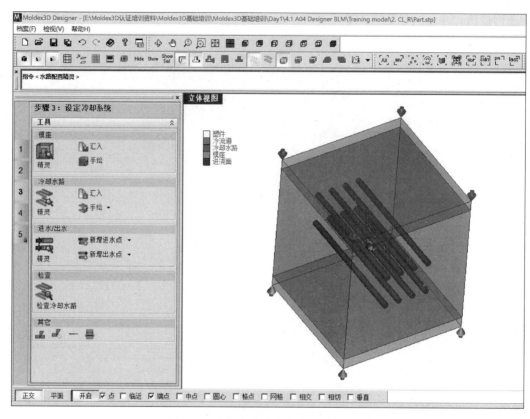

图 8-53 冷却水路设定完成后的模型图

图 8-54 『进水/出水精灵』工具栏

动编号，如图 8-55 所示。

② 最后，点选『  』完成进出水点的建立，效果如图 8-56 所示。

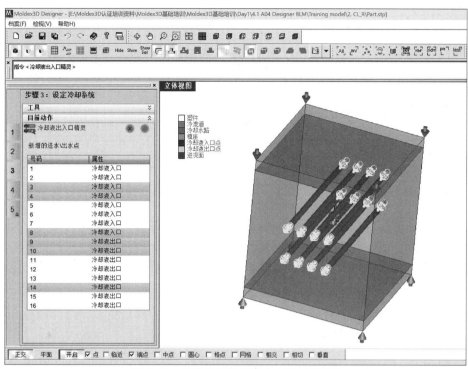

图 8-55　自动设定冷却液入/出口模型图

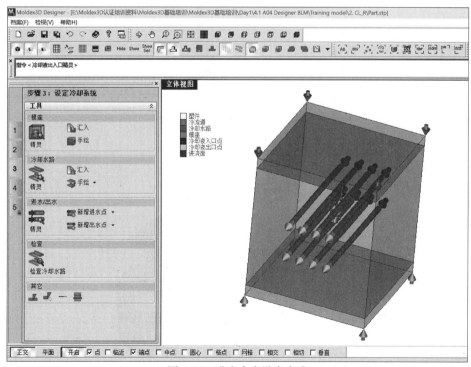

图 8-56　进出水点设定完成

③ 最后，使用『检查冷却水路』功能，如果图 8-57 所示，如果没有问题可以进行下一步，如果有问题按照提醒进行修改。

8.2.5　步骤 4：产生实体网格

1）如图 8-58 所示，在完成流道、模座与水路的建构后，切换至步骤 4 准备进行表面与实体网格的生成。

图 8-57　『检查冷却水路』工具栏

图 8-58　『产生实体网格』操作栏

2）单击『修改撒点』按钮，网格尺寸设定为 0.5（网格尺寸设定越小，网格数越多），单击『套用』按钮，最后单击『 ◉ 』按钮完成，如图 8-59 所示。

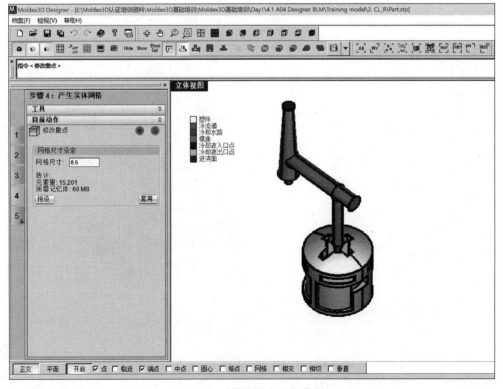

图 8-59　『修改撒点』操作栏

3）浇口处网格进行局部加密，按住<Ctrl>键，单击浇口处线段，洒点方式依『段数』设定为 20，单击『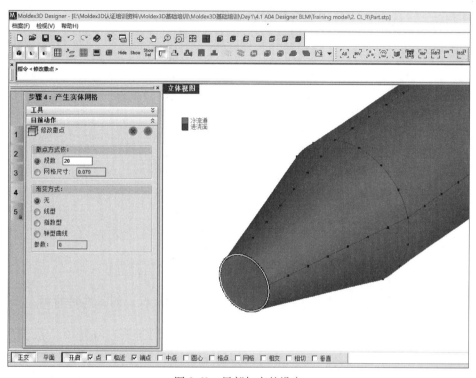』按钮完成，如图 8-60 所示。

图 8-60　局部加密的设定

4）单击『设定网格参数』按钮，网格形态默认为 5 层，单击『』按钮完成，如图 8-61 所示。

5）如图 8-62 所示，单击『生成』按钮，准备表面与实体网格的生成。

图 8-61　『设定网格参数』操作栏

图 8-62　生成实体网格

6）在随后切换至图 8-63 所示操作栏，单击『生成』按钮，进行表面与实体网格的生成。

图 8-63　表面与实体网格生成

7）程序将依序自动产生表面与实体网格，并显示生成进度，如图 8-64 所示。

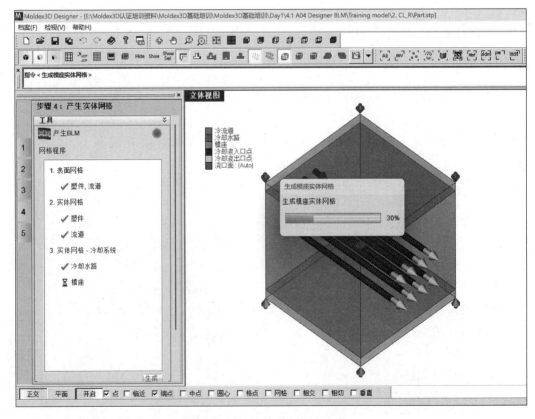

图 8-64　表面与实体网格生成窗口

8）完成实体网格产生，模型细节信息将在左侧工具栏中显示，如图 8-65 所示。

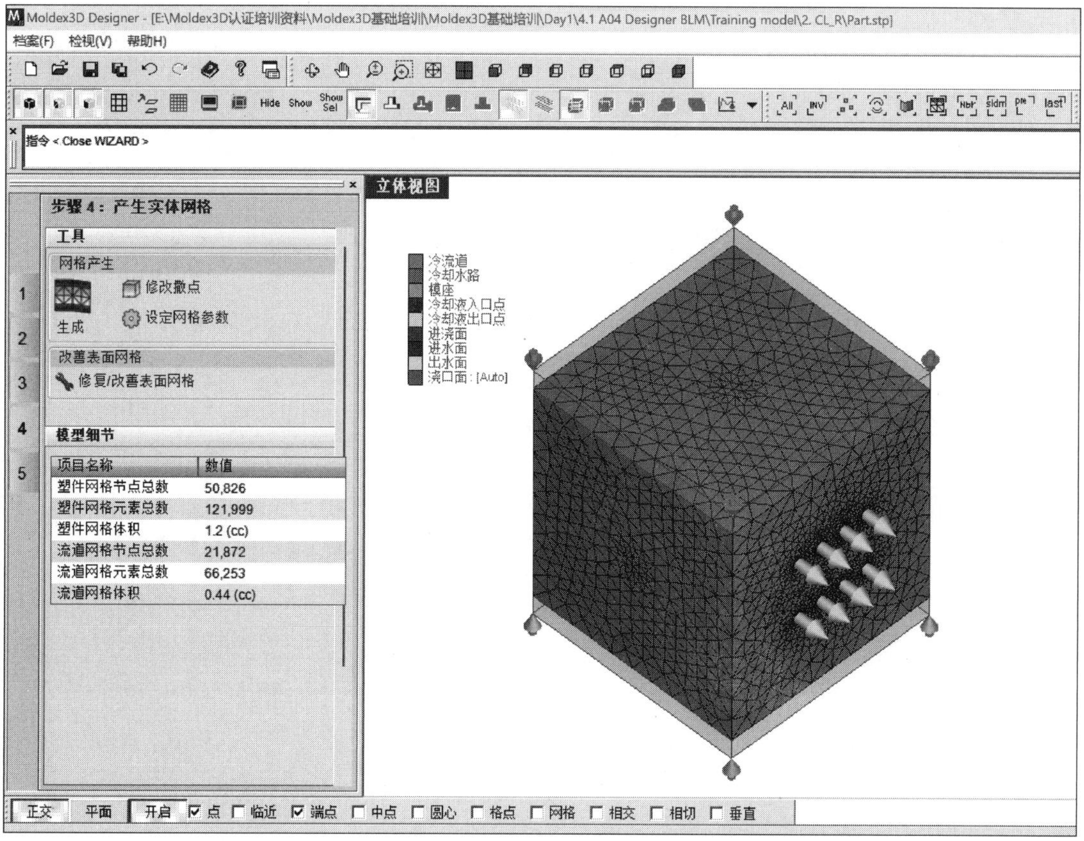

图 8-65　模型细节信息显示

8.2.6　步骤 5：输出网格模型

1）单击左侧工作区的数字『5』按钮，切换到『步骤 5：输出网格模型』界面，如图 8-66 所示，单击『储存分析用网格档』按钮，将建立完的网格档案汇出。

2）在随后弹出的『另存为』对话框中，在完成档案路径与名称设定后，单击『保存』按钮，将网格模型导出为 *.mfe 档，如图 8-67 所示。

3）当弹出图 8-68 所示的信息提示对话框时，档案成功输出，至此网格划分成功，可以开展分析工作。

图 8-66　『输出网格模型』工具栏

图 8-67　保存网格模型

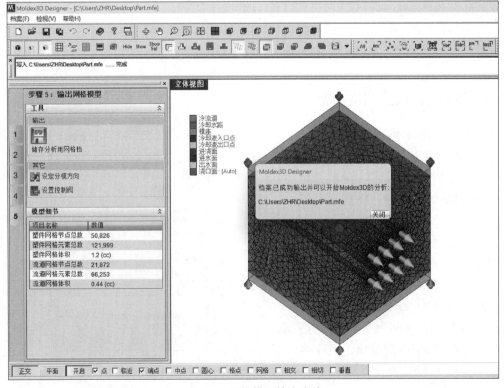

图 8-68　网格模型输出成功

思　考　题

1. Moldex3D 前处理网格划分的步骤一般分为哪些?

2. Moldex3D Designer 提供的两种划分网格的区别有哪些?

3. eDesign 模式网格划分等级一般设定为多少? 等级是否越高越好?

4. 什么是 BLM? 网格数量是怎么控制的?

5. 流道建立和水路建立有哪几种方式?

6. 自己尝试着独立完成两种前处理网格的划分步骤并且成功输出网格。

第9章 　 Moldex3D 分析运算及后处理结果

本章提供 Moldex3D Designer 的进一步教学，说明如何用 Moldex3D Designer 的『边界层网格（BLM）模式』来完成完整的网格模型，包括流道、水路与模座等。接着执行充填、保压、冷却及翘曲的完整分析，并在完成分析后针对各项分析结果进行结果判读与探讨。

9.1　分析运算

9.1.1　建立新项目

1）双击桌面上的 M 图标，弹出图 9-1a 所示『建新专案模式』对话框，选中『精灵模式』单选按钮，单击『确认』按钮建立新项目；在随后弹出的图 9-1b 所示『Moldex3D 专案建立精灵』对话框中，输入专案名称，选择专案位置、专案进行目的、机密等级等信息。

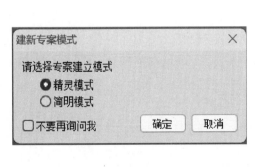

a) 新项目模式设定

b) 新项目细节设定

图 9-1 　『建新专案模式』和『Moldex3D 专案建立精灵』对话框

2）单击『下一步』按钮，在『分析引擎设定』对话框中选择『3D 实体分析引擎』，如图 9-2 所示。

3）单击『下一步』按钮，在『设定应用制程』对话框中选择『射出成型』，如图 9-3所示。继续单击『下一步』按钮直至可以单击『完成』按钮，至此新的专案建立完成。

9.1.2　建立新组别

1）在弹出的图 9-4 所示『建立新组别』对话框中的『网格』选项卡中，在下拉列表框中选择汇入网格文件，将已经制作完成的 *.mfe 档案汇入，已汇入网格基本信息会出现在

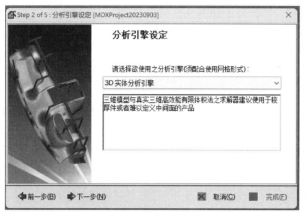

图 9-2　『分析引擎设定』对话框

图 9-3　专案建立完成

『资料摘要』选项组，单击『下一步』按钮。

图 9-4　『网格』选项卡

2）切换至『材料』选项卡，如图 9-5 所示，选定塑件材料，通过 Moldex3D 材料精灵新增材料档。

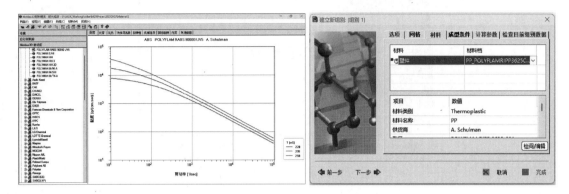

图 9-5 『材料』选项卡及材料设定

3）设定成型加工条件。

① 切换至『成型条件』选项卡，选择『新增』选项来启动 Moldex3D 加工精灵，如图 9-6 所示。

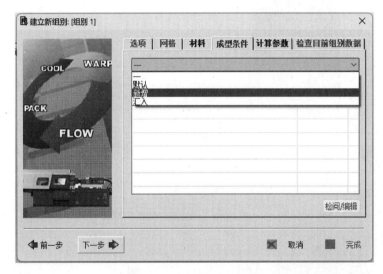

图 9-6 『成型条件』选项卡

② 单击『下一步』按钮，CAE 分析设定接口为默认值。用户可以在设定接口中，更换射出机台类型。『专案设定』选项卡如图 9-7 所示。

③ 单击『下一步』按钮切换至『充填/保压』选项卡进行充填保压的成型条件设定。例如，设定充填时间为 0.1s 和保压时间为 3.4s，塑料温度为 210℃，模具温度为 60℃，如图 9-8 所示。

④ 单击『下一步』按钮，在『冷却』选项卡中进行冷却相关设定，如图 9-9 所示。

⑤ 切换至『摘要』选项卡，如图 9-10 所示，显示已设定的基本加工条件参数，确认无误后单击『完成』按钮，将该成型条件设定储存成加工文件。

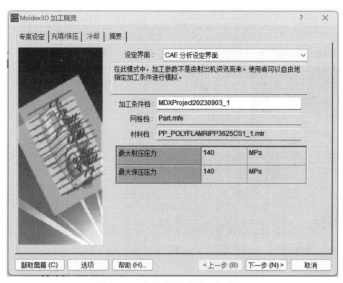

图 9-7 『专案设定』选项卡

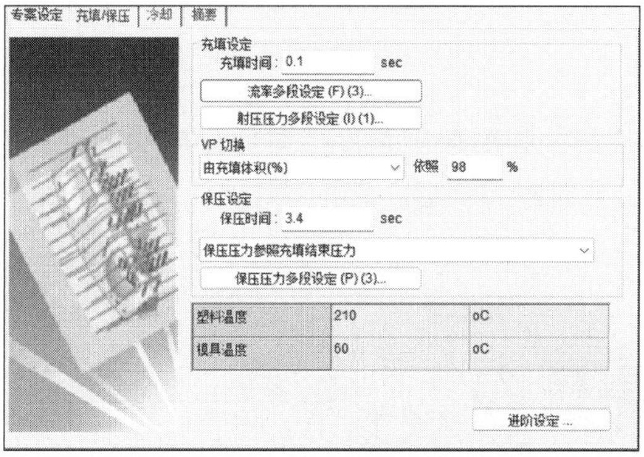

图 9-8 『充填/保压』选项卡

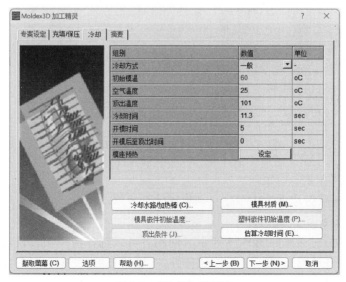

图 9-9 『冷却』选项卡

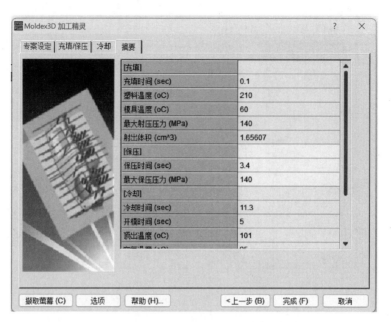

图 9-10 『摘要』选项卡

⑥ 单击『下一步』按钮，弹出加工条件档案保存成功的确认对话框，如图 9-11 所示，单击『确定』按钮完成加工条件的设定。

图 9-11 加工条件档案设定完成确认对话框

4）求解器计算参数的设定。

① 在『计算参数』选项卡中程序自动提供计算参数的预设，如图 9-12 所示，当有需要时可以单击『检阅/编辑』按钮打开『计算参数』对话框。

②『计算参数』对话框如图 9-13 所示。使用者可以选择使用预设设定或是进行修改计算参数。可依序打开『充填/保压』『冷却分析』『翘曲分析』『应力』等选项卡，进行相关参数设定，完成后单击『确认』按钮关闭『计算参数』对话框。

图 9-12　『计算参数』选项卡

a)『充填/保压』选项卡

b)『冷却分析』选项卡

c)『翘曲分析』选项卡

d)『应力』选项卡

图 9-13　『计算参数』对话框

5）切换至『检查目前组别数据』选项卡，如图 9-14 所示，确认所有数据皆已设定适当后，单击『完成』按钮结束组别的设定。

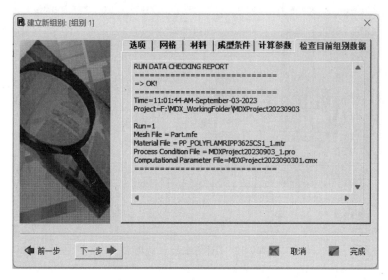

图 9-14　『检查目前组别数据』选项卡

9.1.3　执行分析计算

1）单击分析按钮并选择分析程序。可以根据需求选择单独执行充填分析、保压分析、冷却分析、翘曲分析，也可以执行组合分析，还可以选择完整分析。例如，选择完整分析作为分析顺序，如图 9-15 所示，单击『开始分析』按钮，程序便自动开始分析。

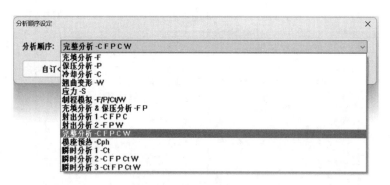

图 9-15　分析顺序设定

2）在项目工作区内选择想要执行分析的项目，例如：若想进行充填及保压，选择『充填分析』及『保压分析』选项，倘若想执行完整的分析，直接选择『完整分析』选项，即可执行冷却/充填/保压/冷却/翘曲分析。

3）『执行工作监视窗口』显示目前计算的状态。在计算完成之后，可在其中检视结果，如图 9-16 所示。

图 9-16　执行工作监视窗口

4）所有任务分析完成后，出现充填分析结果模型，如图 9-17 所示。

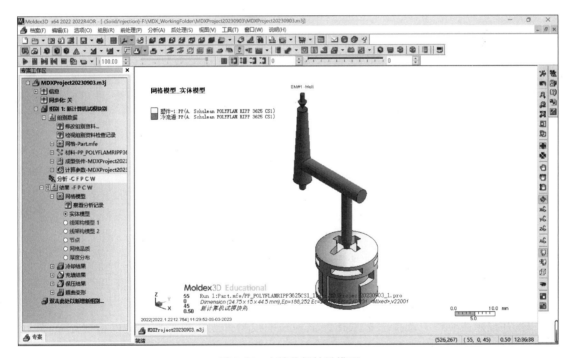

图 9-17　充填分析结果模型

9.2　后处理程序

9.2.1　充填分析结果检视与判读

充填流动分析的基本功能是协助用户解决充填相关问题，例如：短射或充填不完全；缝合线、包封；充填问题；烧焦表面缺陷；流道/流动平衡；浇口设计问题。

分析结果可通过『项目工作区』『显示工具栏』和『动画工具栏』所控制的流域分布

图在显示窗口中检视，或通过 XY 曲线图进行检视，如图 9-18 所示。

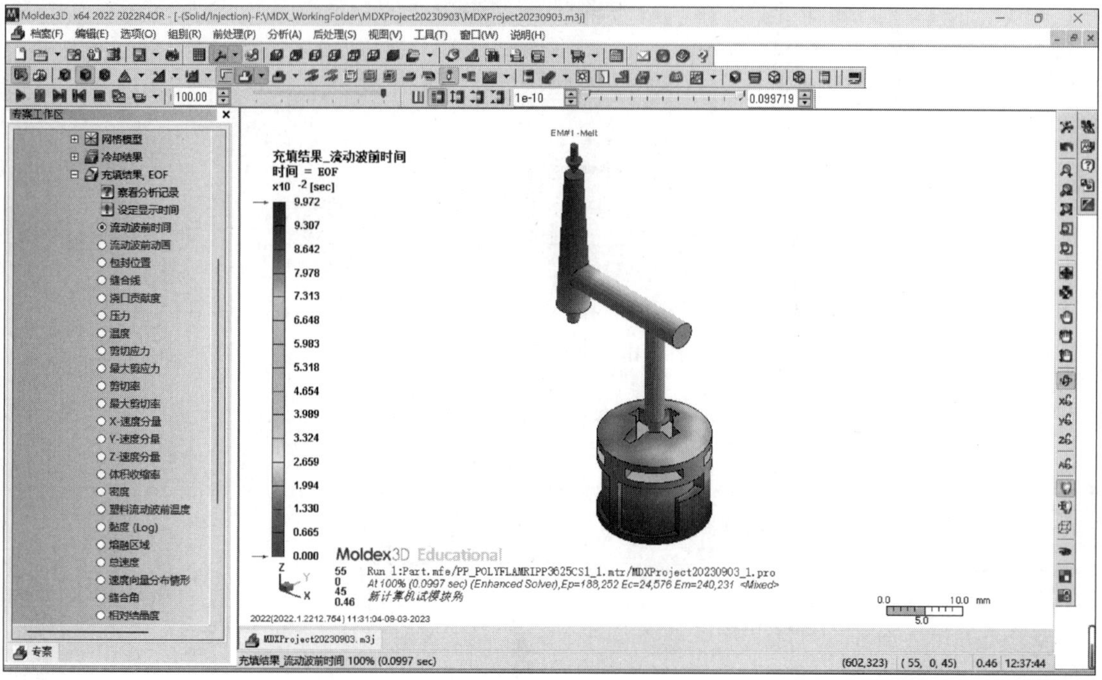

图 9-18　分析结果检视窗口

1. 以流域分布图（Field Plot）检视分析结果

检视分析结果的第一种方法是通过流域分布图进行检视，其基本程序如下：

1）在项目工作区中选择适当项目。

① 选择欲检视的组别。

② 选择充填/保压/冷却/翘曲变形分析结果。

③ 选择分析时间点，例如充填结束瞬间（End of Filling）。

④ 选择欲检视的分析结果项目。

2）在显示工具栏中选择图标来指定欲检视的模型外观或模型组件，以检视充填/流动波前时间分析结果为例，假设使用者欲检视组别 1 的分析结果，使用者可以在项目工作区选择：『组别 1/充填分析/流动波前时间』，单击 ▶◀ 按钮切换流动波前充填量，如图 9-19 所示。

2. 通过结果判读功能显示定义和定量分析数据

为了让用户获得欲检视项目的相关诠释数据，Moldex3D 提供结果判读功能，协助用户获得欲检视项目的简介定义和定量分析数据。基本上，使用者只需要依照上文所述程序选择欲检视项目，接着在组别工具栏单击 ？ 按钮，结果判读功能打开『结果判读员』窗口，或者双击欲检视项目，用户便可经由窗口看到简介定义、分布范围的最大值及最小值以及统计分布，如图 9-20 所示。

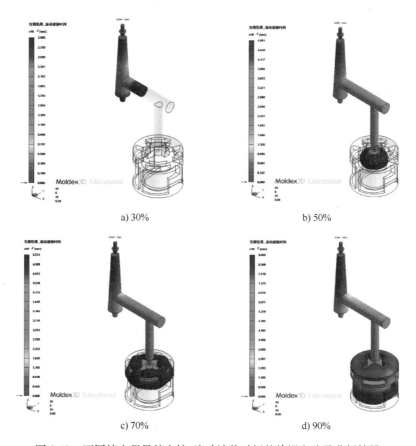

a) 30%　　　　　　　　　　b) 50%

c) 70%　　　　　　　　　　d) 90%

图 9-19　不同填充程量的充填/流动波前时间的检视方法及分析结果

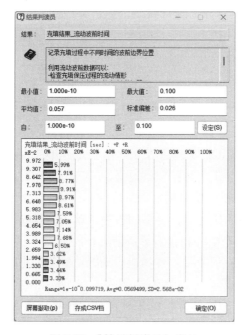

图 9-20　『结果判读员』窗口

3. 以动画结果显示进行分析结果判读

在 Moldex3D 中，使用者能很容易地以动画形式进行结果检视与判读，使用者可单击动画控制列上的按钮，基本程序如下：

首先如前文所述，在项目工作区中选择『组别 1/结果/充填分析，EOF/流动波前时间』，单击 按钮，打开『动画显示选项』对话框，进行『间距［%］』以及其他相关设定，单击 按钮后即可在显示窗口播放动画。当然，使用者可单击 按钮暂停或继续播放动画，单击 按钮可阶段性向前播放，或是单击 按钮阶段性向后播放，用户也可在数字控制栏中 100.00 输入特定的充填百分比，或是在手动控制栏 上按住鼠标左键拖曳；若单击 按钮，则会结束动画。『动画显示选项』对话框如图 9-21 所示。

4. 以动画档展示并判读分析结果

在项目工作区选取项目『流动波前时间』并单击 按钮即可弹出『动画制作档』窗口，如图 9-22 所示。首先用户可设定动画的分辨率，指定文件名并选择动画档储存位置，接着单击『制作』按钮制作动画档，格式为 *.avi。完成后，屏幕将会显示出信息，当用户单击『确定』按钮后，稍后将在项目工作区中的结果列表中看到该动画档。

图 9-21 『动画显示选项』对话框   图 9-22 『动画制作档』窗口

动画档制作结束后将会出现询问是否立即播放的信息对话框，如图 9-23 所示，单击『是』按钮则立即播放，单击『否』按钮则退出。

5. 以 XY 曲线图显示输出分析结果

用户也可应用 XY 曲线图进行分析结果的检视。单击 按钮，展开下拉列表框，其中有三个选项：历程曲线、分布曲线和量测节点精灵。

（1）历程曲线 单击『XY 曲线』按钮以启动 XY 曲线列表，然后单击『历程曲线』按钮，打开『历程曲线选项』窗口，如图 9-24 所示。

（2）分布曲线 针对欲检视的分析结果种类加以选择，若欲检视充填分析，则在结果列表中选择充填分析项目；若欲检视保压分析，则在结果列表中选择保压分析项目。然后在量测节点清单中选择成型特性或量测节点编号，以确定欲检视项目。当然，用户可以选择以单一曲线或多重曲线来检视历程曲线。图 9-25 所示为单一曲线的历程曲线结果。

图 9-23　播放动画档确认对话框

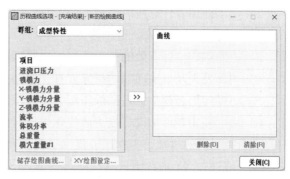

图 9-24　『历程曲线选项』窗口

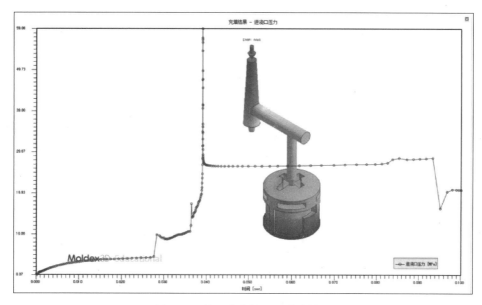

图 9-25　单一曲线的历程曲线结果

当有需要时，用户可以通过『XY-绘图设定』对话框依需求适度修改，如图 9-26 所示。

（3）量测节点精灵　当使用者从量测节点清单中选定量测节点，并单击『绘制』按钮，就会产生量测节点的历程曲线，而用户可以检视下列各项分析结果：压力［MPa］；温度［℃］；剪切应力［MPa］；剪切率［1/sec］；X 方向速度［cm/sec］；Y 方向速度［cm/sec］；Z 方向速度［cm/sec］；流率［g/sec］；密度［g/cm3］。

9.2.2　保压分析结果检视与判读

保压分析的基本功能，主要用于协助使用者解决如下保压相关问题：

图 9-26　『XY-绘图设定』对话框

1）协助使用者评估加工条件参数（例如塑件厚度）对于保压以及翘曲行为的影响。

2）协助使用者计算所需锁模力的大小，以选择适当的机台尺寸或是修改模具，并且可以利用加工条件的优化来降低锁模力。

3）协助用户设计有效的流道系统，以降低翘曲的可能。

4）用作发现及解决问题的指导方针，协助使用者找出造成翘曲和过度保压的因素。

5）协助使用者预估适当的保压压力、保压时间和 VP 切换点。

6）协助使用者评估设计变更或优化设计时的依据。

分析结果可通过项目工作区、显示工具栏和动画工具栏所控制的流域分布图在显示窗口中检视，或通过 XY 曲线图进行检视。

1. 以流域分布图（Field Plot）检视分析结果

事实上，检视保压分析结果和检视充填分析结果的方法一样，如图 9-27 所示。通过窗口中以流域分布图来进行结果的解析，基本程序如下：

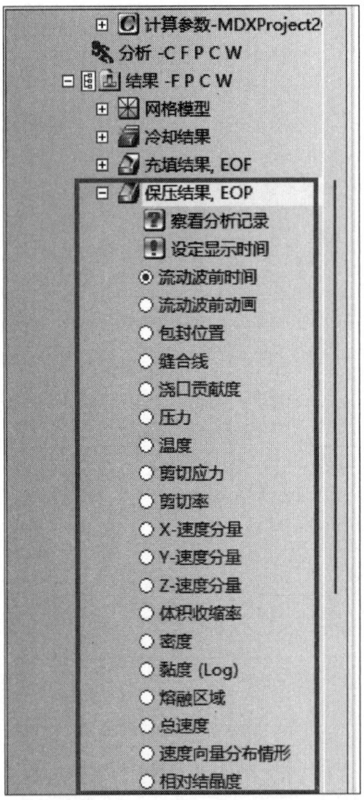

1）在项目工作区中选择适当项目。

① 选择欲检视的组别。

② 选择保压分析结果。

③ 选择分析时间点，例如保压结束瞬间（End of Packing）。

④ 选择欲检视的分析结果项目。

2）在显示工具栏中选择图标来指定欲在显示窗口内检视的模型外观或组件。相关步骤请参考充填分析结果与判读。

3）单击 按钮，进行结果剖面设定，可以分别设定 X、Y、Z 方向剖面图，如图 9-28 所示。

2. 以动画结果显示进行分析结果判读

相关步骤请参考充填分析结果与判读。

3. 以 XY 曲线图检视分析结果

另一种检查分析结果的方法是利用 XY 曲线图，首先单击 按钮，展开下拉式列表框，其中有三个选项：历程曲线、分布曲线和量测节点精灵。

相关步骤请参考充填分析结果与判读。

图 9-27 『保压分析结果』检视工具栏

9.2.3 冷却分析结果检视与判读

冷却分析的基本功能，主要用于协助用户解决冷却相关问题，例如：冷却时间；温度；密度；周期平均热通量；总散热量；冷却效率；熔融区域。

分析结果可通过项目工作区和显示工具栏所控制的流域分布图在显示窗口中检视，或通过 XY 曲线图进行检视。

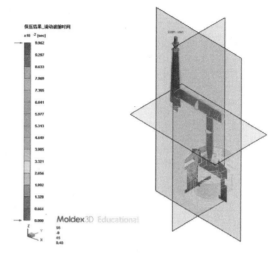

a) 动画剖面设定　　　　　　b) 多重剖面设定　　　　　　c) 剖面设定结果

图 9-28　X、Y、Z 方向剖面图设定的方法及结果

1. 以流域分布图（Field Plot）检视分析结果

检视分析结果的方法，可通过流域分布图来进行检视，其基本程序如下：

1）在项目工作区中选择适当项目。

① 选择欲检视的组别。

② 选择冷却分析结果。

③ 选择分析时间点，例如冷却结束（End of Cooling）。

④ 选择欲检视的分析结果项目。

2）在显示工具栏中选择图标来指定欲检视的模型外观或组件，以『检视冷却/冷却时间分析结果』为例，假设使用者欲检视组别 1 的分析结果，用户可以在项目工作区选择『组别 1/结果/冷却分析，EOC/温度』，如图 9-29 所示。

如果要在显示窗口上显示其他项目结果和几何组件，并选择欲检视的冷却项目，程序皆相似。

2. 通过结果判读功能显示定义和定量分析数据

为了让用户获得欲检视项目的相关诠释数据，Moldex3D 提供结果判读功能，协助用户获得欲检视项目的简介定义和定量分析数据，基本上，用户只需要依照上文所述程序选择欲检视项目，接着在组别工具栏单击 按钮，结果判读功能打开『结果判读员』窗口，或者双击欲检视项目，用户便可经由窗口看到简介定义、分布范围的最大值及最小值以及统计分布，如图 9-30 所示。

3. 以 XY 曲线图显示输出分析结果

检查分析结果的另一种方法是利用 XY 曲线图。首先单击 按钮，展开下拉式列表框，其中有两个选项：分布曲线和量测节点精灵。

选择『量测节点精灵』选项，打开『量测节点曲线精灵』对话框，指定想要的量测节点，例如 ID=500、ID=2250。单击『确定』按钮完成设定后，再进一步选择『XY 曲线/分布曲线/量测节点』来打开『量测节点分布曲线精灵』对话框，再单击『绘制』按钮以显示分布曲线。

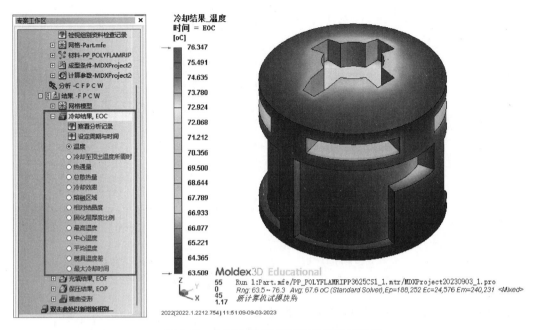

图 9-29　检视冷却/冷却时间分析结果案例

1）使用者可在『量测节点曲线精灵』对话框中指定想要的量测节点，如图 9-31 所示。

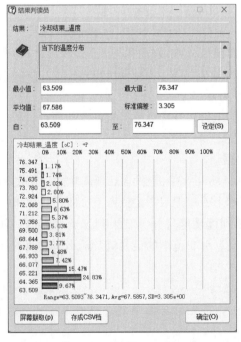

图 9-30　『结果判读员』窗口

图 9-31　『量测节点曲线精灵』对话框

2）在分布曲线中绘制指定量测节点间的 XY 曲线，过程及结果如图 9-32 所示。

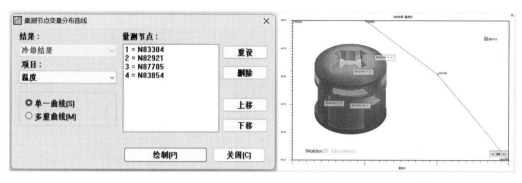

a) 量测节点曲线绘制　　　　　　　　　b) 量测节点分布曲线结果

图 9-32　绘制量测节点分布曲线

9.2.4　翘曲分析结果检视与判读

翘曲分析的基本功能，主要用于协助用户解决如下充填相关问题：

1）协助使用者评估加工条件参数（例如塑件厚度）对于翘曲行为的影响。

2）协助使用者计算变形趋势以及变形量来检视翘曲是否适合标准。

3）协助用户建立有效的流道系统设计，以减少翘曲的可能性。

4）成为解决问题的指导方针，协助使用者找出翘曲的可能因素。

5）协助使用者评估设计修改或设计优化时的设计参数。

分析结果可通过项目工作区、显示工具栏和动画工具栏所控制的流域分布图在显示窗口中检视，或通过 XY 曲线图进行检视。

1. 以流域分布图（Field Plot）检视分析结果

检视翘曲分析结果的第一种方法是通过显示窗口中以流域分布图形式来显示，基本程序如下：

1）在项目工作区中选择适当项目。

① 选择欲检视的组别。

② 选择翘曲分析结果。

③ 选择欲检视的分析结果项目。

2）在显示工具栏中选择图标来指定欲检视的模型外观或组件。例如，假设使用者欲检视组别 1 的翘曲分析结果，使用者可以在项目工作区选择：『组别 1/结果/翘曲变形/X、Y、Z 方向位移/总位移』。单击 按钮可以设定翘曲变形的放大倍数，选中『以放大变形量之网格显示』单选按钮，设定变形量放大倍数为 5。欲检视其他输出项目请依照同样的程序进行，如图 9-33 所示。

2. 通过结果判读功能显示定义和定量分析数据

为了让用户获得欲检视项目的相关诠释数据，Moldex3D 提供结果判读功能，协助用户获得欲检视项目的简介定义和定量分析数据，基本上，用户只需要依照上文所述程序选择欲检视项目，接着在组别工具栏单击 按钮，结果判读功能打开『结果判读员』窗口，或者双击欲检视项目，用户便可经由窗口看到简介定义、分布范围的最大值及最小值以及统计分布，如图 9-34 所示。

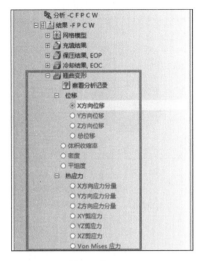

a) 检视工作区

b) 放大倍数

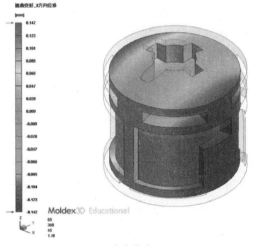

c) X方向位移

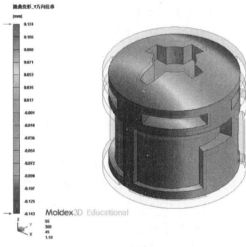

d) Y方向位移

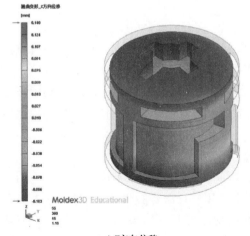

e) Z方向位移

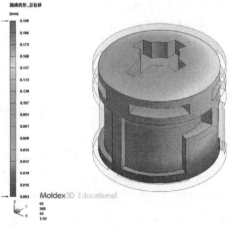

f) 总位移

图 9-33　检视翘曲结果案例

3. 以动画结果显示进行分析结果判读

使用者可以采用动画形式输出方式以进行结果检视，其方式为单击翘曲范围按钮，基本程序如下：

在项目工作区中选择『组别 1/结果/翘曲变形/X、Y、Z 方向位移/总位移』，单击 按钮，打开『设定翘曲范围』窗口，进行变形量放大倍数以及其他相关设定，如图 9-35 所示。单击 按钮可在显示窗口播放动画。当然，若单击 按钮则会结束动画播放。翘曲变形效果的动画播放截图如图 9-36 所示。

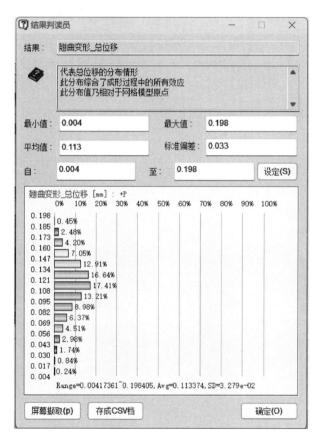

图 9-34　『结果判读员』窗口

图 9-35　『设定翘曲范围』窗口

4. 建立展示动画档

在项目工作区选取欲制作项目，并在图 9-37 所示的『设定翘曲范围』窗口中单击 按钮，弹出『制作动画档』窗口，如图 9-38 所示，可设定动画的分辨率，指定文件名并选择动画档储存位置，接着单击『制作』按钮建立动画档，格式为 ＊.avi。完成后，会显示出图 9-39 所示的信息，稍后将在项目工作区中的结果列表中看到该动画档。

动画档制作结束后将会显示『是否立即播放动画档』的信息对话框，单击『是』按钮则立即播放，单击『否』按钮则退出。

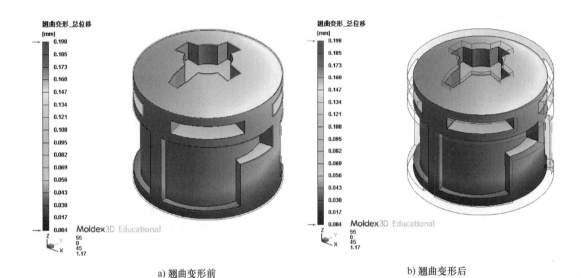

a) 翘曲变形前　　　　　　　　　　　　　　b) 翘曲变形后

图 9-36　翘曲变形效果的动画播放截图

图 9-37　『设定翘曲范围』窗口

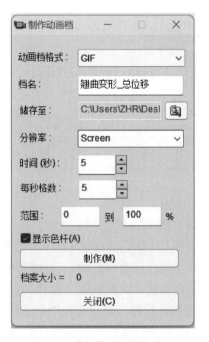

图 9-38　『制作动画档』窗口

图 9-39　播放动画档确定对话框

5. 以 XY 曲线图显示输出分析结果

检查分析结果的另一种方法是利用 XY 曲线图。单击 ⊞ ▾ 按钮，展开下拉列表框，其中有两个选项：分布曲线和量测节点精灵。

相关步骤请参考充填分析结果与判读。

9.3　HTML/Power Point/PDF 报告产生

1）使用者可以在执行任务栏中单击报告精灵 按钮，打开『报告精灵』窗口，如图 9-40 所示。

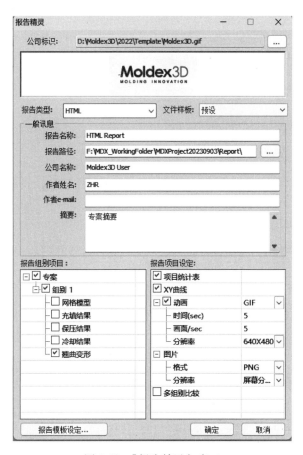

图 9-40　『报告精灵』窗口

2）选择报告类型。

3）输入报告名称与路径等相关信息。

4）选择报告组别项目和报告项目设定。

5）设定完成后单击『确认』按钮，即可制作报告。

思 考 题

1. 建立新专案的一般步骤有哪些?

2. 充填分析/保压分析/冷却分析/翘曲分析结果判读的步骤有哪些?

3. HTML/Power Point/PDF 报告产生步骤有哪些?

4. 结合第 8 章前处理划分的网格，独立完成案例的分析运算。

5. 翘曲分析结果有哪些位置结果判读?

第 10 章 汽车塑件模流分析及模具设计

本章将以 6 个不同的汽车注射件为例，进行 Moldex3D 软件的分析讲解。每个案例分别使用了不同的分析技巧和方法，分析侧重点也不相同，希望通过本章的讲解能使读者独立掌握 Moldex3D 模流分析软件的分析步骤及优化方法。

10.1 副仪表板热流道浇口时序的优化及模具设计

由于汽车副仪表板体积大、结构复杂，采用传统的冷流道浇注系统注射出来的产品熔接痕较多，严重影响其力学性能和外观质量，无法满足注射工艺的要求。将时序控制技术应用于热流道浇注系统，使注射过程中各浇口流出的分支料流逐步推进，实现"动态供料"，可较好地解决传统生产存在的模具型腔充填不均衡、熔接痕多等缺点，能够有效提高成型产品的表面质量。下面采用 Moldex3D 模流分析软件，设计某汽车副仪表板的热流道时序控制阀浇注系统，并进行试模验证。

10.1.1 副仪表板产品介绍

副仪表板外形尺寸为 980mm×253mm×325mm，有许多筋条、内孔、凸台、深腔等结构，产品壁厚分布在 1.417~2.781mm，如图 10-1a 所示。

作为汽车内饰件，该产品的成型表面质量要求高，图 10-1b 中标注的 A/B 面需要达到免喷涂的效果，不允许出现明显的熔接痕，不允许欠浇，且不能出现肉眼可见的色差。

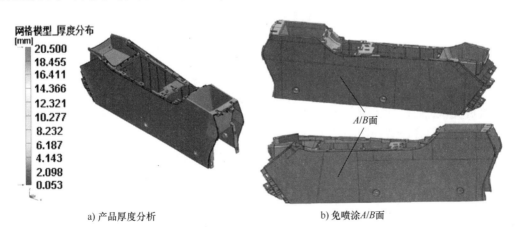

a) 产品厚度分析　　　　　　　　b) 免喷涂 A/B 面

图 10-1　产品分析

此产品采用的注射原料为聚丙烯（PP），为金发公司生产的 ABP-2036M，该材料的塑化温度设定在 200~240℃，一般设定为 220℃。模具温度设定在 30~60℃，一般设定为 45℃。

10.1.2　原始方案的模流分析

1. Moldex3D 模流分析步骤

将副仪表板三维模型导入 Moldex3D Designer 软件进行有限元网格的划分，具体操作步骤为：汇入塑件几何、选定浇口位置、简单浇口变化、流道系统建立、汇出网格、设定进/出水口、建立冷却系统、建立模座。网格采用第 5 等级进行划分，以 .mdg 格式存档。Moldex3D 分析软件自动判断出默认的工艺参数，再根据软件默认成型参数和实际经验进行调整。

2. 浇注系统的设计

采用"热流道+冷流道"的形式进行设计，冷流道浇口采用针阀式点浇口进浇。热流道浇口设计为 4 个，进行时序的控制，冷流道浇口进浇点为 7 个。原始方案进浇系统如图 10-2 所示。

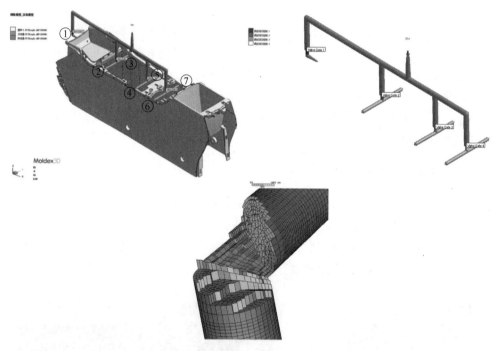

图 10-2　原始方案进浇系统

热流道浇口进行时序控制首先开启浇口 1，其他 3 个热流道阀浇口的开启型式采用流动波前进行控制，具体设置如图 10-3 所示。

即当塑胶流动到图 10-3 选定的 3 个网格节点编号时，相应的热流道阀浇口将开启。

3. 结果分析

原始方案需要免喷涂的 A/B 面有较明显的熔接痕，而且其他部位熔接痕数目较多、较长。熔接痕分布情况如图 10-4 所示，比较明显的熔接痕有 4 条。原始方案模流分析结果——不同充填量如图 10-5 所示。

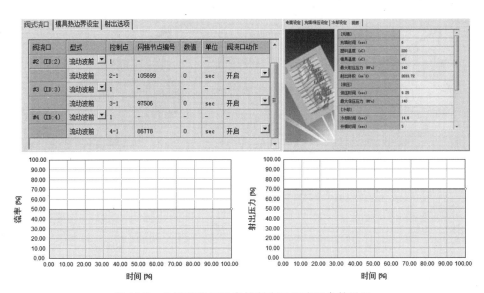

图 10-3 热流道浇口时序控制窗口及成型参数设置

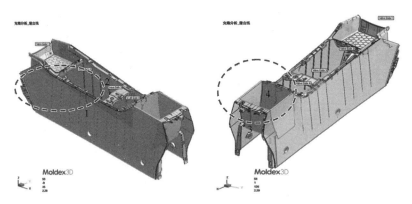

图 10-4 熔接痕分布情况

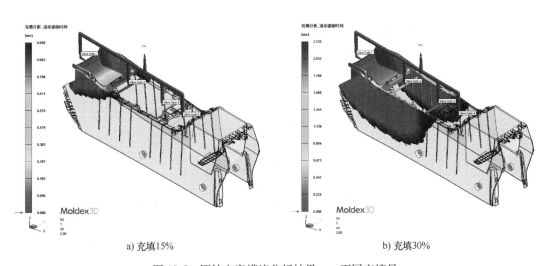

a) 充填15% b) 充填30%

图 10-5 原始方案模流分析结果——不同充填量

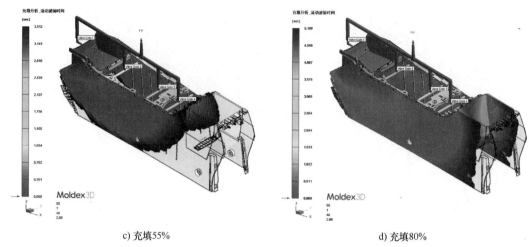

c) 充填55%　　　　　　　　　　　　　　d) 充填80%

图 10-5　原始方案模流分析结果——不同充填量（续）

　　1 号熔接痕在外观表面 *A/B* 面上，主要是由于浇口 3 开启时间较早，造成浇口 1、2 注射出来的塑胶与浇口 3 注射出来的塑胶流动前沿相遇形成。2、3、4 号熔接痕是由于制品中存在阻碍塑胶流动的结构，引起塑胶分开再汇合而形成的，尤其是 3 号和 4 号熔接痕处在充填的末端，塑胶温度处在下降的过程中，所以熔接痕非常明显。其他部位的熔接痕主要是由于制品壁厚不均，塑胶流动前沿填充时发生回流与原熔体流动方向发生汇聚所引起的。

　　图 10-6 所示为原始方案充填分析。从图 10-6b 所示锁模力曲线可以发现，当塑胶流动到

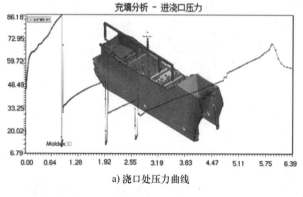

a) 浇口处压力曲线

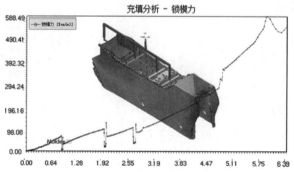

b) 锁模力曲线

图 10-6　原始方案充填分析

选定网格节点的波前位置时，热流道浇口 1~4 将逐一开启，锁模力会有一个下降又突然上升。热流道进浇口的压力曲线与锁模力曲线具有一一对应关系。填充过程中，塑胶流动受到的阻力随模具结构变化，并且随温度下降明显上升，这时候的注射压力必须足够大才能保证型腔被填满。因此这时的锁模力也随之不断上升，直至到达最大锁模力的时间点，这个时间点往往是 V/P（速度/压力）切换时刻。

10.1.3　时序控制及热流道浇注系统的优化

1. 热流道浇注系统的优化

原方案浇口 1~4 设计得比较集中。1 号熔接痕可以采取优化浇口 3 的开启时间进行消除。优化后的浇注系统方案如图 10-7 所示，只是在原方案的基础上改变 1 号进浇点的位置，其他进浇点不改变。

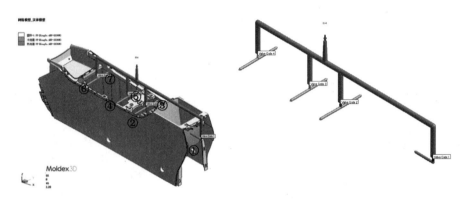

图 10-7　优化后的浇注系统方案

2. 结果分析

从图 10-8 所示模流分析结果可以看出，汽车副仪表板的 A/B 面熔接痕明显消除。优化方案模流分析结果——不同充填量如图 10-9 所示。

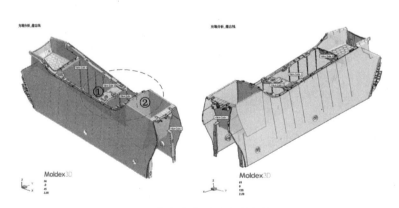

图 10-8　优化方案熔接痕分布情况

优化方案锁模力和热流道进浇口的压力曲线如图 10-10 所示。由图 10-10 观察发现，浇口 1~4 的开启时间比原方案合理，尤其是浇口 2 的开启时间明显滞后，这样将会让浇口 1

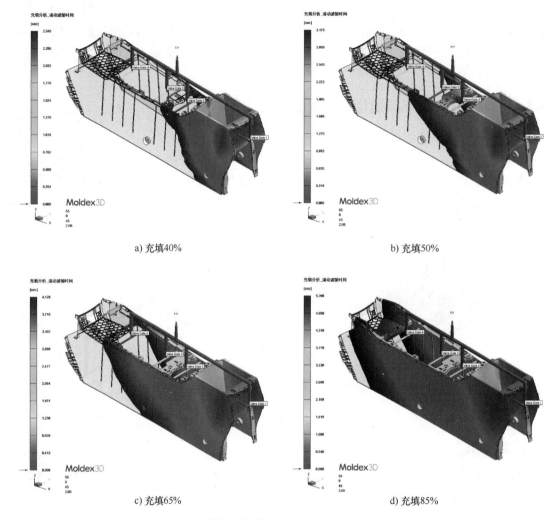

a) 充填40%　　　　　　　　　　　　　　b) 充填50%

c) 充填65%　　　　　　　　　　　　　　d) 充填85%

图 10-9　优化方案模流分析结果——不同充填量

充填的塑胶进行充分的流动，而且浇口 3 和浇口 4 之间的开启时间符合流道口之间的长度分布，且浇口 2~4 的开启时间处在充填的中间，不会造成原方案中"头重脚轻"的情况。锁模力上升曲线非常圆滑合理，没有出现图 10-6b 中锁模力曲线后段出现一个小小波浪的现象，说明充填过程非常顺畅。

最终优化前后浇口处压力曲线与锁模力曲线对比如图 10-11 所示。

10.1.4　模具设计

模架是整个模具的支承装置，就像房屋的钢结构一样，由上导向机构、定位机构、推出及复位机构和辅助零件组成。模架的类型有大水口模架、细水口模架及简化型细水口模架。由于产品较大，且采用热流道，因此选择细水口模架。热流道系统如图 10-12a 所示，凹模如图 10-12b 所示。

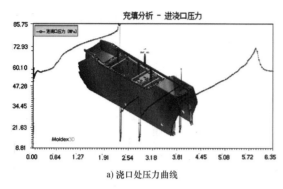

a) 浇口处压力曲线

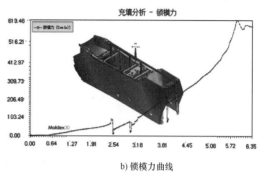

b) 锁模力曲线

图 10-10　优化方案充填分析

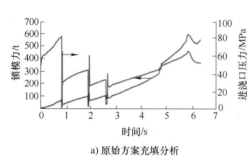

a) 原始方案充填分析

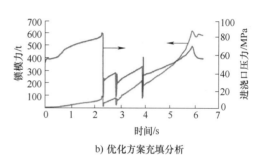

b) 优化方案充填分析

图 10-11　优化前后浇口处压力曲线与锁模力曲线对比

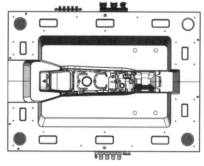

a) 热流道系统三维设计　　　　　　　　b) 凹模三维设计

图 10-12　模具设计三维图

本次模具选用的材料见表 10-1。模具材料的选用不仅关系到制造成本，而且对使用寿命有很大的影响，尤其对需要大批生产的汽车零部件。

表 10-1　部分零件材料选择

名称	材料
动模座板、定模座板	Q235 钢
定模板、动模板、热流道板、推板等	45 钢
型芯、滑块	Cr12MoV
螺栓、螺钉等标准件	依据国家标准

将优化后的汽车副仪表板进行模具设计，选择 UG/NX 进行三维模型的设计，最终利用 CAD 软件设计出来，如图 10-13 所示。

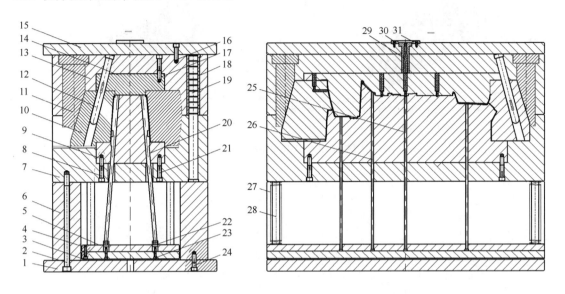

图 10-13　模具设计二维图

1—底板　2、4、8、16、17、21、23、24、30—内六角螺钉　3—底板针　5—面针板　6—模脚　7—动模板
9—型芯　10—滑块　11—楔紧块　12—斜导柱　13—定模板　14—型腔
15—顶板　18—直导柱　19—有拖导套　20—斜推杆　22—斜推杆座
25—拉料销　26—顶针　27—复位杆　28—弹簧　29—胶口衬套　31—定位环

基于以上的优化分析，合作的企业进行模具的设计和开发，最终进行试模验证，实际生产的注射产品如图 10-14 所示。

图 10-14　试模验证产品

10.1.5　结论

1）基于 Moldex3D 成熟的模流分析软件，进行汽车副仪表板浇注系统的优化分析，可以减少试模、修模次数。

2）在有限热嘴数量的前提下，时序控制热流道的使用基本能够消除较明显的熔接痕缺陷，可有效地改善产品的表面质量。

3）优化浇口位置，会解决充填过程中出现的"头重脚轻"的问题，而且会消除一些不易消除的熔接痕。

10.2　车门内饰板优化分析及模具设计

为了能够实现汽车轻量化，最直接的方法就是以塑代钢，所以现在越来越多的塑料件运用到了汽车上。射出成型因其有着生产率高、产品复制性高、精度高、可进行生产的材料种类多等特点被广泛运用在汽车产品制造上。而在传统的加工过程中,对于模具以及产品的一些重要参数数据往往根据生产者的经验所得。注射模具只有等到全部生产完成后进行完整装配,然后进行实际试模生产才能够验证整体工作是否成功。一套模具往往要经过反复的试模、修模,才能够满足要求生产需求。这样会对人力、物力造成极大的浪费。而采用 CAE 技术便可以有效解决上述问题,可有效提高生产率以及降低生产成本,因此在注射行业受到了较为广泛的运用,并且在不断地给这个行业带来变革。本案例以某车门内饰板为研究对象,基于田口信噪比的正交试验为基础,以获得最优工艺参数组合。

10.2.1 运用 Moldex3D 对车门内饰板进行分析

1. 基于 Designer 对产品进行前处理

本案例产品模型为车门内饰板的门把手,尺寸为 380mm×320mm×83mm,主产品模型厚度为 3mm,塑件网格体积为 214.8cm^3,产品模型如图 10-15 所示,该产品有许多的卡扣、加强筋、圆角、孔洞等特殊结构,这些结构都不利于有限元网格的划分。

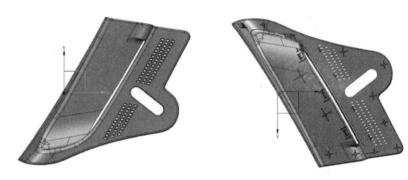

图 10-15 注射模具产品模型

具体操作步骤如下:

1)利用 UG/NX 软件将绘制好的模型图以 .stp 格式将其导出保存。

2)打开 Moldex3D Designer 并选择边界层网格(BLM)模式。

3)汇入对应的模型。

① 汇入产品 .stp 格式的模型,将塑件属性定义为型腔。

② 利用 CADdoctor 对汇入的产品模型进行简化及修复,将其检查出来的一些中度以及重度错误进行修复,然后再导出保存,这样可有效降低网格错误量,提高网格划分成功率。图 10-16 所示为模型修改前后对比。

4)建立流道系统。如果流道系统全部采用冷流道设计会导致压力损失过大、需要很大的注射压力、翘曲变形量变大等多种对塑件质量不利的因素,并且产品表面为外观面,不可直接进浇,所以选择"热流道+冷流道"结合的方式,浇口位置使用牛角进浇。浇口尺寸为 8mm×1.2mm,冷流道直径为 8mm,热流道直径为 10mm,如图 10-17 所示。

5)建立冷却系统。射出成型制程中,冷却时间占了最大的比例,在冷却阶段中有一个良好的冷却系统是至关重要的。如果冷却结束后不能达到均匀的温度分布而消除热应力残

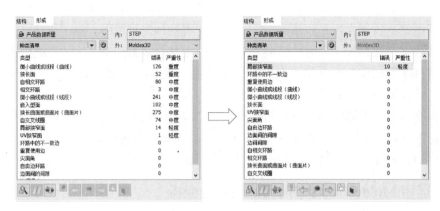

图 10-16 模型修改前后对比

留，会造成收缩不均的现象，因此在设计冷却水路时
应改善产品的积热部位，给定一个合适的温度分布，
本例中凹模侧采用 9 条水路，凸模侧采用 4 条水路，并
在一些结构较深的部位采用隔板式水路来提高整体的
冷却效果。普通水路的直径选用 14.5mm，隔板式水路
直径选用 22mm。冷却系统设计如图 10-18 所示。

6）生成实体网格。主要是产生塑件和流道的实体
网格。此处选择的是 Moldex3D 特有的边界层网格，它
是由三棱柱网格以及四面体网格搭接而成的，在边界
上利用三棱柱网格的高分析精度的特点模拟出固化层
剪切生热的效果，进一步提高分析的准确性。有限元
模型及网格统计如图 10-19 所示。

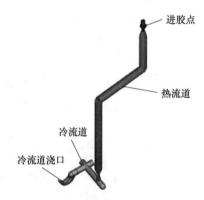

图 10-17 流道系统设计

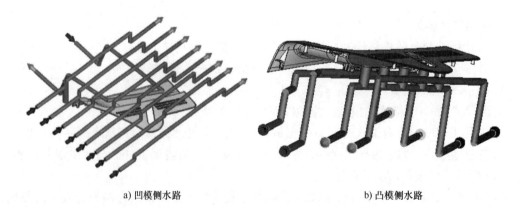

a) 凹模侧水路　　　　　　　　　　　　　　　b) 凸模侧水路

图 10-18 冷却系统设计

2. 田口分析法

传统试验分析只针对平均反应做分析，田口博士则同时强调平均反应和标准差（变异）
的分析，所以导入了信号（S）/噪声（N）比（简称信噪比）的概念，最简单的信噪比就是

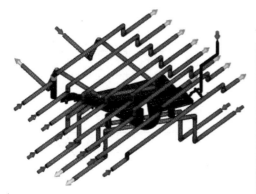

模型细节	︽
项目名称	数值
塑件网格节点总数	326,224
塑件网格元素总数	745,762
塑件网格体积	214.85 (cc)
流道网格节点总数	163,345
流道网格元素总数	374,751
流道网格体积	25.57 (cc)

图 10-19　有限元模型及网格统计（1cc = 1cm³）

平均值与标准差的比值，而田口方法中的 S/N 比与质量损失函数直接相关，因此在不同的质量特性下有不同的 S/N 比计算公式，基本上有三种标准状况：一是望小，二是望大，三是望目。考虑到所选质量因子 Z 轴翘曲变形位移量越小，产品质量越好，所以选择信噪比的望小特征，即质量特性的测量值越小越好，S/N 比为 $\eta = -10\log\left(\dfrac{1}{n}\sum y^2\right)$。其中 n 为试验次数；y 为质量特性；s 为标准差。

3. 水平设定与直交表配置

由于产品型腔结构的复杂性以及进浇方式采用的是单浇口进浇，要求选择的材料具有较好的加工性，要有良好的流动性能，而且容易冷却成型，所以选择聚丙烯（PP），材料型号为 POLYFORT FPP 20T，该材料加工温度范围为 190~250℃，模温范围为 40~70℃，顶出温度为 102.93℃，固化温度为 122.93℃，PP 的特性如图 10-20 所示。

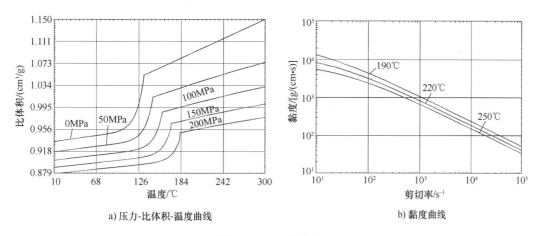

a) 压力-比体积-温度曲线　　　　　b) 黏度曲线

图 10-20　PP 的特性

本文以 $L_9(3^4)$ 为试验矩阵条件，L_9 表示试验次数为 9 次，3^4 表示 4 个因子 3 个水平的控制因子，选取对翘曲变形位移量影响较大的塑料温度、保压时间、冷却时间为试验因素，再分别选取三个水平值。具体的水平设定见表 10-2，直交表配置见表 10-3。

表 10-2　水平设定

因子	水平 1	水平 2	水平 3
塑料温度/℃	209	220	231
保压时间/s	9.975	10.5	11.025
冷却时间/s	16.15	17	17.85

表 10-3　直交表配置

序号	塑料温度/℃	保压时间/s	冷却时间/s
1	209	9.975	16.15
2	209	10.5	17
3	209	11.025	17.85
4	220	9.975	17
5	220	10.5	17.85
6	220	11.025	16.15
7	231	9.975	17.85
8	231	10.5	16.15
9	231	11.025	17

4. 田口分析结果

采用 Moldex3D 专家组分析模式，设定直交表中不同参数组合，最后查看每一组的分析结果。由 S/N 因子反应表可看出对于 Z 轴翘曲变形位移量在 A_1（塑料温度 209℃）、B_3（保压时间 11.025s）、C_3（冷却时间 17.85s）较优良。图 10-21 所示为最终 Z 轴翘曲变形位移量 S/N 因子反应图。

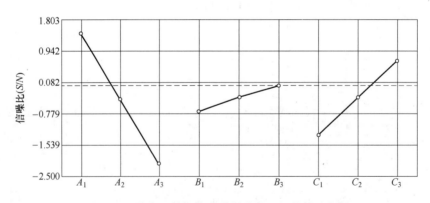

图 10-21　最终 Z 轴翘曲变形位移量 S/N 因子反应图

图 10-22 所示为最终 Z 轴翘曲变形位移量变异数分析。由图 10-22 可看出各个因子贡献度，其中塑料温度的 73% 与冷却时间的 23% 对产品质量影响较大，保压时间对产品质量影响较小。

图 10-23 所示为原始和优化分析后 Z 轴翘曲变形位移量。由图 10-23 可知，原始参数分析 Z 轴的翘曲变形位移量为 $-0.53 \sim 1.11$mm，经过参数优化后 Z 轴翘曲变形位移量为 $-0.31 \sim$

因子	平方和	DOF	变异数	贡献度 [%]
1	19.2846	2	9.6423	73.4831
2	0.700153	2	0.350077	2.6679
3	6.25885	2	3.12942	23.849
错误	0	0	0	0
总共	26.2436	6		

图 10-22　最终 Z 轴翘曲变形位移量变异数分析

0.73mm，Z 轴总体翘曲位移量从 1.64mm 降低到了 1.04mm，整体改善了 36.5%。由图 10-24 可知，体积收缩率原始分析结果为 5.731%，最佳参数组合优化分析后结果为 4.057%，整体改善了 29%。整体的参数组合方案满足生产要求，接下来可为模具设计提供数据依据。

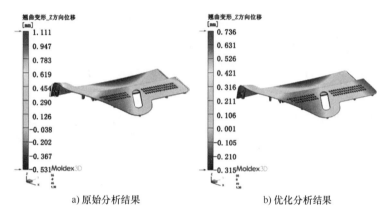

a) 原始分析结果　　　　　b) 优化分析结果

图 10-23　原始和优化分析后 Z 轴翘曲变形位移量

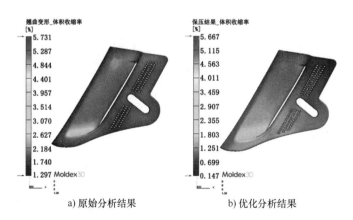

a) 原始分析结果　　　　　b) 优化分析结果

图 10-24　原始和优化分析后体积收缩率

10.2.2　模具设计的整体方案

1. 注射机的选取

通过 Moldex3D 进行填充模拟，其型腔体积 $V_1 = 214.86\text{cm}^3$，冷流道体积 $V_2 = 4.84\text{cm}^3$，热

流道体积 $V_3 = 20.73\mathrm{cm}^3$。选择 PP 作为材料,因其流动性好,其密度 $\rho = 0.92\mathrm{g/cm}^3$。在不考虑注射时冷凝在热流道上的原料且由于塑件模腔是一模一腔,所以塑件注射质量 $M = (V_1 + V_2)\rho =$ $219.7\mathrm{cm}^3 \times 0.92\mathrm{g/cm}^3 = 202\mathrm{g}$。由于 PP 的充填压力 $p_1 = 140\mathrm{MPa}$,保压压力 $p_2 = 140\mathrm{MPa}$,所以注射压力 $p_{\text{注}} \geqslant 140\mathrm{MPa}$。根据以上数据,选取注射机为海天 HTF120 型注射机,其主要参数见表 10-4。

表 10-4　海天 HTF120 型注射机的主要参数

理论注射量	$21\mathrm{cm}^3$	螺杆直径	40cm
实际注射量	$195\mathrm{cm}^3$	注射压力	200MPa
注射行程	170cm	锁模力	120t(1176kN)
导柱内间距	410mm×410mm	最大容模量	450mm
最大开模行程	380mm	顶出行程	120mm

PP 的注射压力取 $p = 140\mathrm{MPa}$,注射压力安全系数 $k = 1.25 \sim 1.4$,则 $1.4p = 1.4 \times 140\mathrm{MPa} =$ $196\mathrm{MPa} \leqslant p_{\text{注}} = 200\mathrm{MPa}$,所以注射压力合格。因此,该注射机符合要求,能投入实际生产,符合该模具的生产需求。

2. 模具三维模型构建

模架一般可分为大水口模架、细水口模架以及简化水口模架三大类。本次的模具设计,流道系统选择冷、热流道搭接的方式并且采用潜伏式牛角进浇方式,所以选择细水口模架。模具的相关机构设计如图 10-25 所示,内饰板模具总装图如图 10-26 所示。

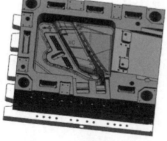

a) 冷却系统　　　　　　　　b) 顶出系统

c) 定模侧　　　　　　　　d) 动模侧

图 10-25　模具的相关机构设计

图 10-26　内饰板模具总装图

模具的材料选择不仅关系整个模具生产制造的成本，而且不同的材质对于使用寿命也有不同影响，尤其是需要对零件进行大批量生产的汽车模具，对使用寿命有很高的要求，选材需要更加谨慎，所以对于模具关键零部位的材料选择见表 10-5。

表 10-5　模具关键零部件的材料选择

序号	模具关键零部件名称	材料
1	推荐固定板、垫块、底板、复位杆、面板、液压缸	S50C
2	热喷嘴、推杆板导柱、顶针、复位弹簧	STD
3	定模仁、动模仁、动模 B 板、定模 A 板	NAK80
4	滑块限位块、脚模、螺钉、拉料杆、直顶杆	45 钢

3. 模具工作原理

本设计的模具整体结构如图 10-27 所示。模具的工作原理：模具的定模和动模在导柱导向的作用下顺利完成合模动作，注射机将熔融的塑料注射入模具型腔内，经过注射、保压、冷却、开模、合模等过程。塑料熔体通过注射机喷嘴，依次通过热流道浇口套 14、热流道分流板 9、热喷嘴 12 进入模具分型面之间的普通冷流道，最后经侧浇口和潜伏式浇口进入模具型腔；熔体充满模具型腔后，经保压和冷却，当固化至足够刚性后，注射机开模机构启动，拉动模具从分型面处打开。在 A、B 板打开过程中，接着机械手取出塑件，最后液压缸 20 推动推件及其固定板复位，动定模再次合模，为下一次注射成型做准备。

10.2.3　总结

本案例通过对汽车内饰板的注射件进行分析，用 UG/NX 三维设计软件完成了零件的模型建立。在田口信噪比下利用 Moldex3D 模流分析进行塑件的注射模拟，通过波前流动、冷却分析和翘曲分析，找出塑件注射的最佳组合参数，及时改善模具结构方面的缺陷。本次模具设计中采用"热流道+冷流道"的流道系统设计，定位圈和浇口套一体式，浇口采用潜伏式浇口，型腔采用整体式结构，塑件的材料选用 PP，模具采用一模一腔结构，分流道截面形状为圆形，型芯采用组合式结构。本案例的设计方法对汽车内饰板类注射件的模具设计有一定的借鉴作用。

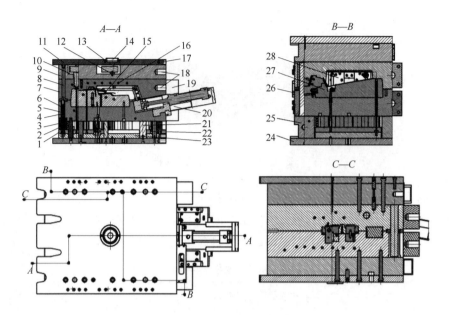

图 10-27　模具整体结构

1—推件固定板　2—复位弹簧　3—顶针　4、22—复位杆　5—动模 B 板　6—推杆板导柱　7—定模 A 板
8—导柱　9—分流板　10—拉料杆　11—面板　12—热喷嘴　13、17、18—螺钉　14—浇口套　15—塑件　16—水路
19—脚模　20—液压缸　21—直顶杆　23—推件底板　24—底板　25—垫块　26—滑块限位块　27—动模仁　28—定模仁

10.3　汽车前门窗框热流道浇口位置变更设计研究

　　汽车前门窗框是安装在汽车前门窗户上的一种窗框，是一种拥有美观性与实用性的一种外饰件，除了可以美观汽车外，同时还具备良好的减振和消噪的能力。本实例产品为一款豪华汽车前门窗框的注射件，如图 10-28 所示，其形状为"U"字形，材料为 PA6+GF15，是一种聚酰胺加 15% 玻纤的产品，采用的是一模两腔的方式进行生产，其单一模腔体积为 $302cm^3$，产品的厚度分布均匀，平均厚度为 1.5mm。

　　注射模具的浇口是分流道和模腔之间的狭窄部分，它将分流道输送过来的塑胶进行加速运动，使塑胶更快更好地进入模腔内。浇口的尺寸和位置对于塑件的质量有着很大的影响，本次模型形状为"U"字形，浇口位置不当会导致充填过程中流动不平衡，容易造成翘曲变形位移量大。浇口的尺寸可以根据开模以后的要素发生变化，但是浇口的位置很难在开模之后改变，所以应对浇口位置事

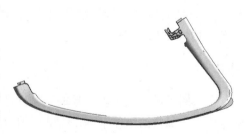

图 10-28　产品模型

先做好分析。基于有限元模流分析技术，在产品问题出现之前可以进行预判。Moldex3D 模流分析软件是一款非常好用的分析工具，其开发的边界层网格（BLM）、热流道模块等为模流分析的准确性提供了可靠保证，模拟结果适用于典型注射成型的四个阶段：填充、保压、

冷却和翘曲。本实例将详细分析汽车前门窗框翘曲变形位移大的问题和优化分析。

10.3.1　原始方案设计分析

1. 原始浇口位置设计

本次采用的是一模两腔的方案设计，网格数量过大，分析时间较长，基于其为对称模腔，为了节省分析时间，只对单一模腔进行分析。该产品外观要求严格，棱线要清晰，不可有浇口痕迹，其翘曲变形位移不能过大，成型周期控制在 20s 以内。鉴于上述情况，采用热流道的技术，对于浇口位置采用图 10-29 所示方式进胶。

1）采用"热流道+冷流道"的方式，如图 10-29a 所示，图中箭头代表的是热流道，在热流道与塑件之间采用的是冷流道，这样的设计避免了单一使用热流道进胶导致塑件上有虎皮纹等和冷流道导致产品周期过长等问题。

2）采用侧进胶的方式，如图 10-29b 所示，浇口尺寸大小为 10mm×5mm。

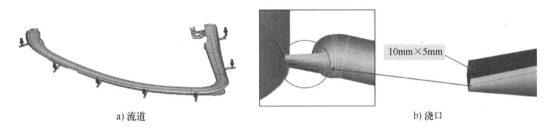

a) 流道　　　　　　　　　　　　　　　　　b) 浇口

图 10-29　进胶方式

2. 模流分析结果

工艺参数多段设定如图 10-30 所示。本次工艺参数设定如下：

1）充填阶段：充填时间为 4s，压力上限为 200MPa。

2）保压阶段：保压时间为 6s，分为三段，分别是 4s/124MPa、1s/93MPa、1s/46MPa。

3）冷却阶段：冷却时间为 10s。

4）温度设定：喷嘴温度为 265℃，冷却水路温度为 75℃。

将以上方案运用 Moldex3D 进行模拟分析，结果如图 10-31 所示。

根据图 10-31 所示充填结果显示：图 10-31a 显示在充填时间为 2.12s、塑胶填充 50% 时没有异样。图 10-31b 显示在充填时间为 3.18s、塑胶填充至 75% 时，通过不同浇口进入模腔中的塑胶达到流动末端位置在图 10-31b 中箭头所指位置。图 10-31c 显示在充填时间为 3.61s、充填至 85% 时，在右上角处流动末端未填充的地方较其他流动末端处大，这表示塑件的右上方流动末端的时间较其他处时间晚。将图 10-31b、c 进行对比，可明显地看出塑件右上角即图 10-31c 中右侧箭头所指位置处，相比于塑件其他处充填所需时间长，导致流动不平衡现象。图 10-31d 显示在充填时间为 4.03s、充填 95% 时，箭头所指的是整个塑件的充填末端，此处明显较塑件其他位置充填时间较长，是最晚充填完毕，也是最晚进入保压阶段的，产生了流动不平衡的现象。

图 10-32 所示为充填结束时压力分布情况，可以通过图中色杆看出较早充填完成的区域压力上升较快，在充填完毕时，整体压力分布不均匀，图中箭头处为充填末端，所以压力最

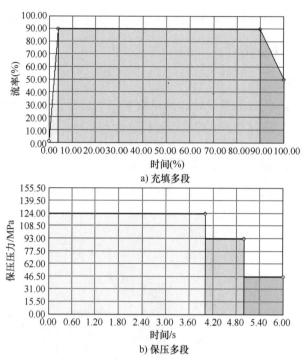

a) 充填多段

b) 保压多段

图 10-30　工艺参数多段设定

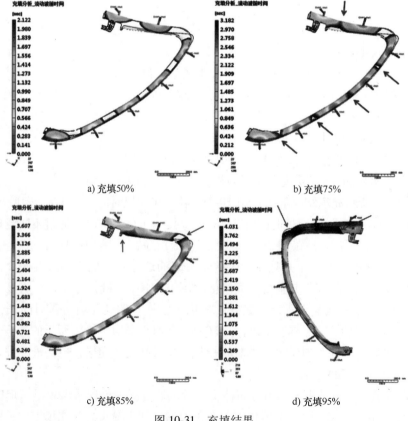

a) 充填50%　　　　　　　　　　b) 充填75%

c) 充填85%　　　　　　　　　　d) 充填95%

图 10-31　充填结果

低。综上所述，通过图 10-31 和图 10-32 的色杆看出其达到流动末端的时间相差较大，较早充填完成的区域压力上升较快，导致整体压力分布不匀，表现出流动不平衡现象，为翘曲变形位移量大埋下了隐患。

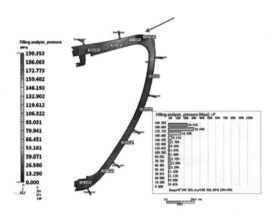

图 10-32　充填结束时压力分布情况

如图 10-33 所示，在翘曲变形位移结果中，可以看出脱模产品最大的翘曲变形位移量高达 18.5mm，通过右侧放大 5 倍之后的效果图可以看到塑件形状向着箭头所指方向进行翘曲变形，位移量大。对比各因素所造成的翘曲变形位移量：图 10-34a 所示总翘曲变形位移量为 18.5mm；图 10-34b 所示总区域收缩效应造成的位移量为 14mm；图 10-34c 所示纤维配向效应造成的位移量为 9.4mm；图 10-34d 所示温度差异效应造成的位移量为 0.3mm。由各因素造成的翘曲变形位移量可得，塑件翘曲主要来自于充填过程中流动不平衡造成的不均匀收缩和材料中包含 15%玻纤引起的纤维配向效应，而温度差异带来的翘曲变形位移量可忽略不计。

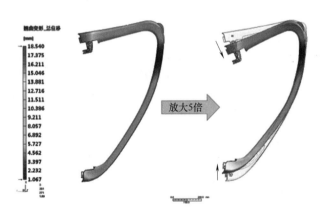

图 10-33　总翘曲变形位移

10.3.2　优化方案设计分析

1. 浇口位置变更设计

区域收缩和纤维配向导致了产品最终的 18.5mm 的翘曲变形量，改善流动平衡，可减少塑件的压力不平衡，有效减少区域收缩带来的变形；而纤维对翘曲的影响较为复杂，通常只

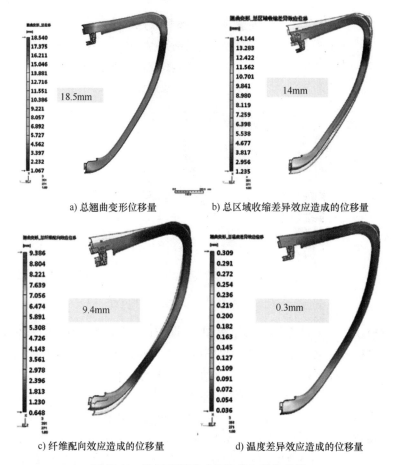

a) 总翘曲变形位移量   b) 总区域收缩差异效应造成的位移量

c) 纤维配向效应造成的位移量   d) 温度差异效应造成的位移量

图 10-34 各因素所造成的翘曲变形位移量

有改变流动趋势才有可能改变纤维的排布情况，以此改善翘曲变形。经过前面模流分析结果判定原始浇口位置设计造成了流动不平衡的现象，导致塑件翘曲变形位移量大的问题，难以满足产品质量和影响塑件外观质量的要求，进而对浇口位置进行变更设计。为改善流动不平衡带来的压力分布不均，成型压力和锁模力过高，以及后续的收缩不均带来的区域收缩效应翘曲，将图 10-35 中箭头处的 4 个浇口位置朝向流动末端即箭头所指方向移动，尝试调整流动。

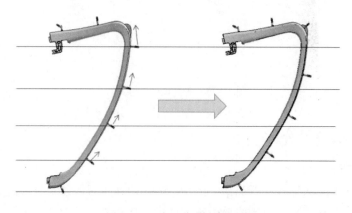

图 10-35 浇口位置变更设计

2. 结果分析对比

根据浇口位置变更设计之后将此方案运用 Moldex3D 进行结果分析，查看分析结果如图 10-36 所示（左图为原始设计，右图为变更设计，以下将其省略为左图与右图）。图 10-36a 所示为充填 75% 的时刻，通过色杆可以明显地看出左图中左上方的流动末端大多还未充满，而右图中右上方已几乎是充满的状态。图 10-36b 所示为充填 95% 即流动末端时刻，通过色杆可以看出左图中右上方仍未充满模腔，流动末端时刻相差较大，导致流动不平衡现象；而右图中模腔已几乎填充完成，其色杆分布较为均匀，流动末端时刻大致相同，相差不大。

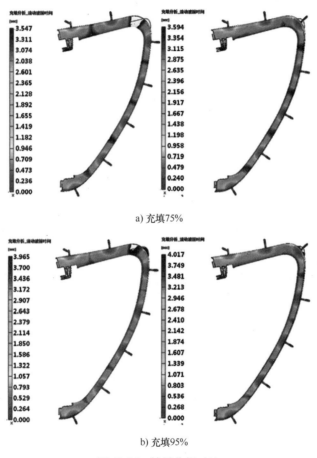

a) 充填75%

b) 充填95%

图 10-36　结果分析对比

通过图 10-37a 所示的两种方案进胶口压力曲线对比可以看出，原始设计方案曲线的最大进胶口压力高达 224MPa（单一模腔），而变更设计方案曲线的最大进胶口压力只有 171MPa（单一模腔），相比原始设计方案，变更设计方案优化了流动平衡，在同样的充填速度下，需要的充填压力更小，成型压力也降低了 53MPa。通过图 10-37b 所示的两种方案的锁模力曲线对比可以看出原始设计方案曲线的最大锁模力高达 2003t（单一模腔），而变更设计方案曲线的最大锁模力只有 1474t（单一模腔），更小的成型压力同样得到更小的锁模力要求，其锁模力降低了 529t。

两种方案翘曲变形位移的对比如图 10-38 所示，将结果进行 5 倍数量的放大，可以明显

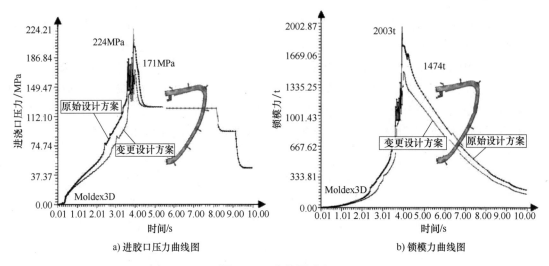

a) 进胶口压力曲线图　　　　　　b) 锁模力曲线图

图 10-37　曲线图对比

看出变更设计后的翘曲变形位移比原始方案的小，在最终的最大变形量上，从 18.5mm 优化至 14.1mm，优化比例为 24%。

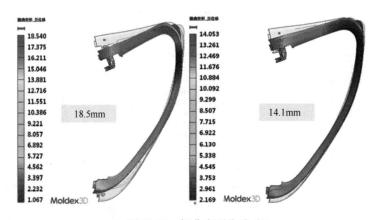

图 10-38　翘曲变形位移对比

10.3.3　实物验证

基于以上 CAE 模流分析结果，将本次的浇口位置变更以后的方案进行实际试模对比，现场试模以及成型产品如图 10-39 所示，从成型产品图可以看出，右图相比于左图其翘曲变形位移量小，与 Moldex3D 分析结果接近，翘曲变形位移得到了较为明显的改善。

10.3.4　总结

本实例基于 CAE 技术，采用 Moldex3D 模流分析软件分别分析了浇口位置对于翘曲变形位移的优化。通过结果对比发现变更设计比原始设计的浇口位置减少了翘曲变形位移量，提高了产品的成型质量。经过分析对比，验证了变更设计相比原始具有更好的分析结果：

264

图 10-39　现场试模及成型产品

1）成型压力从 224MPa 降至 171MPa（单一模腔），在同等的充填速度下，充填压力更小，优化了 23.6%。

2）锁模力从 2003t 降至 1474t（单一模腔），成型压力的降低使得锁模力的要求变低，优化了 26.4%。

3）经过变更设计调整浇口位置使翘曲变形位移量从 18.5mm 降至 14.1mm，优化了 24%。

但是随着科技的不断进步，计算机 CAE 仿真越来越贴合实际生产，这使得在实际生产成品之前有一个稳定的参考，也大大提高了产品的成型质量，减少了资源的浪费。

10.4　玻纤增强汽车注射件成型工艺优化分析及模具设计

炭罐本体是汽车炭罐总成最重要的部件，具有两个填充炭粉颗粒的腔室和车载自诊断检测口等多个深腔结构，其成型质量直接影响活性炭罐的装配和工作性能。不合理的浇注系统和冷却系统以及不科学的工艺参数设置会导致塑件产生缺陷，影响塑件的成型质量。对于炭罐本体，最重要的是各方向的翘曲变形量，这关系炭罐本体与上、下盖的配合，翘曲变形越大，配合间隙越大。由于活性炭罐工作时处于不断的随机振动状态，如果炭罐本体的熔接痕强度不高，会导致塑件应力集中而产生开裂现象。炭罐本体要求有较高的成型质量，本实例将通过 Moldex3D 模流分析软件对其浇注系统和冷却系统及成型工艺进行优化分析，完成炭罐本体的模具设计。

10.4.1　分析模型前处理

1. 塑件模型

炭罐本体外形尺寸为 207mm×313mm×118mm，体积为 455cm³，平均壁厚为 2.5mm，属于体积较大、壁厚较厚的塑件。塑件结构较复杂，有许多卡扣、筋条、凸台。产品模型壁厚分析如图 10-40 所示，可以看出，94.851% 的壁厚分布在 1.315~2.584mm，壁厚分布不均匀，影响充填的效果。

2. 网格划分

将炭罐本体 CAD 三维模型以 .stl 格式汇入 Moldex3D 软件直接进行网格划分，具体操作步骤如图 10-41 所示。为了分析结果的准确性和可靠性，基于计算机的分析能力，网格划分

图 10-40　产品模型壁厚分析

得越细密越好，所以采用第 5 等级进行划分，以 .mdg 格式保存。

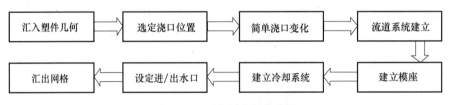

图 10-41　网格划分操作步骤

3. 材料成型工艺分析

炭罐本体的材料选用 PA66+13% GF。PA66 相变温度为 250~265℃，最高注射温度为 285℃；PA66 强度高、耐磨性好、吸水性好和刚性较小。纤维的含量对增强塑料的性能有直接影响，纤维的含量越高，强度和刚度越高，但呈脆性，同时降低了热膨胀性和吸水率，该材料属性中的黏度曲线和压力-比体积-温度特性曲线如图 10-42a、b 所示。

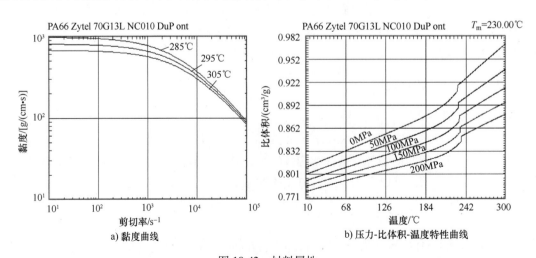

图 10-42　材料属性

将 .mdg 格式文件汇入 Moldex3D 分析软件，软件会根据模型容积、材料、浇口、冷却水路等自动判断出相应的工艺参数，再根据软件默认成型参数和实际经验设定参数为：充填时间 6s，塑料温度 295℃，模具温度 100℃，最大注射压力和保压压力 150MPa，保压时间 8s，冷却时间 15s，开模时间 5s，推出温度 180℃。成型参数设置如图 10-43 所示。

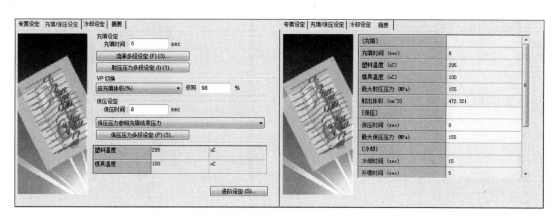

图 10-43　成型参数设置

10.4.2　原始方案模流分析

1. 方案设计

根据注射基本原则以及炭罐本体结构尺寸对浇注系统进行设计，采用点浇口进浇，浇口设置在壁厚较厚的区域，保证能够保压充足，流道分布保持平衡。原始方案的浇注系统采用 4 个点浇口对称分布的形式设计，浇口直径为 1.05mm。在塑件上、下表面平铺两层冷却水路，每层排布 6 根直通式水管，水管直径为 12mm。原始方案如图 10-44a 所示。浇注系统网格划分效果如图 10-44b 所示，具备比较规整的划分效果，满足模流分析要求。

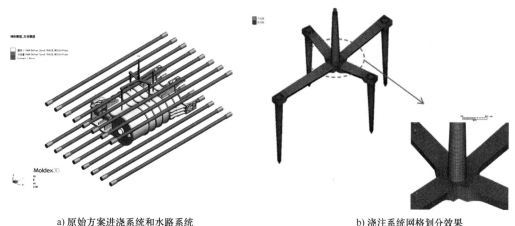

a) 原始方案进浇系统和水路系统　　　　　　　b) 浇注系统网格划分效果

图 10-44　水路和浇注系统原始设计方案

2. 结果分析

查看模流分析结果，塑件在不同方向上翘曲变形位移量的情况如图 10-45 所示，图 10-45a~d 所示分别为 X、Y、Z 方向翘曲变形位移量和总翘曲变形位移量。

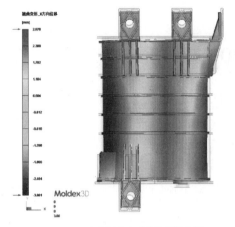

a) X方向翘曲变形位移量放大图

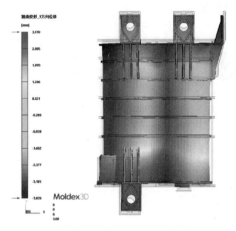

b) Y方向翘曲变形位移量放大图

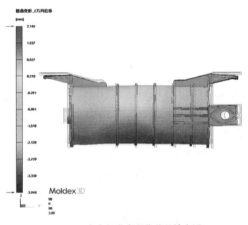

c) Z方向翘曲变形位移量放大图

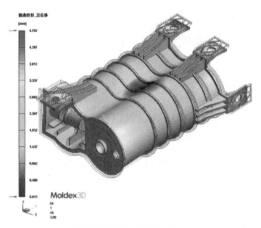

d) 总翘曲变形位移量放大图

图 10-45　各方向翘曲变形位移量放大图

根据分析结果可以发现，X 方向上最大翘曲变形位移量为−3.001mm，Y 方向上最大翘曲变形位移量为−3.826mm，Z 方向上最大翘曲变形位移量为−3.948mm，总翘曲变形位移量为−4.762mm。各方向上翘曲变形位移量都超出了公差要求，影响塑件装配性和外观质量。

经过对模拟结果的分析，发现冷却系统的冷却效果非常差，各个水管冷却效率分配严重不均，最大效率差为9%，起不到均匀冷却的效果；模具温差非常大，模型型腔内部与外部的最大温差高达136.8℃，平均温差高于53℃。说明原方案的冷却水路设计不合理，不能将模具内热量带走，在保压压力的作用下，注射件会发生严重的翘曲变形。图 10-46a、b 所示各个水管的冷却效率分布与模具温差分布。

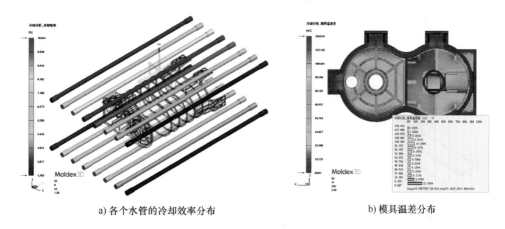

a) 各个水管的冷却效率分布　　　　　　　　　　b) 模具温差分布

图 10-46　各个水管的冷却效率分布与模具温差分布

10.4.3　冷却系统优化分析

1. 方案设计

根据 10.4.2 节分析结果可以得出，原始方案的冷却系统设计存在问题，需要进行优化设计。设计要求各个冷却水管的冷却效率均匀，且模具温差平均值不能太大。根据经验和传统加工工艺的限制，采取增加炭罐腔体内部冷却水路的设计，采用隔板式水管，水管直径为 25mm，上、下两层的水路绕着壳体四周进行串联分布，直径为 12mm，如图 10-47a 所示。

2. 结果分析

网格划分步骤和等级与原始方案相同，在材料、成型参数条件不变情况下，对优化的冷却系统方案进行模流分析。查看分析结果，各个水管的冷却效率分布、模具温差分布分别如图 10-47b、c 所示。冷却系统优化后各方向翘曲变形位移量情况如图 10-48 所示，图 10-48a～d 所示分别为 X、Y、Z 方向翘曲变形位移量和总翘曲变形位移量。

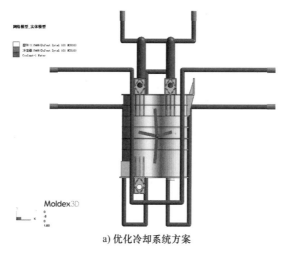

a) 优化冷却系统方案

图 10-47　优化后的冷却系统方案

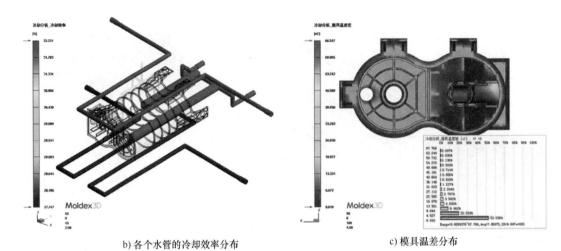

b) 各个水管的冷却效率分布　　　　　　　　　c) 模具温差分布

图 10-47　优化后的冷却系统方案（续）

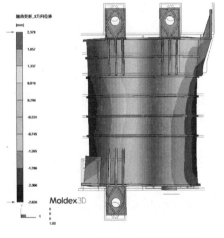

a) X 方向翘曲变形位移量放大图

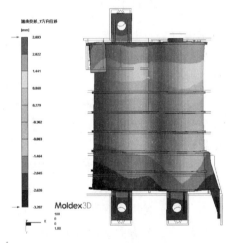

b) Y 方向翘曲变形位移量放大图

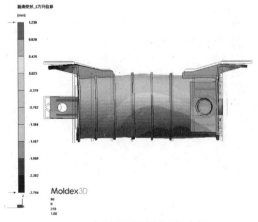

c) Z 方向翘曲变形位移量放大图

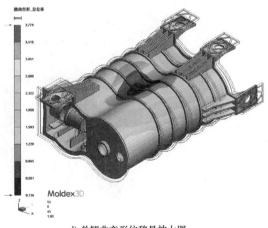

d) 总翘曲变形位移量放大图

图 10-48　优化水路方案各方向位移量放大图

　　分析结果显示，X 方向上的最大翘曲变形位移量为 2.826mm，Y 方向上的最大翘曲变形位移量为 3.207mm，Z 方向上的最大翘曲变形位移量为 2.794mm，总翘曲变形位移量最大值为 3.779mm。分析结果表明，优化冷却水路后的方案比原始方案各方向翘曲变形位移量都要小，有的方向上减小最大量达到 1mm，说明优化后的冷却系统对翘曲变形位移量的减小效果显著，接下来的模具设计将采取优化后的冷却系统进行设计。

　　但是翘曲变形位移量依然很大，这主要是由于炭罐本体件自身的结构所影响，炭罐本体的结构不对称以及体积较大引起。还有材料选择添加 13% 含量玻璃纤维的 PA66，点浇口数量多的情况下容易导致玻璃纤维配向不合理，增大翘曲变形位移量。一般情况下纤维配向性越大且越接近 1 越好，四浇口的浇注系统纤维配向如图 10-49a 所示，统计发现纤维配向平均值为 0.701，还有待提高。本实例原始方案采用四个点浇口，观察各个浇口贡献度，如图 10-49b 所示，发现四个点浇口贡献度较平均，但是四个点浇口易引起较多条缝合线，影响塑件制品外观质量和结构强度，如图 10-49c、d 所示，发现原始方案四个点浇口引起炭罐

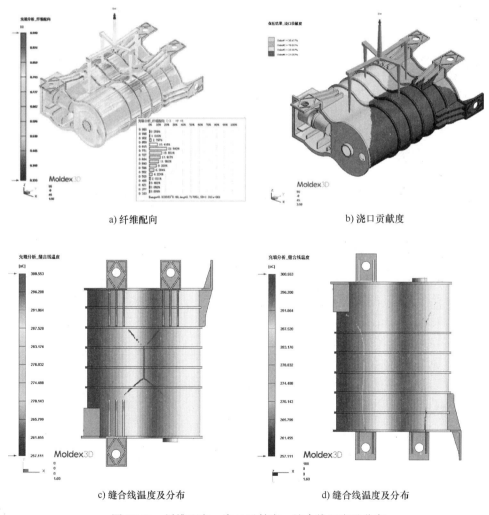

a) 纤维配向　　　　　　　　　　　　　　b) 浇口贡献度

c) 缝合线温度及分布　　　　　　　　　d) 缝合线温度及分布

图 10-49　纤维配向、浇口贡献度、缝合线温度及分布

本体表面几条非常明显的缝合线，且其中两条较长且温度较低，容易引起结构强度降低。需要重新优化浇注系统，来减少缝合线数量以及提高纤维配向性。

10.4.4 浇注系统优化分析

根据 10.4.3 节分析优化的结果，现将浇注系统进行优化，优化方法为在原始方案浇注系统的基础上去掉两个浇口，改成两个浇口形式，其他参数不变，如图 10-50a 所示。

在网格划分、成型参数、材料等与前两次模流分析保持一致的情况下，对优化浇注系统方案进行模拟分析。模流分析结果如图 10-50b～f 所示，依次为优化后缝合线温度，翘曲 X、Y、Z 方向翘曲变形位移量放大图和总翘曲变形位移量放大图，放大倍数为 3 倍。

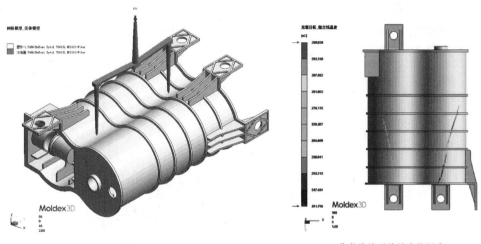

a) 优化浇注系统方案   b) 优化浇注系统缝合线温度

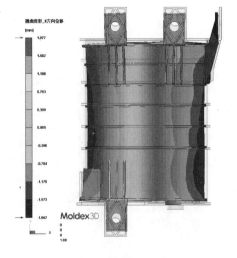 

c) X 方向翘曲变形位移量放大图   d) Y 方向翘曲变形位移量放大图

图 10-50　优化后的浇注系统方案分析结果

272

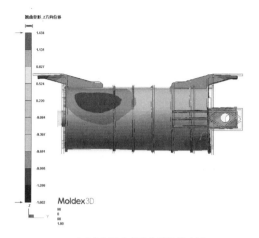

e) Z 方向翘曲变形位移量放大图

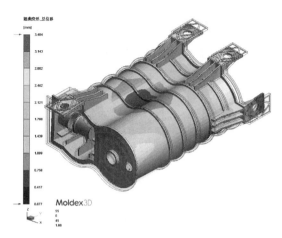

f) 总翘曲变形位移量放大图

图 10-50　优化后的浇注系统方案分析结果（续）

根据图 10-50b 所示分析结果可以发现，缝合线数变少，且缝合线长度变短；流动末端缝合线处温度范围为 241~299℃，高于 PA66 材料固化温度 210℃，因此判断熔接线具有足够的强度。根据图 10-50c~f 所示翘曲变形分析结果，发现各方向翘曲位移量最大值都比上次优化结果减小，且有的方向减小程度较大。在 X 方向上最大翘曲变形位移量为 1.977mm，比上次优化减小 0.849mm；在 Y 方向上最大翘曲变形位移量为 3.092mm，比上次优化减小 0.115mm；在 Z 方向上最大翘曲变形位移量为 1.602mm，比上次优化减小 1.192mm；总翘曲变形位移量最大值为 3.484mm，比上次优化减小 0.295mm。

10.4.5　注射成型参数的优化

1. 正交试验工艺参数设定

通过分析引起注射件翘曲变形原因，提出相应的解决方案：①进行注射件结构设计的优化；②进行模具结构的修改（浇注系统、冷却系统等）；③不断进行注射成型参数的调整；④慎重选择材料。

由 10.4.3 节和 10.4.4 节得出炭罐本体优化后的冷却系统和浇注系统。当成型材料、浇注系统及冷却系统确定后，可通过优化注射工艺参数来减小翘曲量的大小。正交试验的原理是基于统计学和正交学原理进行设计的，从大量的影响因素中挑选具有合理性、代表性的几个点进行正交试验的安排设计，是工程技术中运用较多的一种科学技术方法。本实例运用正交试验方法对炭罐本体注射成型翘曲变形较大的五个参数进行优化，再由分析结果得到最佳的参数组合。五个成型参数优化数值范围见表 10-6。

表 10-6　PA66+13%GF 材料的成型参数范围

成型参数	模具温度 (A)	熔体温度 (B)	保压压力 (C)	保压时间 (D)	冷却时间 (E)
参数范围	70~120℃	285~305℃	90~120MPa	6~15s	12~21s

选取模具温度（A）、熔体温度（B）、保压压力（C）、保压时间（D）、冷却时间（E）五个工艺参数，依据工厂的实际生产经验，将每个工艺参数设置 4 个水平，见表 10-7。

表 10-7　试验的因素及水平

水平	因素				
	A/℃	B/℃	C/MPa	D/s	E/s
1	85	285	90	6	12
2	95	290	100	9	15
3	105	295	110	12	18
4	115	300	120	15	21

2. 试验结果分析

下面采用 5 因素 4 水平正交试验，忽略各因素间存在的交互作用，选择 $L_{16}(4^5)$ 安排试验。试验指标为总翘曲变形位移量最大值，R 表示各个因素的极差，正交试验组合方案及试验结果分析见表 10-8。

表 10-8　正交试验表及其分析结果

试验序号	试验因素					试验指标
	A/℃	B/℃	C/MPa	D/s	E/s	总翘曲变形位移量/mm
1	1	1	1	1	1	4.043
2	1	2	2	2	2	3.749
3	1	3	3	3	3	3.517
4	1	4	4	4	4	3.369
5	2	1	2	3	4	3.531
6	2	2	1	4	3	3.393
7	2	3	4	1	2	3.898
8	2	4	3	2	1	3.739
9	3	1	3	4	2	3.411
10	3	2	4	3	1	3.534
11	3	3	1	2	4	3.740
12	3	4	2	1	3	3.872
13	4	1	4	2	3	3.775
14	4	2	3	1	2	3.897
15	4	3	2	4	1	3.211
16	4	4	1	3	2	3.347
均值1	3.670	3.685	3.631	3.928	3.632	
均值2	3.640	3.643	3.591	3.751	3.601	试验因素影响值大小为：$D>A>B>C>E$
均值3	3.639	3.592	3.641	3.482	3.639	
均值4	3.558	3.582	3.644	3.346	3.634	
极差 R	0.112	0.103	0.053	0.582	0.038	

分析结果显示：当 R 值越大时，说明该因素对翘曲的影响越大。由 R 值大小分析可知，对翘曲变形位移量的影响程度由大到小的因素，依次是：保压时间（D）、模具温度（A）、熔体温度（B）、保压压力（C）、冷却时间（E）。最优的工艺参数组合为 $A_4B_4C_2D_4E_2$，即模具温度、熔体温度、保压压力、保压时间、冷却时间依次为 115℃、300℃、100MPa、15s、15s。通过效应曲线图可以更直观地反映不同工艺参数对总翘曲变形位移量的影响，图 10-51 所示为正交试验效应曲线图。

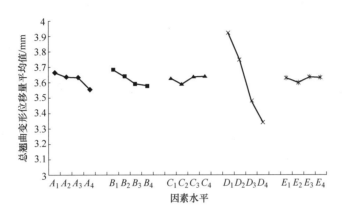

图 10-51　正交试验效应曲线图

得到优化结果后，需要重新设置参数进行仿真验证。将最优参数组合再次进行模流分析，结果如图 10-52a~d 所示，放大倍数为 3 倍。从各图中可以发现各方向翘曲变形位移量最大值都比没有优化之前有所减小，且有的方向减小程度较大。在 X 方向上最大翘曲变形位移量为 1.873mm，在 Y 方向上最大翘曲变形位移量为 2.758mm，在 Z 方向上最大翘曲变形位移量为 1.466mm，总翘曲变形位移量最大值为 3.201mm。

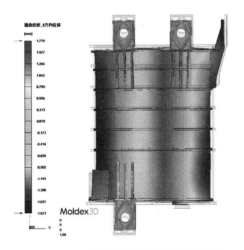

a) X 方向翘曲变形位移量放大图

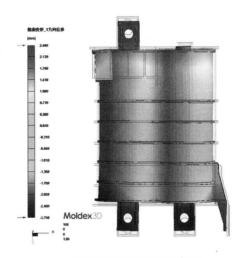

b) Y 方向翘曲变形位移量放大图

图 10-52　优化参数后各方向翘曲变形位移量放大图

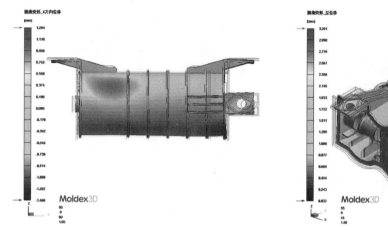
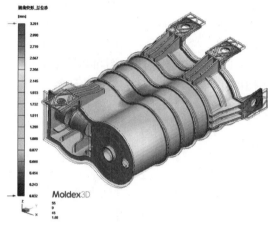

c) Z方向翘曲变形位移量放大图   d) 总翘曲变形位移量放大图

图 10-52　优化参数后各方向翘曲变形位移量放大图（续）

10.4.6　炭罐本体的注射模具设计

优化出合理的进浇系统以及水路方案后便可进行模具的设计。本项目采用工程界功能强大的 NX 三维设计软件进行炭罐本体的注射模具设计，可以根据产品设计需要随意添加标准的零件。下面介绍一下炭罐本体模具设计的主要步骤和模具钢材的选择等。由于分析优化结果翘曲变形位移量最大为 3.201mm，在装配注射件中翘曲变形还比较大，可以在模具设计过程中采用模具预变形方案的设计，使炭罐本体注射产品满足装配要求。

1. 炭罐本体的模具结构设计

在进行模具结构设计的过程中，考虑以下设计步骤：

1）对注射产品进行分析，导入模型根据材料设定体积收缩率。首先确定分型面，一般情况下，分型面的位置选取塑件投影面积最大的截面，这样的优点在于便于脱模，节省模具的空间位置，进浇系统以及冷却系统的设计会更加合理。考虑到炭罐本体体积较大以及注射机台成型的最大参数，还有模具成本，本次模具设计采用一模一腔的结构进行设计，分模后的模具结构如图 10-53 所示。

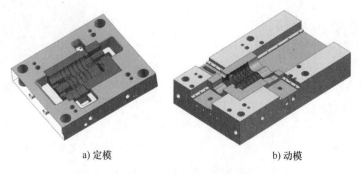

a) 定模   b) 动模

图 10-53　定模和动模结构

2）根据优化确定的浇注系统和冷却系统方案进行模具设计。炭罐本体分型面上、下两面分别设计两层普通水管水路，型腔内部设计为两个隔板水路；浇注系统分为进浇点、主流道、冷流道和冷流道点浇口。冷却系统和浇注系统设计结果如图 10-54 所示。

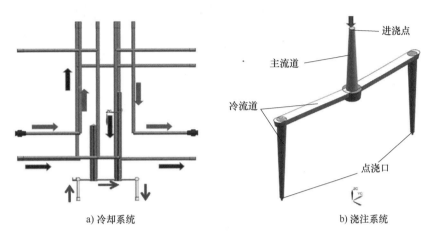

a) 冷却系统　　　　　　　　b) 浇注系统

图 10-54　冷却系统和浇注系统设计结果

3）模架选择。其类型主要包括大水口模架、细水口模架以及简化水口模架。完成分模之后，对其模架进行选取，本项目采用点浇口进浇，所以采用细水口模架，鉴于产品的结构选择 EAH 型模架。EAH 型模架包括面板、定模板、动模板这些主要模块，具体型号为 FCI-6070-A120-B170-C150，如图 10-55 所示。

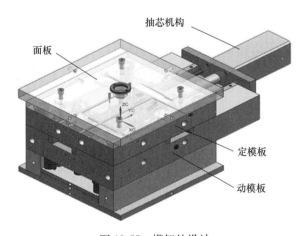

图 10-55　模架的设计

4）设计其抽芯机构以及推杆机构。推杆的排布需要考虑脱模力的平衡，避开浇口、冷却水路等其他结构。本实例采用圆柱推杆中的直推杆，圆柱推杆按国家标准选用，具有更换方便的特点。本炭罐本体产品为上下脱模，内部型腔和卡扣位置的脱模，需要增加液压抽芯机构和斜导柱侧抽机构来实现。脱模机构设计如图 10-56 所示。

5）对导柱、导套、定位环、复位弹簧等标准部件进行选择设计。底座复位机构设计如图 10-57 所示。

a) 推杆机构　　　　　　　b) 液压抽芯机构　　　　　　c) 斜导柱侧抽机构

图 10-56　脱模机构设计

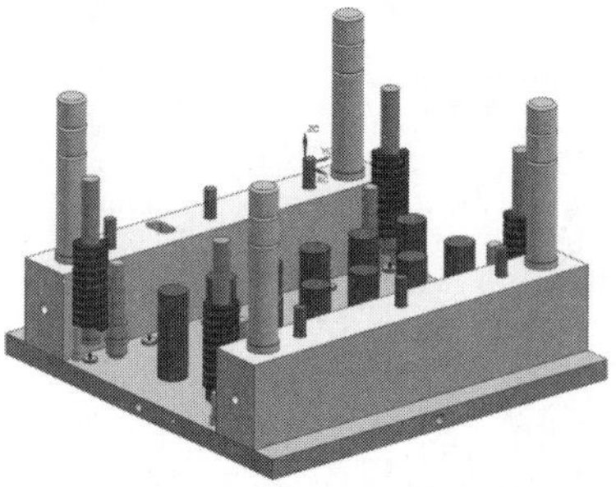

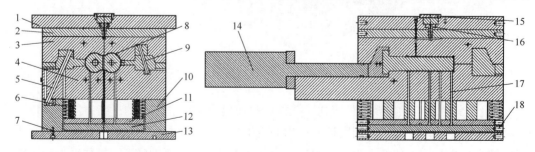

图 10-57　底座复位机构设计

2. 模具材料的选择

塑料模具材料的选择与应用是否合理关系到制造成本、使用寿命、制造时间以及质量。炭罐属于汽车零部件，对强度有一定的要求，为大批量生产产品，因此对于模具寿命与模具质量具有较高的要求。为了达到这个要求，本套模具的动模、定模以及顶针采用 T8A 或者 T10A，整体淬火或工作段淬火至 50~55HRC。其他模块对材料的性能要求较低，因此选用 P20 材料或者 45 钢。

3. 模具总装图

完成浇注系统设计、冷却系统设计、顶出机构和成型零件设计后，选用标准模架，具体型号为 FCI-6070-A120-B170-C150，在 CAD 中形成模具总装图。模具结构如图 10-58 所示。

图 10-58　模具结构

1—定模座板　2—支承板　3—定模型芯　4—动模型芯　5、9—斜导柱　6—弹簧　7—螺钉

8—塑件　10—垫块　11—推杆固定板　12—推板　13—动模座板

14—液压缸　15—定位环　16—浇口套　17—推杆　18—定位销

4. 总结

本实例运用 Moldex3D 软件对炭罐本体模具的冷却系统、浇注系统进行优化设计，改善了成型过程中发生的翘曲变形的问题。最后对本体外壳进行注射模具设计，完成模具结构设计、模具总装。但是各方向翘曲变形依然有改进的空间，模具加工过程中采取预变形的原理可以减小翘曲变形。在实际生产过程中还需要基于 Moldex3D 软件进行工艺参数的正交试验，得出最佳的注射参数。

10.5　SUV 保险杠饰条工艺参数优化及模具设计

随着高分子材料和汽车轻量化的发展，塑件在汽车上的应用越来越广泛。随着汽车的普及，消费者对其美观、耐用性有了更高的要求。汽车保险杠的装配质量是影响汽车整体性能的因素之一，对其美观性有要求的外饰件，除了可以美观汽车外，同时具备良好抗低速碰撞能力，装配质量欠佳的前、后保险杠饰条，不仅会影响汽车的外形美观，还会导致对低速物体碰撞抗性较差的问题，影响饰条的耐用性。因此装配中汽车前、后保险杠饰条变形的控制就显得非常重要。现采用计算机辅助工程（CAE）技术，避免了在传统模具设计与制造过程中反复试模、修模的情况，提高了生产率而且降低了生产成本。本实例以 Moldex3D 2020 为试验平台，对某 SUV 保险杠饰条进行成型缺陷预估及工艺参数优化，以获得最优工艺参数组合。

10.5.1　塑件基本参数

塑件模型为汽车前、后保险杠饰条，外形尺寸分别为 1032mm×42.5mm×61.8mm 和 1390mm×42.5mm×171.3mm，型腔体积为 501.64cm³，塑件模型和主体部分壁厚为 3mm，如图 10-59 所示。

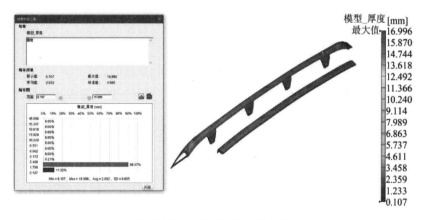

图 10-59　塑件模型和厚度分析

10.5.2　成型缺陷预估

该塑件结构简单，但内壁有较多卡扣和圆角等特征结构，成型时收缩率较大。该塑件狭长，成型时其两端会产生较大的翘曲变形，且采用多点进浇会在成型塑件外表面产生多条熔接痕，不仅影响塑件装配质量及外形美观度，还会导致对低速物体碰撞抗性较差。

10.5.3　模流分析

1. 网格划分及材料选择

本实例以 Moldex3D 2020 为模流分析平台，对塑件进行仿真分析，选用的网格类型为边界层网格（BLM），层数为 5，如图 10-60 所示，并对孔类、圆角类进行局部加密，网格数量统计为 11485158 个。

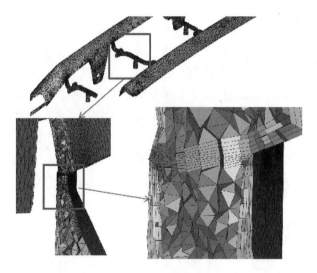

图 10-60　边界层网格

汽车内外饰件如仪表板、隔栅、照明系统、轮毂罩、车门把手等广泛采用苯乙烯类的 ABS 作为电镀件，且 ABS 具有较高的冲击强度和表面硬度，可以满足汽车保险杠饰条的外观和性能要求。ABS 的成型温度为 220～240℃，模具温度为 40～80℃，顶出温度为 97℃，固化温度为 117℃，材料特性如图 10-61 所示。

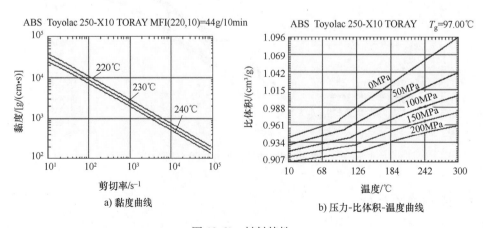

图 10-61　材料特性

2. 流道系统建立

采用普通流道与热流道相结合的方式进浇，以达到减少成型塑件翘曲量和消除缝合线的目的。设计的环形浇口尺寸为 14mm×20mm，热流道中分流道 1 尺寸为 ϕ14mm，分流道 2 尺寸为 ϕ8mm，如图 10-62a 所示。U 形冷流道采用 7 个浇口，搭接进浇，搭接尺寸为 9.71mm× 2.11mm，如图 10-62b 所示。

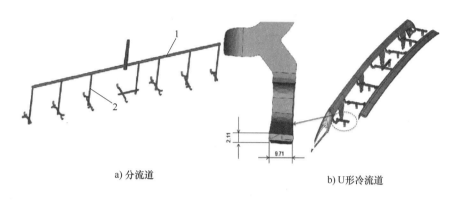

a) 分流道

b) U形冷流道

图 10-62 流道系统设计

3. 冷却系统建立

塑件成型周期中，冷却时间占比很大，冷却所需时间不仅与冷却液的比热容、塑件温度有关，还与冷却水路设计有关，良好的水路设计不仅可以减少冷却时间，缩短成型周期，提高生产率，还可以保证成型塑件具有良好的品质。模具采用定模侧 4 条水路、动模侧 6 条水路进行冷却，在塑件内壁及外壁弯曲幅度较大处对应位置采用隔水板式水路提高冷却效果。普通水路管径为 ϕ8mm，隔水板式水路管径为 ϕ12mm，如图 10-63 所示。

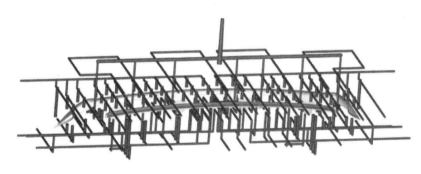

图 10-63 冷却系统

4. 成型参数设定

塑件的成型质量与诸多因素有关，其中模具温度、熔体温度、保压压力、保压时间、冷却时间对塑件成型质量有很大影响，试验以上述 5 个因素为分析对象，为方便试验统计分别以 A、B、C、D、E 表示，均匀地选取 4 个水平因子，对这 5 个因素单独进行试验，表 10-9 为试验因素及水平。

表 10-9 试验因素及水平

水平	因素				
	A/℃	B/℃	C/MPa	D/s	E/s
1	63	225	70	18	15
2	68	230	75	21	18
3	73	235	80	24	21
4	78	240	85	27	24

5. 试验结果及分析

排除其余 4 个因素对试验的干扰，分别对每个因素进行单独试验，共进行 16 组试验。试验指标为翘曲量和体积收缩率，正交试验结果见表 10-10。

表 10-10 正交试验结果

试验序号	试验因素					试验指标	
	A/℃	B/℃	C/MPa	D/s	E/s	翘曲量/mm	体积收缩率（%）
1	1	1	1	1	1	15.522	1.394
2	1	2	2	2	2	11.808	9.376
3	1	3	3	3	3	8.580	7.466
4	1	4	4	4	4	7.485	6.828
5	2	1	2	3	4	7.753	6.951
6	2	2	1	4	3	7.951	7.165
7	2	3	4	1	2	13.822	9.771
8	2	4	3	2	1	14.528	10.014
9	3	1	3	4	2	8.169	7.128
10	3	2	4	3	1	8.055	6.990
11	3	3	1	2	4	8.837	7.759
12	3	4	2	1	3	12.265	9.631
13	4	1	4	2	3	8.938	7.577
14	4	2	3	1	4	9.349	7.943
15	4	3	2	4	1	10676	8.658
16	4	4	1	3	2	10.774	8.828

为了直观地选出对塑件成型质量有较大影响的因素，对表 10-10 中的试验数据进行极差

分析：极差越大，该因素对塑件成型质量的影响越大，见表 10-11，其中 $K_{n/4}$ 代表各试验因素序号 n 的翘曲量和体积收缩率的均值。

表 10-11　翘曲量均值和极差

项目	因素				
	A	B	C	D	E
$K_{1/4}$	10.849	10.096	10.771	12.740	12.195
$K_{2/4}$	11.014	9.291	10.626	11.028	11.143
$K_{3/4}$	9.332	10.479	10.157	8.791	9.434
$K_{4/4}$	9.934	11.263	9.575	8.570	8.356
极差 R	1.683	1.972	1.196	4.169	3.839
结论	试验因素影响值大小为：$D>E>B>A>C$				

由表 10-11 可知，对塑件翘曲量的影响程度是：$D>E>B>A>C$，得出该项目最优的成型工艺参数为 $A_3B_2C_4D_4E_4$。

体积收缩率均值和极差见表 10-12。由表 10-12 可知，对体积收缩率的影响程度是：$D>E>B>C>A$，可知该项目最优的成型工艺参数为 $A_3B_2C_4D_4E_4$。对表 10-11 和表 10-12 的分析可以看出，影响翘曲量和体积收缩率的两者最优参数组合相同。

表 10-12　体积收缩率均值和极差

项目	因素				
	A	B	C	D	E
$K_{1/4}$	8.516	8.013	8.537	9.435	9.014
$K_{2/4}$	8.475	7.869	8.654	8.682	8.776
$K_{3/4}$	7.877	8.414	8.138	7.559	7.960
$K_{4/4}$	8.252	8.825	7.792	7.445	7.370
极差 R	0.639	0.957	0.745	1.990	1.644
结论	试验因素影响值大小为：$D>E>B>C>A$				

6. 模流分析验证

经过上述正交试验和极差分析，得到了最优参数组合，在 Moldex3D 2020 中的工艺参数设置中，把得到的最优组合所表示的相关数据录入，数据分别为：模具温度 73℃，熔体温度 230℃，保压压力 85MPa，保压时间 27s，冷却时间 24s。录入数据后进行分析，分析得到的结果为：翘曲量最大为 6.723mm，如图 10-64 所示；体积收缩率最大为 4.736%，如图 10-65 所示，翘曲量和体积收缩率相对于 16 组分析结果取得了较大优化。

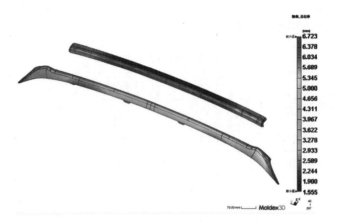

图 10-64　翘曲量

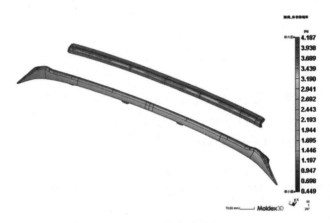

图 10-65　体积收缩率

10.5.4　对试验结果进一步优化

1. 改变动模与定模温度以优化翘曲

分别对成型塑件在做极差分析后得到的最优组合各个方向的翘曲量进行比较分析，发现 Z 方向翘曲变形位移量较大为 5.979mm，如图 10-66 所示，通过改变动模与定模温度以减小成型塑件在 Z 方向的翘曲，提高塑件品质。

将初始设定条件中动模与定模冷却水路温度均为 60℃改为动模冷却温度为 50℃、定模冷却水路温度为 60℃，保持最优组合中的模具温度 73℃不变，进行分析，得出结果为成型塑件 Z 方向翘曲变形位移量为 4.887mm，如图 10-67 所示，在最优组合所得结果上进一步优化了成型塑件翘曲变形位移量。

2. 通过灰色关联度计算优化翘曲

灰色关联理论是将评价指标原始数据进行无量纲化处理，计算关联系数、关联度，以及根据关联度的大小对待评指标进行排序。

1）采用最小值法对数据进行分析及初始基准为 [7.485，6.828]。

图 10-66　塑件 Z 方向的翘曲变形位移量

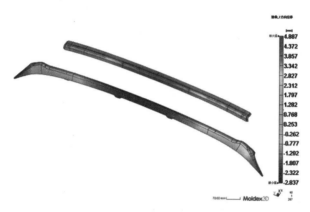

图 10-67　改变动模与定模温度后 Z 方向的翘曲变形位移量

2）算出两级最大差值和最小差值：

$$\min_i(\min|x_0(k)-x_i(k)|)=\min(D_i(\min))$$

$$\max_i(\max|x_0(k)-x_i(k)|)=\max(D_i(\max))$$

式中，$x_0(k)$ 为参考序列；$x_i(k)$ 为比较序列。

根据以上两个公式可得两级最小值均为 0，两级最大值分别为 8.037 和 3.568。

3）计算关联系数：

$$g_i(k)=\frac{\min_i(D_i(\min))+\rho\max_i(D_i(\max))}{|x_0(k)-x_i(k)|+\rho\max_i(D_i(\max))}$$

式中，ρ 为分辨率，一般取 $\rho=0.5$。

4）计算关联系数的平均值：

$$h_i=\frac{1}{n}\sum_{k=1}^{n}g_i(k),k=1,2,\cdots,n$$

关联度越大，则表明因素和结果之间的关系越紧密，对结果影响也越大。关联度越小，则表明因素和结果之间的关联度越小，对结果影响也就越小。

表 10-13 为按照以上 4 个公式计算得到的关联系数和关联度，并对表 10-13 进行灰色关联度方差分析，计算得出各均值和方差 R，相关数据见表 10-14。

表 10-13 关联系数和关联度

试验序号	翘曲量/mm	体积收缩率（%）	关联度
1	0.333	0.334	0.167
2	0.482	0.412	0.224
3	0.786	0.737	0.381
4	1	1	0.500
5	0.938	0.936	0.469
6	0.896	0.841	0.434
7	0.388	0.377	0.191
8	0.363	0.359	0.181
9	0.855	0.856	0.428
10	0.876	0.917	0.448
11	0.748	0.657	0.351
12	0.457	0.389	0.212
13	0.734	0.704	0.360
14	0.683	0.615	0.325
15	0.557	0.494	0.263
16	0.550	0.472	0.256

表 10-14 目标函数的平均关联度

项目	因素				
	A	B	C	D	E
均值 1	0.3178	0.3556	0.3019	0.2235	0.2646
均值 2	0.3186	0.3576	0.2916	0.2787	0.2745
均值 3	0.3597	0.2965	0.3284	0.3883	0.3465
均值 4	0.3006	0.2869	0.3748	0.4062	0.4111
极差 R	0.0591	0.0708	0.0832	0.1827	0.1465
结论	试验因素影响值大小为：$D>E>C>B>A$				

经过上述灰色关联度分析，得出影响关联度大小的因素排序为：$D>E>C>B>A$。根据灰色关联系统理论得到该项目最优试验组合是 $A_3B_2C_1D_4E_4$，即模具温度 73℃，熔体温度 230℃，保压压力 85MPa，保压时间 27s，冷却时间 24s。

按灰色关联度的计算得出最优成型工艺参数组合设定成型参数，保持动模、定模冷却水温分别为 50℃ 和 60℃，进行分析验证，分析结果为总翘曲变形位移量为 5.426mm，达到试验所得到的最佳水平，塑件品质得到大幅度改善，如图 10-68 所示。

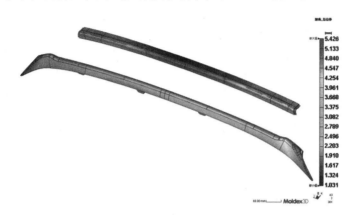

图 10-68　最优成型工艺参数所得翘曲变形位移量

10.5.5　总结及模具设计

1）通过正交试验和灰色关联度系统理论分析，得到了使塑件翘曲变形位移量和体积收缩率达到最优水平的最佳注射工艺参数组合为模具温度 73℃、熔体温度 230℃、保压压力 85MPa、保压时间 27s、冷却时间 24s，分析结果显示翘曲变形位移量最大为 5.426mm。

2）通过类似于 Moldex3D 模流分析软件进行 CAE 分析可以准确地反映各工艺参数下的塑件成型品质和各方向上的塑件变形量，可以有针对性地进行优化，减少了分析时间。

3）最后根据模流分析结果进行注射模具的设计，该注射模具定模如图 10-69a 所示，动模如图 10-69b 所示，总装配图如图 10-69c 所示，模具总装二维图如图 10-70 所示。

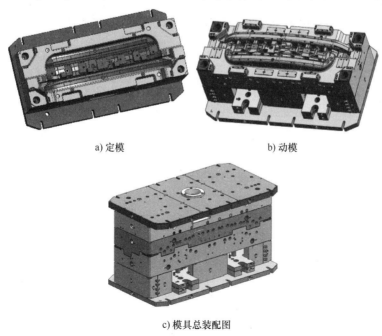

a) 定模　　　　　　　　　　b) 动模

c) 模具总装配图

图 10-69　模具三维图

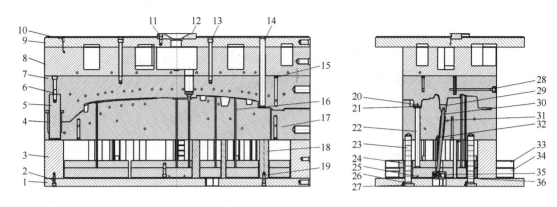

图 10-70　模具总装二维图

1—动模座板　2—螺栓　3—垫块　4—动模板　5、24—导套　6、23—导柱　7—定模板　8—热流道板　9—定模座板
10—浇口套　11—限位柱　12—螺塞　13—拉料杆　14—顶针　15—螺钉　16、34—推板　17—推杆固定板
18—顶柱　19—顶板　20—隔水板　21、28—水管接头　22、29—镶块　25—滑块　26—密封盖
27—密封圈　30—斜顶　31—斜顶导套　32、36—内六角螺钉　33—推板固定板　35—斜顶座

10.6　汽车灯罩的优化分析及模具设计

10.6.1　汽车车灯灯罩模型的基本结构

本实例中使用的产品是汽车车灯灯罩的模型，分析采用一模两腔、单个侧边进胶的方式进行充填。

此产品模型尺寸为 588mm×350mm×347mm，两个模腔的体积即产品体积为 604cm^3，两个模腔里充填完成的模具质量约为 m_1=324.762g，m_2=324.864g，如图 10-71 所示。

Part Weight of Cavity #1　= 324.762 g
Part Weight of Cavity #2　= 324.864 g

图 10-71　模腔质量

在汽车车灯灯罩模具设计中，由于灯罩为汽车外饰件，它的美观以及透光率都有着很高的要求，那么，首先保证在其表面不能出现缝合线、短射等缺陷，所以，本次设计选择采用单个浇口来进行充填，这样就可以保证每个模腔里面只有一股塑胶流动，不会出现两股塑胶相撞产生的缝合线等缺陷。

缝合短射等多个缺陷对于塑件最终成型的质量有着极大的联系，所以，基于 Moldex3D 对其模具进行分析也是极其必要的。本实例从前处理、分析以及后处理三个方面对车灯灯罩模具进行分析。

10.6.2　运用 Moldex3D 对灯罩进行前处理

1）将用 NX 设计的三维模型以 .stp 格式导出。

2）以管理员身份打开 Moldex3D Designer 软件。

3）打开 Moldex3D Designer，选择边界层网格（BLM）模式。

4）汇入产品模型。

① 汇入产品 .stp 格式的模型，将塑件属性定义为模穴，如图 10-72 所示。

② 对汇入的模型利用 CADdoctor 进行几何检查，并对一些重度错误进行修复，再导出到 Moldex3D Designer 里。图 10-73 所示为模型缺陷几何修复前后对此，正确的模型是分析的基础。

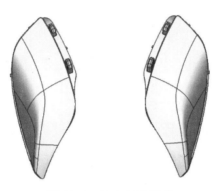

图 10-72　汽车灯罩模型

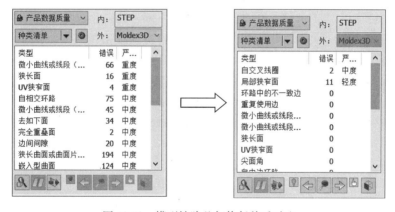

图 10-73　模型缺陷几何修复前后对比

5）建立流道系统。根据产品特性，在 Moldex3D Designer 中设计流道曲线，并将曲线定义为冷流道，设置其直径。设置主流道上、下口直径分别为 13mm、22mm，分流道直径为 22mm，进胶点选择侧边进胶方式，侧边浇口一般应用在两板模冷流道系统，浇口由射出件边缘的分型面上进胶，其截面形状通常是方形或矩形。侧边浇口通常会在成型后进行切边修整。此次侧边浇口尺寸为 15mm×5mm。流道系统如图 10-74 所示。

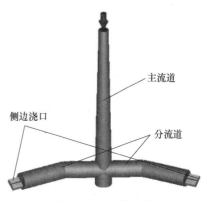

图 10-74　流道系统

6）建立冷却系统。

① 设定模座如图 10-75a 所示，总高度为 900mm×900mm，开模方向为 Z 向。

② 手绘水路如图 10-75b 所示，水管直径为 8mm。

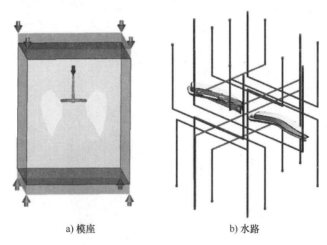

a) 模座　　　　　　　　　　　b) 水路

图 10-75　冷却系统

7）生成实体网格。前处理的网格划分在 Moldex3D Designer 里进行，主要有塑件的表面网格和塑件流道网格的实体网格。一般情况下，网格撒点大小设置的规则，在软件里预设的网格尺寸为产品平均厚度的 2 倍，在本实例中为 5.7mm，相对于面积大于 A4 纸大小的产品一般使用预设值来撒点即可，A4 纸大小的产品一般为预设值的 1/2 之后进行撒点，5cm×5cm 大小的产品或者更小的产品，一般用预设值的 1/4 进行撒点。最后为了方便计算，将预设值的 1/2 和 1/4 四舍五入取整后再建立网格。在此，灯罩的网格数量需要设置为预设值的 1/2 取整，所以此处将灯罩产品网格尺寸定义为 3mm。

图 10-76 所示为最终生成的实体网格及具体的网格模型细节数据，包括模穴网格节点、网格体积等。

模型细节	⌃
项目名称	数值
模穴网格节点…	505,976
模穴网格元素…	1,134,192
模穴网格体积	604.31 (cc)
流道网格节点…	44,497
流道网格元素…	44,548
流道网格体积	141.78 (cc)

a) 实体网格　　　　　　　　　　　b) 模型细节参数

图 10-76　实体网格及模型细节参数

8）保存作为以后分析用的网格挡，其格式为 .mde。

10.6.3 运用 Moldex3D 进行成型参数设定

1）新增网格。

2）材料的选择。汽车灯罩模型体积为 604cm³，平均厚度为 2.874mm，由于灯罩模型体积限制且需要优良的透光率以及平滑性等，料温同样会比较高，水路多、冷却系统复杂，所以选择 ABS 材料中型号为 STYLAC VA29 的材料。其加工温度范围为 200~250℃，模型此时的温度范围为 40~80℃，顶出温度为 91℃。材料参数如图 10-77 所示。

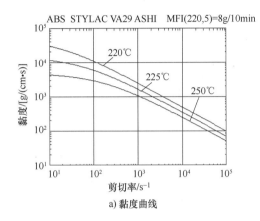
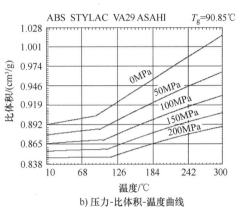

a) 黏度曲线

b) 压力-比体积-温度曲线

图 10-77 材料参数

3）模流成型参数如下所示：

① 充填分析。充填时间为 15.486s；料温为 225.0℃；模温为 60.0℃；射出压力为 155.00MPa；射出体积为 604cm³；射出流率多段数设定为 3，如图 10-78a 所示：

段数 1：时间为 0.00%~20.00%，流率为 30.00%。

段数 2：时间为 20.00%~90.00%，流率为 95.00%。

段数 3：时间为 90.00%~100.00%，流率为 45.00%。

射出压力多段数设定为 1：

段数 1：时间为 0.00%~100.00%；压力为 70.00%；VP 切换依充填体积的 98% 进行。

② 保压分析。保压时间为 25.44s；保压压力为 155.00MPa；保压压力设定段数为 3，如图 10-78b 所示：

段数 1：时间为 0.00%~60.00%，压力为 62.71%。

段数 2：时间为 60.00%~80.00%，压力为 50.17%。

段数 3：时间为 80.00%~100.00%，压力为 40.13%。

③ 冷却分析。冷却时间为 17.60s；开模时间为 5.00s；顶出温度为 90.85℃；空气温度为 25℃；冷却液为水。

以上充填/保压设定、冷却设定、成型条件参数汇总分别如图 10-79a、b、c 所示。

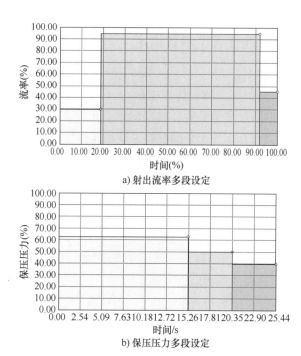

a) 射出流率多段设定

b) 保压压力多段设定

图 10-78　流率多段设定

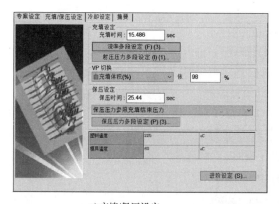

a) 充填/保压设定

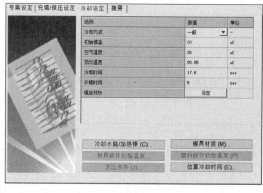

b) 冷却设定

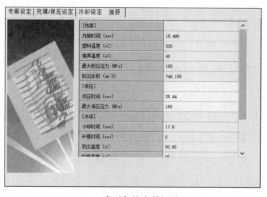

c) 成型条件参数汇总

图 10-79　成型参数设定界面

10.6.4　模流分析结果

运用 Moldex3D 模流分析，对后期出模有着相当重要的作用。注射模具设计人员应该力求改进塑件设计的结构，使得塑件精加工的费用降到最低。只有在软件中模拟充填的时候没有出现一些缺陷，才能保证最终模具成型的完整性。

首先，软件分析出最重要的一项结果就是流动充填，以此来观察流动状态确定流动的平衡性。本次填充模拟过程如图 10-80 所示。在充填过程中，两个模穴基本达到一致充填，没有出现流动不平衡缺陷。

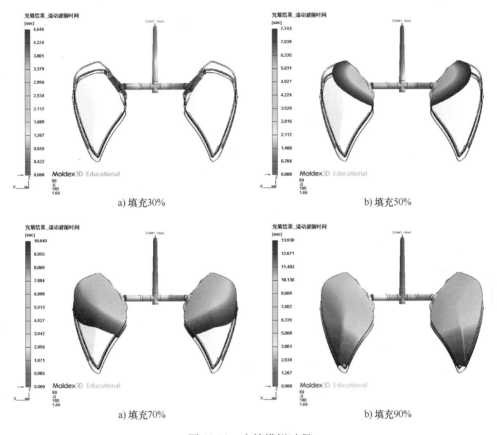

a) 填充30%　　　　　　　　　　　b) 填充50%

a) 填充70%　　　　　　　　　　　b) 填充90%

图 10-80　充填模拟过程

接下来，将从充填、保压、冷却、翘曲四个方面来观察其分析结果。

（1）基于充填结果的分析

1）充填时间：充填时间长短的优缺点对比见表 10-15。

表 10-15　充填时间长短的优缺点对比

	充填时间较短	充填时间较长
优点	1. 成型周期短 2. 成品各部位温差小	分子链、纤维配向程度低

（续）

	充填时间较短	充填时间较长
缺点	1. 射速太快需要较大的射压 2. 熔胶剪切率过高 3. 剪切摩擦生热效应大 4. 排气不良易造成包封、烧焦分子链等缺陷	1. 成型周期较长 2. 射速太慢同样需要较大的射压 3. 易发生短射现象

充填的效率是由充填时间决定的，充填时间是充填过程中最重要的观察对象之一。如上面充填模拟图以及图 10-81 所示，充填时间为 15.486s，充填过程中没有出现短射、包封等充填缺陷，充填也相对比较平衡。

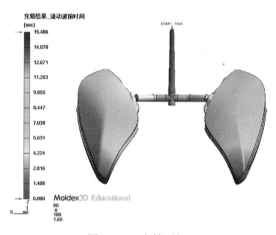

图 10-81　充填时间

2）缝合线：缝合线位置也是影响模具成型质量的一个重要因素，出现在受力区域的缝合线会影响产品的质量，出现在产品表面的缝合线会影响产品的美观，为了保证塑件的强度，要尽量避免缝合线的产生，如果有无法避免的缝合线产生，就尽量通过调整进胶口位置等因素来将缝合线位置调整到结构内部以此来避免影响塑件表面的平滑度。如图 10-82 所示，此灯罩模型的缝合线只有两处，且均存在于灯罩卡的安装位置，塑件表面不存在缝合线，不会影响最终成型产品的平滑度及透光性等。

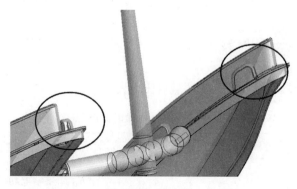

图 10-82　缝合线

3）充填压力：充填压力又称射出压力，是指射出螺杆作用在熔胶上的压力。一般来说，充填压力的大小能影响注射机的最终选择型号，充填压力越小，对应选择的注射机螺杆直径就越大。如图 10-83 所示，注射压力结果相差不大，最大充填压力约为 37MPa，出现在流道进胶口位置。

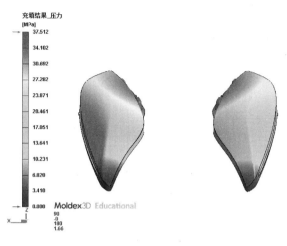

图 10-83　注射压力

4）中心温度：中心温度不足是导致塑件出现填充不足以及注射距离短的主要原因。图 10-84a 所示塑件中心温度为 224.723℃，和料温 225℃基本一样，所以不会出现填充不足以及注射距离短等问题，符合最终模具制造要求。

5）浇口贡献度：浇口贡献度是指每一个浇口对于整个塑胶充填的最终贡献度。此产品浇口贡献度如图 10-85 所示，此图表明，两个浇口各充填 50%的贡献度，这与起初设计产品流道时选择单点侧边进胶的方案息息相关。

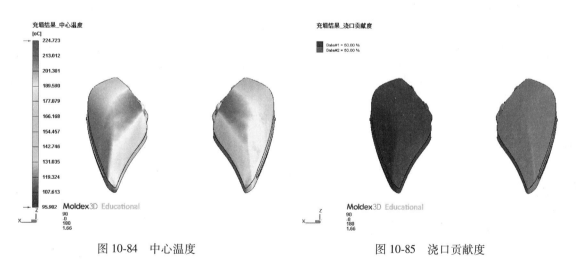

图 10-84　中心温度　　　　　　　　　图 10-85　浇口贡献度

6）塑料流动波前温度：较高的塑料流动波前温度虽然有利于提高熔接线强度，但也会提高相应的体积收缩率，甚至会出现塑料分解等现象，所以控制塑料流动波前温度同样重要，如图 10-86 所示。结果显示，灯罩模具流动波前温度整体分布在 210~226℃之间，与料温 225℃相差不大，符合加工条件。

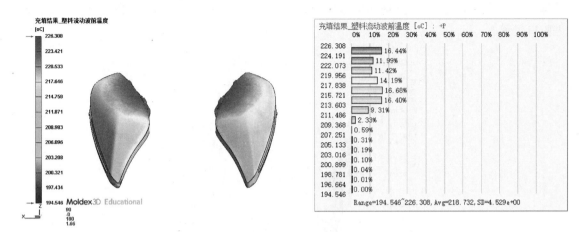

图 10-86　塑料流动波前温度

（2）基于保压结果的分析

1）锁模力：充填压力的大小能影响注射机的最终选择型号，充填压力越小，对应选择的注射机螺杆直径就越大，螺杆直径越大，注射机的选取范围就越广泛，另外，能够影响充填压力的首要因素就是锁模力的大小，锁模力越小，充填压力也会越小。如图 10-87 所示，结果显示，最大锁模力为 359.25t。

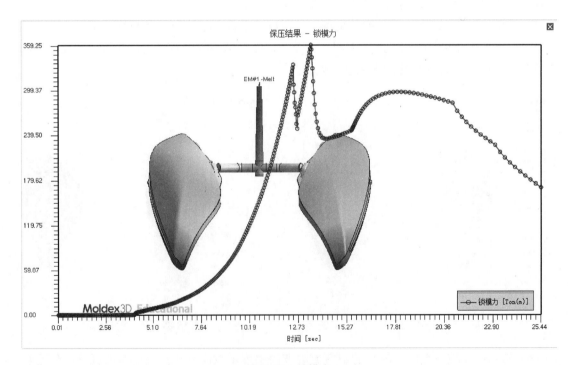

图 10-87　锁模力

2）进浇口压力：此产品保压阶段进胶口压力如图 10-88 所示，结果表明，进浇口最大压力为 68.55MPa，且保压时间为 25.44s，如此看来，充填压力以及保压压力都能处在一个合理的范围内。

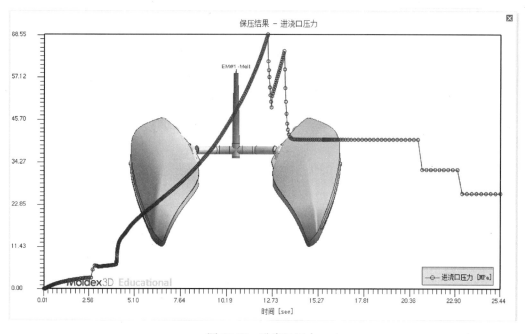

图 10-88　进浇口压力

（3）基于冷却分析的研究　模具的温差是影响最终模具翘曲变形量的一个重要因素，本产品模具温差如图 10-89 所示。结果显示模具温差大体位置相差不大，均为深色显示，所以最后造成的翘曲量也应该会处于一个很小的范围之内，符合设计要求。

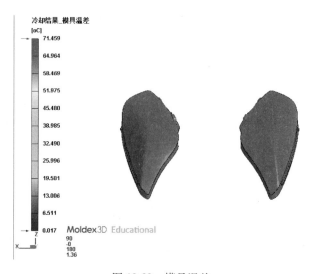

图 10-89　模具温差

（4）基于翘曲变形的分析　翘曲变形是影响最终产品成型的一项重要参数，如果变形量较大，一定会出现各种零件配合不起来等种种不好的结果，所以，控制各个方向变形量不大是必须的，各个方向的翘曲变形位移如图 10-90 所示。

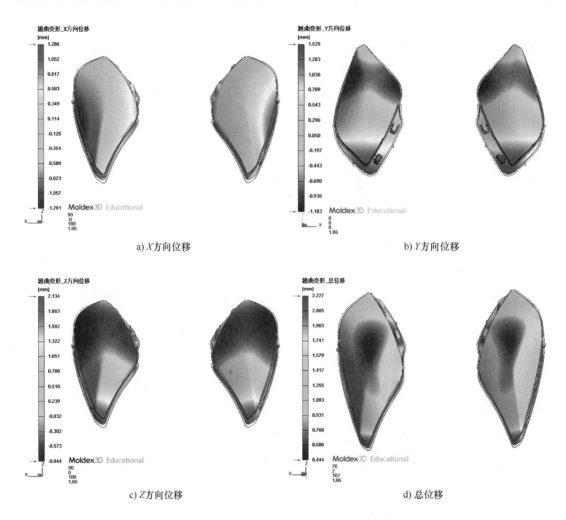

a) X 方向位移　　　　　　　　　　　　b) Y 方向位移

c) Z 方向位移　　　　　　　　　　　　d) 总位移

图 10-90　翘曲变形位移

结果显示，产品在 X 方向的翘曲变形位移仅为 1.286mm，位移很小，符合设计要求。产品在 Y 方向的翘曲变形位移仅为 1.529mm，位移同样很小，合理。在 Z 方向的翘曲变形位移为 2.134mm，位移依然很小，在合理范围内。灯罩模具的总位移为 2.227mm，位移不大，符合设计要求。

总之，影响产品的翘曲变形位移的原因有很多，最重要的一个就是模温对它的影响，模温相差越大，产品的模具翘曲变形位移就会越大，换言之就会影响最终模具的质量问题。对于本次分析结果而言，灯罩模具无论是 X 方向位移、Y 方向位移、Z 方向位移还是总位移都不是很大，这与前面显示的模温与料温相差不大有着直接的联系，同时代表着本次设计的冷却系统的冷却效果是非常好的。

10.6.5 汽车灯罩模具的整体设计方案

1. 塑件结果工艺性分析

如图 10-91 所示，汽车车灯灯罩结构尺寸为 588mm×350mm×347mm，灯罩模具模穴体积为 604cm³，平均厚度为 2.874mm，材料型号选择 STYLAC VA29，由于汽车大灯灯罩是一个外饰件，所以其外部平滑及美观是相当重要的，这就要求在灯罩的表面不能够出现缝合线等外部缺陷以影响美观，所以，将缝合线设置在不影响美观的地方即内部结构上才是准确的，其次不能有太大的充填压力，要平缓地对模穴进行充填。

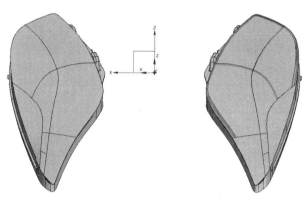

图 10-91 汽车灯罩模型

图 10-91 所示为汽车灯罩模型在 NX 软件里的显示图，上述尺寸是针对两个模穴来进行量测的，设计模具时，尤其要注意保证灯罩模型曲面的平滑性，不能有凹陷或者凸起等缺陷。

2. 射出机的选取

塑胶射出成型机，简称射出机，是利用不同种类材料及不同形状模具，设计成应用于各种需求的塑胶产品的成型设备。它的主要功能是将塑料加热至熔化可流动状态，以及利用高压将可流动态的塑胶射入并充满模具。

一般射出机通常会包括射出系统、合模系统、机身、液压系统、加热及冷却系统、控制系统及加料系统等。

如图 10-92 所示，通过 NX 对灯罩模型进行体积量测，测得灯罩体积约为 600cm³，然后通过 Moldex3D 进行充填模拟过程，测得其模穴的体积为 604cm³，在此次模拟过程中选择 ABS 作为材料，因为此材料具有料温高、透光率好、不褪色且轻便等优点，其密度 ρ 为 1.05g/cm³。

所以塑件质量 $m = V\rho = 600\text{cm}^3 \times 1.05\text{g/cm}^3 = 630\text{g}$。

材料加工温度范围为 200～250℃，模温范围为 40～80℃，顶出温度为 91℃，注射压力 $p_1 = 120\text{MPa}$，保压压力 $p_2 = 120\text{MPa}$，所以 $p_{注} \geqslant 120\text{MPa}$。

根据以上参数，本次模拟所用射出机选取型号为海天 HTF120 型注射机，其主要参数见表 10-4。

对射出机注射压力进行校核：ABS 的注射压力取 $p = 120\text{MPa}$，注射压力安全系数

$k = 1.25 \sim 1.4$。当 k 取 1.25 时，注射压力符合设计要求。因此，该射出机符合充填要求，可以投入本次模拟中，同时也能够符合汽车灯罩模具的生产。

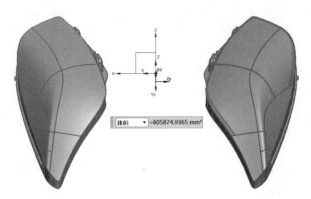

图 10-92　汽车灯罩体积

3. 模架的选择

模具模架的类型一般会分为细口水模架、简化水口模架、大口水模架三种。本次产品模具设计，进胶方式选择的是侧边单点进胶方式，所以此次模架选择细水口模架。

4. 建模步骤

首先将产品上模面、上模侧以及分模面建立出来，组成模具上半模，如图 10-93所示。

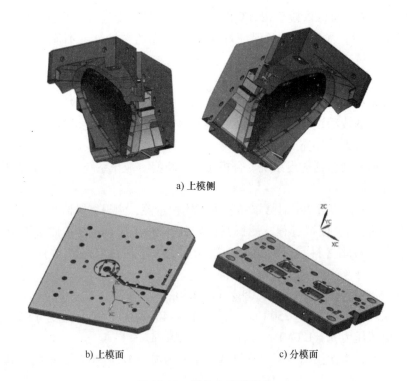

a) 上模侧

b) 上模面　　　　　　　　　　　　　c) 分模面

图 10-93　模具上半模组成

然后配合组成模具的整个上半模部分，如图 10-94a 所示，同理建立模具下半模，如图 10-94b 所示，再建立一系列的顶针组，如图 10-94c 所示。

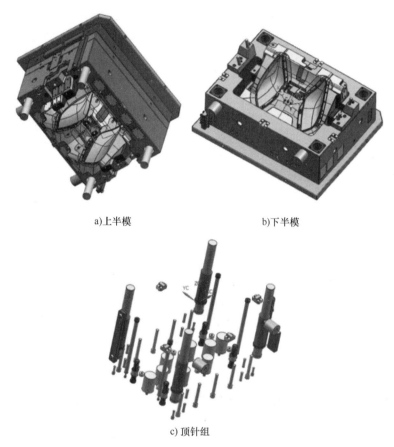

a)上半模   b)下半模

c) 顶针组

图 10-94   模具上、下半模及顶针组

最后进行一些约束配合，装配组成灯罩模具总装模型，如图 10-95 所示。

图 10-95   灯罩模具总装模型

灯罩模型的模具总装配图如图 10-96 所示。

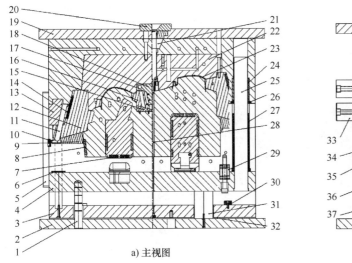 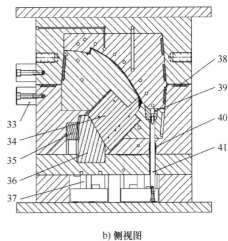

a) 主视图　　　　　　　　　　　　　　b) 侧视图

图 10-96　模具总装配图

1—顶针板导柱　2—动模固定板　3—顶针板　4—垫板　5—模身锁　6—卡扣　7—斜滑块耐磨块
8—模仁耐磨块　9、15—压条　10—滑块限位块　11、17—斜导柱　12、16—滑块座　13、18—斜导柱固定块
14—滑块座耐磨块　19—定模固定板　20—定位环　21—热嘴　22—定模仁　23—塑件　24—直导套　25—大导柱
26—直导套固定块　27—大导套　28—顶针　29—弹簧　30—前限位　31—支承柱　32—垃圾钉　33—模脚
34—斜滑块芯子　35—斜滑块导向定位块　36—斜滑块　37—复位杆　38—支承板
39—直顶块　40—直顶杆导套　41—直顶杆

10.7　运用 Moldex3D 模流分析改善某空气滤清器本体表面质量

10.7.1　引言

　　模具行业是一个传统而又与新技术结合发展的行业，需要经验与高新技术密集型于一身。随着近代工业的高速发展，汽车轻量化的设计需要大量塑料制品取代原有的钢材等原因，塑料制品用途日益广泛，注射模具工艺发展空前，仅凭经验来设计模具已经不能满足要求，越来越多的企业利用注射模流分析技术来辅助塑料模具的设计。

　　注射 CAE 技术是根据塑料加工流变学、传热学、流体力学的基本理论，基于有限元思想利用计算机技术仿真塑料熔体在模具型腔中的流动、传热的数理模型，实现成型过程的动态仿真分析，为优化模具和制品设计、优化成型工艺方案提供依据。注射 CAE 可以定量地动态显示熔体在浇注系统和型腔中流动时的速度、压力、温度、剪切速率、切应力分布及填料的取向状态，可以预测熔接痕和气穴的位置和尺寸，预测塑件的收缩率、翘曲变形程度和结构应力分布，从而判断给定的模具、制品设计是否合理。

10.7.2　案例分析

1. 模型简介

本实例选自某公司量产的空气滤清器本体，采用 UG 创建三维 CAD 模型，如图 10-97 所示，外形尺寸为 346mm×112mm×197mm，从模型结构上可以看出其结构复杂，有许多卡扣、筋条、凸台，且各个壁面厚度不均。

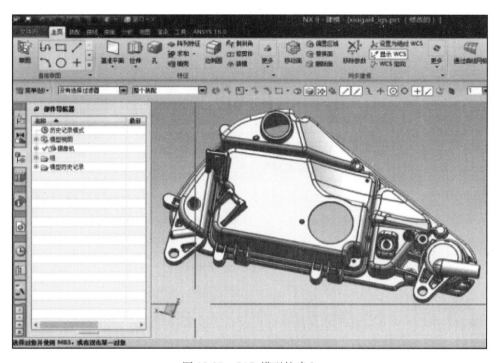

图 10-97　CAD 模型的建立

在实际生产的过程中，由于产品结构设计的原因，包封位置气体来不及逃逸，易产生熔接痕，影响外观及机械强度，如图 10-98 所示。

如果采用传统的方法，需要不断地修改模具结构，仅凭经验很难一次性试模成功，还有可能导致模具报废等情况，现用 Moldex3D 模流分析软件进行模拟。

2. 网格划分

Designer 是一个非常好用的划分网格利器，将 CAD 模型转换成 .STL 中间格式直接汇入 Moldex3D Designer 划分网格，具体操作步骤如图 10-99 所示。

图 10-98　外观缺陷

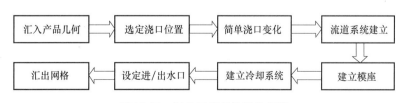

图 10-99　划分网格具体操作步骤

本实例采用第 5 等级进行划分，以 . mdg 格式存档，最终网格节点数为 1050260 个，网格数目为 1277022 个，模穴体积为 396. 63cm³，图 10-100 所示为实体单元网格的划分。

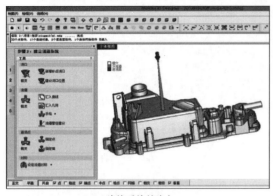

a) 浇注系统的建立　　　　　　　b) 网格统计

图 10-100　实体单元网格的划分

3. 工况的设定

材料的选择：PP 是一种半结晶的热塑性塑料，具有较高的耐冲击性，力学性能强韧，抗多种有机溶剂和酸碱腐蚀，在工业界有广泛的应用。PP 的材料参数如图 10-101 所示。其加工温度范围为 190～230℃，模温范围为 20～80℃，顶出温度为 96℃，固化温度为 126℃。

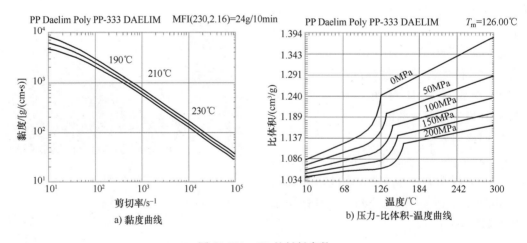

a) 黏度曲线　　　　　　　　　b) 压力-比体积-温度曲线

图 10-101　PP 的材料参数

成型条件的设定：充填时间为 3. 99s，料温为 210℃，模温为 50℃，射出压力为 140MPa，保压时间设定为 8. 22s，保压压力为 140MPa。流率和保压压力均采用三段式设定，VP 切换为充填体积 98% 时，具体成型条件设定如图 10-102 所示。

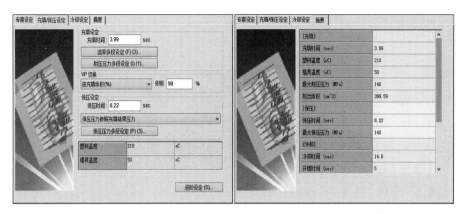

图 10-102　成型条件设定

10.7.3　不同方案对比

1. 产品设计原方案

由于产品结构设计的原因，在实际生产的过程中，产品表面均出现熔接痕缺陷，造成外观的缺陷和力学性能的下降。基于以上原因先用 Moldex3D 模拟充填过程，查找出原因，充填过程如图 10-103 所示。从充填的过程可以推测，最后包封位置将产生一条长长的缝合线，该位置气体难以逃逸，造成熔接痕现象。缝合线温度分布如图 10-104 所示，从中可以发现虚线划定处缝合线温度小于固化温度 196℃，所以此处早已固化，保压阶段此处没有物料补充，造成凹痕缺陷。

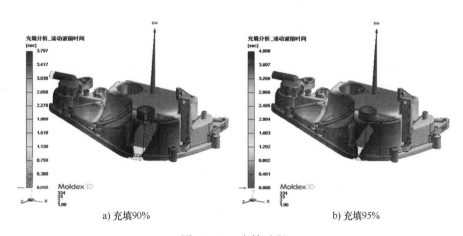

a) 充填90%　　　　　　　　　　　　　b) 充填95%

图 10-103　充填过程

2. 优化设计方案一

原方案设计中主要由三条加强筋引流塑胶熔体进行充填，每条加强筋的高度为 20mm，如图 10-105 所示。最初的设想是让缝合线移到分型面处，从优化产品结构出发，在第 2 和第 3 两条加强筋中间增加第 4 条加强筋，并且第 2 和第 3 条加强筋分别增高 15mm，第 1 条加强筋增高 6mm，如图 10-106 所示。

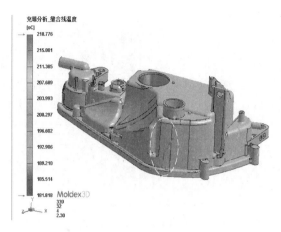

图 10-104　缝合线温度分布

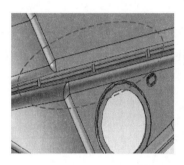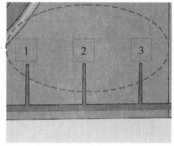

图 10-105　原方案的加强筋

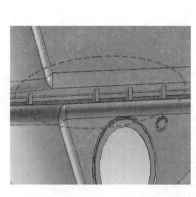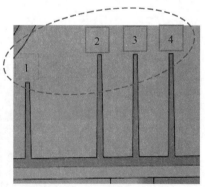

图 10-106　优化设计方案一

　　在不改变浇口位置和成型条件的情况下，将优化设计方案一进行充填模拟，充填过程如图 10-107 所示。从充填结果中发现，加强筋改变了塑胶熔体的优先充填方向，便于塑胶熔体的流动，在塑胶制品本体某些壁部过薄处为熔体的充满提供通道。最终缝合线移动到分型面处，并且缩短了缝合线长度，缝合线处温度升高，保压压力能起到保压作用，缝合线处温度分布如图 10-108 所示。

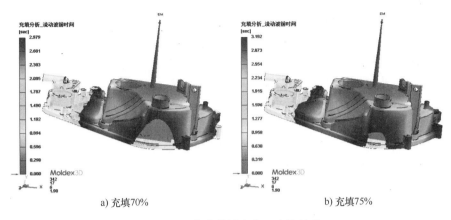

a) 充填70%　　　　　　　　　　　　　b) 充填75%

图 10-107　优化设计方案一充填过程

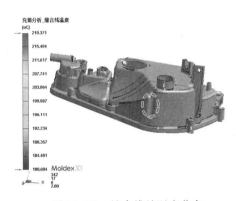

图 10-108　缝合线处温度分布

3. 优化设计方案二

现不增加第 4 条加强筋，只增加原来 3 条加强筋的高度，第 1 条加强筋增高 6mm，第 2 和第 3 条加强筋分别增高 15mm。在不改变其他条件的情况下，将修改好的模型划分好网格汇入 Moldex3D 再次进行充填模拟，发现最终结果与优化设计方案一差别不大，缝合线位移到接近分型面处，如图 10-109 所示。

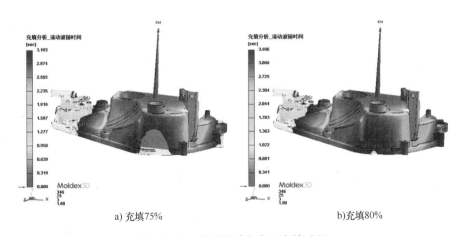

a) 充填75%　　　　　　　　　　　　　b)充填80%

图 10-109　优化设计方案二充填过程

10. 7. 4   总结

1）产品设计原方案结构不合理，导致包封位置气体难以逃逸，产生较长缝合线及熔接痕，从而影响外观及机械强度。

2）从优化产品结构出发，优化产品结构后，运用 Moldex3D 进行模流分析，优化设计方案一和优化设计方案二模流分析得出的结果相同，模流分析结果显示缝合线移动到分型面处，有利于气体的逃逸，且缝合线变短，缝合线温度升高，不易产生熔接痕。

3）考虑模具修改程度及减少生产成本，建议采纳优化设计方案二，生产部门采纳模流分析结果后，一次性修模成功，最终生产的产品消除了原来的熔接痕，与模流分析结果相同，大大降低了修模风险和试模次数，从而降低了生产周期。修模后试模生产的产品如图 10-110 所示，其局部放大图如图 10-111 所示。从该局部放大图可以看出，原先的熔接痕已经消失，并且没有出现其他明显的熔接痕。

4）Modex3D 丰富的分析模块为注射成型模拟分析提供了专业的工具，其 3D 实体网格也使得模拟结果更为逼真准确。本实例介绍了 Modex3D Designer 在注射成型模拟分析中的应用，用户可通过 Modex3D 分析优化制品结构、制品浇注系统和注射工艺参数，从而提高制品质量、缩短成型周期、降低生产成本。

图 10-110   修模后试模生产的产品   图 10-111   产品局部放大图

思 考 题

1. 能够熟练独立地完成本章其中一个实例分析。
2. 每个实例分析侧重点都是什么？分别用到了什么技巧？
3. 什么是正交试验？一般常用的分析类型有哪几种？
4. 本章实例优化分析都用到了哪些优化方法？
5. 模具设计之前为什么要进行优化分析？
6. 本章实例的一般分析步骤有哪些？

第 11 章　Moldex3D 模流分析技术指引

本章主要介绍 Moldex3D 模流分析技术指引，包括注射成型分析四项主要阶段：充填、保压、冷却、翘曲，而为了符合更多高阶使用者的需求，加上对于黏弹性流动与光学性质预测分析技术的描述，本章将一一总览各项分析的所有功能，包括各分析阶段的相关背景知识、基本程序以及功能，然后进一步探讨分析结果的检视与判读，其中包括分析的输出结果，并从流域分布图示、动画结果讨论到 XY 曲线图来进行解析，引导使用者如何正确并快速地进行分析判断。

11.1　流动分析技术指引

11.1.1　流动分析背景知识

1. 充填流动方式

充填过程依据不同流动位置，可分为圆管流动、平板间流动及径向流动等，如图 11-1 所示。驱动力全部为压力推动熔胶前进，由于压力差使熔胶波前前进充填模穴。充填过程压力来源为浇口，此处压力最高；在远离浇口位置，由于流体流动摩擦损耗压力，使压力逐渐降低，至熔胶波前位置压力为最低。推动熔胶流动的主要力量即为此压力差。

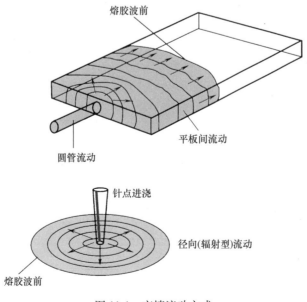

图 11-1　充填流动方式

一般而言，塑料在模穴中的充填行为是趋向阻力最小的部分流动。如图 11-2 所示，单位时间内塑料流动距离越大，代表该区域的流动阻力较小；反之，若移动越慢（波前等位线越密集），代表该区域流动阻力越大，塑料缓慢流动。

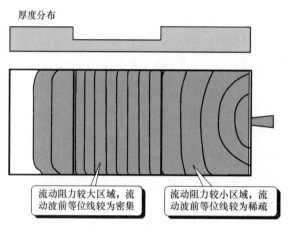

图 11-2　充填流动方式

由于塑料本身具有黏度，黏度越高代表流动越困难，因此塑料局部黏度大小可以看作流动阻力的度量。塑料黏度受温度及剪切率影响较大，因此局部温度大小、热传速率以及塑件厚度，均影响局部黏度大小，也就是流动阻力大小。

厚度较大处，流动阻力较小，塑料比较容易流动，如图 11-3 所示。由于塑料是热的不良导体，厚度大处散热不易，热塑料容易补充，温度较接近设定的熔胶温度，是温度较高区域；反之，厚度较小肉薄处，流动阻力较大，塑料流动不易，较易冷却。若塑料流动发生迟滞，热塑料难以补充，受冷模壁冷却作用，塑料温度迅速下降。若塑料仍可流动，则因较高的剪切率（速度梯度大），反而有黏滞加热的现象，使局部温度上升。局部温度与高剪切率和黏度有关，因此具体的流动行为取决于流动与热传递间的相互竞争，如图 11-4 所示。

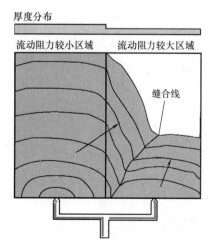

图 11-3　厚度分布与流动阻力的关系

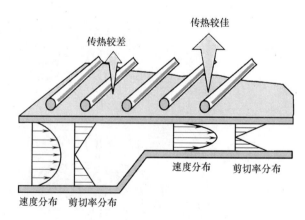

图 11-4　厚度与温度分布关系

2. 充填速率效应

充填速率决定流体局部剪切率大小及热塑料补充速率，因此影响充填行为。充填速率可大致区分为高速充填（流动控制）及低速充填（热传控制）两种。

（1）高速充填（流动控制）　高速充填时剪切率较高，塑料由于切变致稀性而有黏度下降的情形，使整体流动阻力降低。由于黏滞加热影响也使固化层厚度变薄。因此在流动控制阶段，充填行为往往取决于所待充填体积大小，如图 11-5 所示。

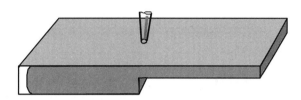

图 11-5　高速充填使黏度与阻力降低

（2）低速充填（热传控制）　低速充填时，剪切率较低，局部黏度较高，流动阻力较大。由于热塑料补充速率较慢，流动较为缓慢，使热传效应较为明显，热量迅速为冷模壁带走。加上较少量的黏滞加热现象，固化层厚度较大，又进一步增加厚度小处的流动阻力。因此在低速充填时以厚度大处较易充填，如图 11-6 所示。

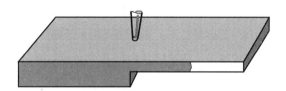

图 11-6　低速充填使黏度与阻力增加

3. 喷泉流动与缝合线

塑料在充填过程中，流动波前的前进方式为喷泉流动，也就是中间区域的塑料被带至波前前端后，向模壁两侧甩出，固化于模壁区域。由于中间层塑料一般温度最高，排向最混乱，因此喷泉流动影响靠近模壁表面层的固化层厚度及分子链配向性，如图 11-7 所示。

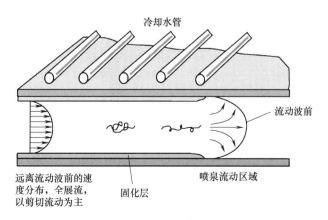

图 11-7　喷泉流动与分子排向性

由于喷泉流动的原因，在流动波前面的塑料高分子链排向几乎平行于流动波前。因此两股塑料熔胶在交会时，接触面的高分子链互相平行；加上两股熔胶性质各异（在模穴中滞留时间不同，热力历程也不同），造成交会区域在微观上结构强度较差。就肉眼检视，可以发现有明显的接合线产生，称为熔接线或缝合线，如图 11-8 所示。缝合线不仅影响塑件外观，同时由于微观结构的松散，易造成应力集中而成为产品机械强度弱点所在。

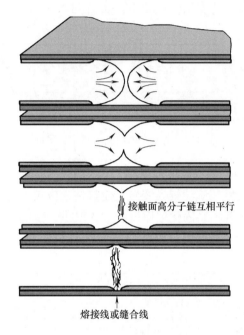

图 11-8　缝合线的分子排向

一般而言，在高温区域产生熔接的缝合线强度较佳，因为高温情形下，高分子链活动性较佳，可以互相穿透纠缠，增加熔接区域的强度；反之，在低温区域，熔接强度较差。依熔接位置区分，可将熔接现象分为冷熔接和热熔接两类。

（1）热熔接　它出现在充填过程中，如由于嵌件切割塑料流动造成的，发生于高温区域的缝合线如图 11-9 所示。

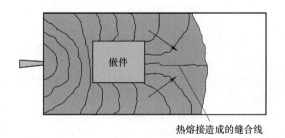

图 11-9　热熔接现象

（2）冷熔接　它是指在低温区域的熔接现象，多见于充填结束，由不同塑料波前交会造成，如图 11-10 所示。

（3）缝合线的移位现象　若两股交会熔胶流动差异性大，占优势的熔胶波前会推挤弱势的熔胶波前，使缝合线发生移位现象，如图 11-11 所示。由于靠近模壁侧的塑料熔胶率先固化，表面缝合线也定型不变。但内部塑料尚未完全固化，此时将因强势流动波前的推挤作用，造成内部缝合面发生移位。此种因内部熔胶流动造成的缝合线（面）移位现象，称为潜流效应，将进一步降低缝合线的强度。

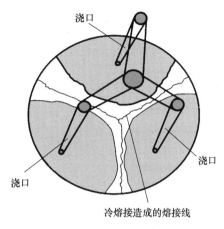

图 11-10　冷熔接现象

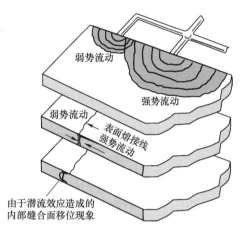

图 11-11　缝合线移位现象

4. 分子链配向性

高分子塑料是由长链高分子组成的，在外力作用（如流动）下，高分子链会为流场所排向。分子链的配向行为来自于作用在高分子链局部的外力差异，也就是速度差异。由于剪切率是流场速度梯度的度量，表示单位距离内的速度变化大小。因此剪切率大小对分子链配向性影响甚大，如图 11-12 所示。剪切率越高的区域，分子链配向性情形越严重。

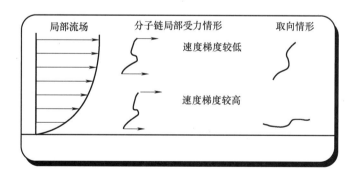

图 11-12　分子链配向性成因

而若观察分子链配向性的趋势，可以发现就整体流场而言，分子链大体沿主要流动方向排列。在厚度方向，由于中间层剪切率最低（速度变化最小），排向性最差，分子链凌乱分布。靠近模壁部分，速度变化最大，剪切率最高，分子链配向性较激烈，排向较为整齐。模壁表面层由于喷泉流动影响，排向最为混乱，如图 11-13 所示。

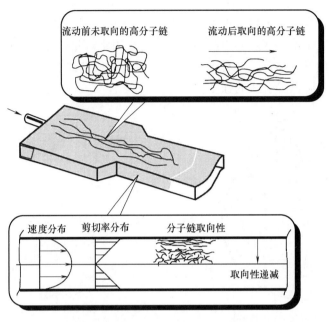

图 11-13　分子链配向性趋势

11.1.2　流动瞬间变量分布情形

在充填熔胶过程中，对于瞬间变量分布的掌握，可让使用者对于充填过程中的动态行为更为了解。本小节将针对塑料流动波前、中心温度、平均温度、容积温度、压力分布、切应力分布及剪切率分布的判图重点详述如下。

1. 流动波前判图重点

流动波前代表不同时间（以不同颜色显示）的塑料前缘位置，由此可知塑料充填过程的流动动态行为。其判图重点在于：

1）充填是否完全？有无短射问题？

2）由充填过程判断，是否有局部区域流动阻力过大而造成迟滞现象。迟滞现象发生区域容易造成塑料提早冻结，使该区域发生滞料或充填不足的问题，如图 11-14 所示。

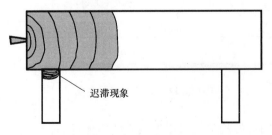

迟滞现象

图 11-14　迟滞现象

3）充填过程中是否有流动阻力差异过大造成的"赛马"现象。"赛马"现象容易造成内部缝合线、烧焦、充填不足的缺陷，如图 11-15 所示。

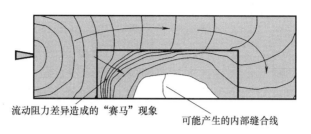

流动阻力差异造成的"赛马"现象　　可能产生的内部缝合线

图 11-15　"赛马"现象

4）检视接近充填结束阶段的流动波前，有无包封问题，如图 11-16 所示。

5）由分析流动波前可知是否有缝合线问题发生。缝合线不但影响外观，同时使成型制品易因此线的应力集中而有断裂的问题产生。

6）对多点进浇情形，应注意流动平衡，使各浇口对流动贡献均匀，如图 11-17 所示。

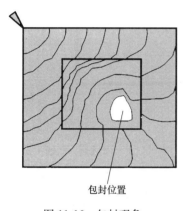

包封位置

图 11-16　包封现象

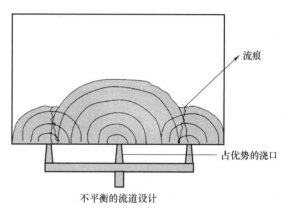

流痕

占优势的浇口

不平衡的流道设计

图 11-17　多点进浇的流动不平衡现象

7）对多模穴模具由分析流动波前可知各模穴充填是否均匀，流动平衡性是否良好。图 11-18 所示为比较容易出现的两种典型的流动不平衡现象。

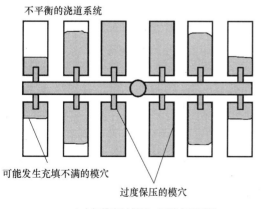

不平衡的浇道系统

可能发生充填不满的模穴

过度保压的模穴

a）中间模穴过保压，两端充填不足

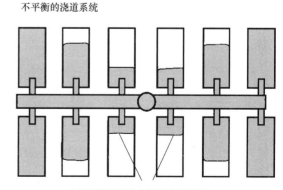

不平衡的浇道系统

由于迟滞现象造成充填不满的模穴

b）两端模穴过保压，中间充填不足

图 11-18　流动不平衡现象

2. 塑料温度分布判图重点

塑料温度以不同颜色显示充填结束瞬间塑件内部的温度分布情形。一般而言，在充填过程厚度中心温度为厚度方向最高温区域，此由于热塑料不断填入，对流效应使温度保持较高，且塑料热传导性甚差，不易散热的缘故。若有黏滞加热现象则否。而若观察厚度剖面，可看出厚度对温度分布的效应，越厚处通常散热传导越不易，如图 11-19 所示。

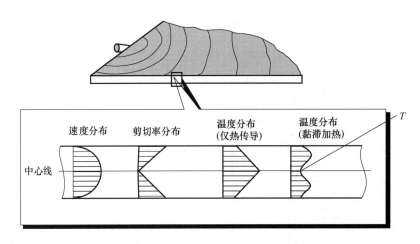

图 11-19　塑料温度分布示意图

其判图重点在于：

1）若有局部温度高于料温设定，显示有黏滞加热的放热现象。

2）若有局部温度过高，显示有局部热点产生，使塑件有烧焦裂解的风险。

3）若有局部温度接近模温，显示该区域塑料接近滞料静止状态，热量迅速被冷模穴传导散逸，热传导效应明显使塑料变冷。

4）若有局部温度接近料温，显示该区域塑料流动性良好或厚度较大，热塑料不断流入补充热量，热对流效应明显，使塑料保持高温状态。

5）若整体温度分布值甚低，代表塑料迅速降温冻结，有发生短射的风险。

6）塑料温度分布可用来评估可能的热点所在，作为冷却水管安排的参考，配合冷却分析，设计适宜的冷却水管路安排。

3. 塑料压力分布判图重点

塑料压力分布以不同颜色显示充填结束瞬间模穴各处压力分布情形，其判图重点在于：

1）压力分布是否均匀？显示压力传递效果。

2）评估模具中产品厚度及温度对于压力分布及损耗的影响。

3）压力损耗情形。通过流道、浇口、模穴压力损耗情形，以判别流道、浇口是否过小，压力损耗是否过度。

4）多点进浇时可评估各浇口压降情形，以找出占优势的浇口位置（压降较小者）；淘汰多余的浇口（压降过大、流量较小者），如图 11-20 所示。

5）多模穴模具可以评估各模穴浇口/模穴内部压力分布是否均匀，以进行流动平衡。

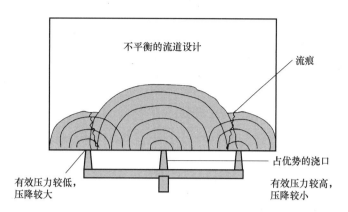

图 11-20　多点进浇压力分布示意图

4. 塑料切应力分布判图重点

塑料切应力以不同颜色显示充填结束瞬间模穴各处切应力分布情形。切应力代表塑料在加工过程中由于剪切流动造成的应力大小。可由图判别塑料流动应力是否过高，以作为是否使塑料产生裂解及过度残余应力的参考。其判图重点在于：

1）切应力分布情形是否均匀？其值大小为何？若分布不均易造成应力集中，也使成型制品发生翘曲变形问题。

2）若切应力过高（如大于 1MPa），有可能使塑料遭受过大应力影响强度。

3）充填结束瞬间，由于充填体积变少，流量固定时射速相对增加，加上料温较冷，黏度较高，因此最后充填位置的切应力偏高。

5. 塑料剪切率分布判图重点

塑料剪切率以不同颜色显示充填结束瞬间模穴各处剪切率分布情形。剪切率代表塑料在加工过程中被剪切变形的速率，也是速度变化大小的度量。剪切率越大，代表塑料被变形的速率越高，分子链遭受激烈的变形速率。因此剪切率分布与速度梯度变化有关，也与分子链配向性有关，常见塑料熔体可容许的剪切率大小见表 11-1。

表 11-1　常见塑料熔体可容许的剪切率大小

塑料类型			最大容许剪切率/s^{-1}
中文全称	英文全称	缩写	
苯乙烯-丙烯腈-丁二烯共聚物	Acrylonitrile Butadiene Styrene	ABS	40000
乙烯-乙酸乙烯酯共聚物	Ethylene Vinyl Acetate	EVA	30000
聚苯乙烯	Polystyrene	PS	40000
聚乙烯	Polyethylene	PE	40000
尼龙 6	Nylon 6	PA6	60000
尼龙 66	Nylon 66	PA66	60000
聚对苯二甲酸丁二酯	Polybutylene Terephthalate	PBT	50000
聚碳酸酯	Polycarbonate	PC	40000
聚醚砜	Poly（ether sulphone）	PES	50000
聚甲基丙烯酸甲酯	Poly（methyl methacrylate）	PMMA	40000

（续）

塑料类型			最大容许剪切率/s⁻¹
中文全称	英文全称	缩写	
聚甲醛	Polyoxymethylene	POM	20000
聚苯硫醚	Polyphenylene Sulphide	PPS	50000
聚丙烯	Polypropylene	PP	100000
聚氯乙烯	Polyvinyl Chloride	PVC	20000
苯乙烯-丙烯腈共聚物	Styrene Acrylonitrile	SAN	40000
热塑性聚烯烃	Thermoplastic Olefin	TPO	40000

可由图判别塑料流动剪切率是否过高，过高时易拉断塑料高分子链，产生裂解，影响成品强度。同时可判断是否有过度黏滞加热的现象。其判图重点在于：

1）剪切率分布情形是否均匀，值大小如何。一般而言，剪切率较大区域见于浇口以及厚度较小的位置。

2）若剪切率过高（如大于 $10000/s^{-1}$），有可能使塑料高分子链遭受过大变形而断裂，影响强度。

11.1.3　流动过程中压力变化历程

在充填过程中，由于初始时模穴尚未填满，塑料前缘为大气压状态（或是抽真空），随着充填范围渐渐增加，塑料填模的流动阻力将逐渐增加，反映出来的就是压力的增加，也可看作塑料流动阻力的表征。

压力上升越快代表流动阻力越大，塑料需能克服流动阻力方能迅速填满模穴，否则若射压不足、射速不够，流动就会停止造成短射。因此，充填过程中压力曲线变化情形的观察便极为重要。本小节将不同阶段压力的定义描述如下，并将压力曲线变化延伸至保压及冷却阶段，如图 11-21 所示。

（1）p_m 曲线　注射机中螺杆计量区压力曲线，也就是设定的射压曲线。

（2）p_n 曲线　注射机中喷嘴末端压力曲线，也就是喷嘴压力曲线，会随模穴压力而变化。

（3）p_g 曲线　流道末端浇口压力曲线，也就是模穴入口端压力曲线，一般定义为模穴压力曲线。由于压力传递及流动过程中的摩擦损耗，使模穴压力变化要低于设定的射压。

（4）p_e 曲线　模穴末端压力曲线。由于模穴内部流动压力损耗的结果，模穴内部压力较浇口压力低。

1. 充填阶段

充填阶段是指塑料在设定射压作用下由螺杆计量区经喷嘴、竖浇道、流道、浇口填入模穴的过程，可分为流量控制及压力控制两个时间历程。

（1）流量控制阶段（$t_f \sim t_{fl}$）　此阶段为塑料开始充填空模穴，流量保持固定，模穴压力缓慢上升。

（2）压力控制阶段（$t_{fl} \sim t_p$）　此阶段为压实塑料熔胶过程，模穴压力迅速增加，塑料流量开始降低。填模压力传递至模穴最末端。

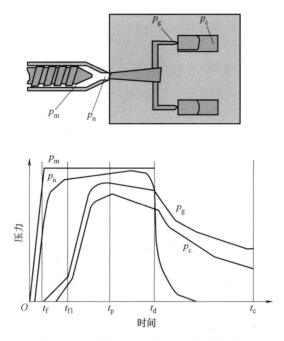

图 11-21　注射成型过程压力曲线变化情形

2. 保压阶段

保压阶段从 t_p 时刻开始，持续施加压力（保压压力），压实熔胶，补偿塑料的收缩行为。保压压力可维持为原来的射压大小（一次射压），也可以比原来的射压高（二次射压）。

$t_p \sim t_d$ 时刻：在保压过程中，由于模穴中已经填满塑料，背压较高。在保压压实过程中，注射机螺杆仅能稍微向前移动，因此塑料为慢速流动。在保压阶段，塑料开始受模壁冷却作用固化，密度增大而塑件逐渐成型。保压阶段一直持续至浇口固化封口为止。

3. 冷却阶段

冷却阶段从 t_d 时刻开始，此时浇口封口，保压阶段结束。注射机喷嘴压力下降为零，浇口虽已固化封口，但模穴内部熔胶尚未固化完毕，在模穴背压作用下，产生部分回流现象，使模穴压力稍降。回流量大小、回流时间、回流后模穴压力大小，与塑料性质、浇口大小、料筒及模温设定有关。

$t_d \sim t_e$ 时刻：冷却定型阶段。塑件密度及刚性逐渐增加，至强度可抵抗顶出变形时，即行顶出。冷却过程中模穴压力逐渐下降。至顶出阶段若仍有残余压力，则以残余应力形式留存于模穴中，或集中于浇口处。

11.2　保压分析技术指引

11.2.1　保压分析背景知识

1. 保压流动方式

在保压压实过程中，注射机螺杆仅能稍微向前移动，因此塑料为慢速流动，称为保压流动。此过程中模穴压力将达到最高值，塑料开始受模壁冷却作用固化，密度增大而塑件逐渐成型。保压阶段一直持续至浇口固化封口为止。

在厚度方向，靠近模壁处的塑料首先遇冷固化，体积发生收缩，因此在浇口固化封口前，补偿收缩的塑料会因保压压力作用而向模壁处补充塑料。

而在模穴内部方面，依局部温度的不同，可以分为下列两个区域：

1）靠近冷却水管区域或是局部低温区域，塑料黏度较高，流动阻力较大。保压塑料不易流入补充，温度持续下降，造成冷料区，保压压力不易传递。

2）在局部高温区域，塑料局部黏度较低，流动阻力较低，热塑料较易补充，使温度维持在局部高温。

这种因局部温差造成的流动阻力差异，使保压流动沿特定且阻力较小的路径进行，并传递压力的过程，是保压流动的特色之一，称为三角洲效应，如图 11-22 所示。

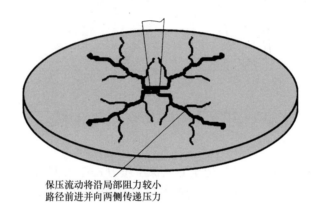

保压流动将沿局部阻力较小
路径前进并向两侧传递压力

图 11-22　保压过程的三角洲效应

2. 保压压力须知

在保压阶段，由于压力相当高，在高压下塑料呈现部分可压缩特性，在压力较高区域，塑料较为密实，密度较高；在压力较低区域，塑料较为疏松，密度较低，因此造成密度分布随位置及时间发生变化。保压过程中塑料流速极低，流动不再起主导作用，压力为影响保压过程的主要因素。

保压过程中塑料已经充满模穴，并作为传递压力的介质，模穴中压力通过塑料传递至模壁表面，有撑开模具的趋势。此撑模力在正常情形下会微微将模具撑开，具有排气作用；若撑模力过大，易造成成型制品毛边、溢料，甚至撑开模具。因此注射机应选择具备足够锁模力的机台，或是考虑采用多模穴模具（减少投影面积），以防止撑模现象并能有效保压。下面将保压压力需注意的要点分析如下：

1）保压压力须足够大以克服浇口阻力进行缩水补偿，在保压过程中浇口区域黏度逐渐增加，逐步固化封口，使阻力随之增加。

2）提高保压压力及延长保压时间会推迟塑料固化时间，使压力传递较为完全，减小塑件体积收缩率。

3）保压压力过高容易使塑件发生粘模现象，脱模不易；且容易使塑件残余应力过高，或发生毛边及渗料问题。

4）保压压力不足塑件容易产生较大收缩及空洞现象。

3. 模穴压力变化曲线

一般都期望模穴内流动阻力小，使压力损耗小，保压阶段进行较完全，然而由于浇口封口时间晚，补偿收缩时间长，使得模穴压力较高。为有效讨论充填保压过程中的模穴压力变化，下面将针对不同的制程条件进行探讨。

（1）保压时间的影响　保压时间越短，模穴压力降低越快，最终模穴压力越低，如图 11-23 所示。

（2）塑料熔体温度的影响　入口塑料熔体温度越高，浇口越不易封口，补料时间长，压降小，因此模穴压力较高，如图 11-24 所示。

（3）模温的影响　模壁温度越高，与塑料温差小，温度梯度小，冷却速率较慢，塑料熔胶传递压力时间较长，压力损失小，因此模穴压力较高；反之，模温越低者，模穴压力越低，如图 11-25 所示。

（4）塑料种类的影响　保压及冷却过程中，结晶性塑料比体积变化较非结晶性塑料大，模穴压力曲线较低，如图 11-26 所示。

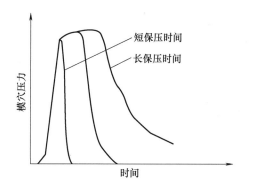

图 11-23　保压时间对模穴压力的影响

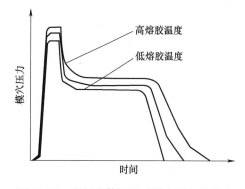

图 11-24　塑料熔体温度对模穴压力的影响

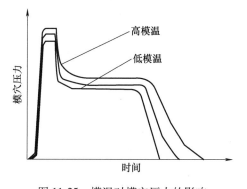

图 11-25　模温对模穴压力的影响

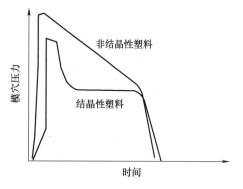

图 11-26　塑料种类对模穴压力的影响

（5）流道及浇口长度的影响　一般而言，若流道越长，压降损耗大，模穴压力越低；浇口长度也是与模穴压力成反比的关系，如图 11-27 所示。

（6）流道及浇口尺寸的影响 流道尺寸过小，造成压力损耗较大，将降低模穴压力；浇口尺寸增加，浇口压力损耗小，使模穴压力较高。但若截面面积超过某一临界值，塑料通过浇口发生的黏滞加热效应削弱，料温降低，黏度提高，使压力传递效果变差，反而降低模穴压力，如图 11-28 所示。

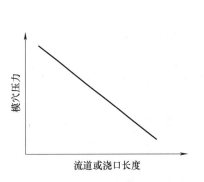
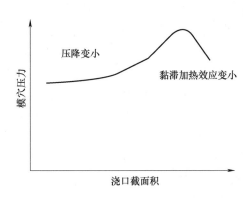

图 11-27 流道及浇口长度对模穴压力的影响　图 11-28 流道及浇口尺寸对模穴压力的影响

11.2.2 保压瞬间变量分布情形

在保压压实过程中，对于瞬间变量分布的掌握，可让使用者对于保压过程中的动态行为更为了解。本小节将针对塑料流动波前、体积收缩率分布的判图重点详述如下。关于保压阶段温度、压力、切应力及剪切率分布的判读，读者可参照充填阶段的判图重点详述。

1. 流动波前判图重点

流动波前代表不同时间（以不同颜色显示）的塑料前缘位置，由此可知塑料保压过程的流动动态行为。其判图重点在于：

1）充填是否完全，有无短射问题。若保压结束仍无法将模穴填满，代表流动阻力过大发生短射现象。

2）进浇位置是否设计不良，造成塑件局部的过度保压现象，如图 11-29 所示。

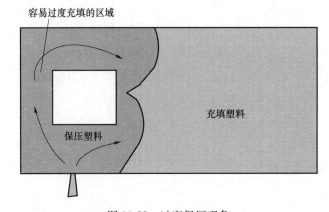

图 11-29 过度保压现象

　　3）多点进浇情形，应注意流动平衡，使各浇口对流动贡献均匀，避免过度保压现象。

2. 塑料体积收缩率分布

　　首先，若室温下的模穴体积为 V_C，塑件脱模后体积为 V，则塑件的体积收缩率 S_V 定义为

$$S_V = \frac{V_C - V}{V_C} = 1 - \frac{V}{V_C} \tag{11-1}$$

　　塑件体积收缩率将取决于其热膨胀与可压缩性，也就是塑件的压力-体积-温度（PVT）特性，塑件脱模后体积将遵循 PVT 变化关系，随温度和压力而变化。因此，在保压分析中，塑料体积收缩率以不同颜色显示塑料在保压结束后，塑件冷却至室温时（25℃），由于塑料 PVT 关系造成的体积收缩率分布情形。其判图重点在于：

　　1）若塑料为不可压缩材料，密度为固定值，则显示出来的体积收缩率为零，代表由 PVT 效应造成的收缩率为零；反之，若塑料的密度或比体积是温度及压力的函数，则将随塑料在模穴不同位置压力及温度的差异，其体积收缩率也有分布情形。

　　2）塑件在保压阶段的体积收缩情形主要取决于保压程度大小，也就是塑料补偿收缩的程度。在保压阶段，模温较低，持续冷却塑料，塑料温度不断下降而密度及黏度持续升高，造成热塑料不易补入，此过程将持续到浇口封口为止。因此体积收缩率受到保压压力及保压时间影响，保压压力越大，保压时间越长，成型制品体积收缩率越低。

11.3　冷却分析技术指引

11.3.1　冷却分析背景知识

1. 塑件冷却过程与模温变化

　　在注射成型模具中，冷却系统的设计甚为重要。因为只有将成型塑件冷却固化至具备相当的刚性，脱模后才可避免塑件因脱模外力产生变形。由于冷却时间占整个成型周期的 70%～80%，因此设计良好的冷却系统可以大幅缩短成型时间，提高生产率，缩短成本；设计不当的冷却系统会使成型时间拉长，增加成本。冷却不均匀更会进一步造成塑件的翘曲变形。

　　塑件在模具中由于冷却水管的作用，热量由模穴中的塑料通过热传导经模具本体传至冷却水管，通过热对流被冷却液带走，少数未被冷却液带走的热量则继续在模具中传导，至接触外界后散溢于空气中，如图 11-30 所示。

　　在注射成型过程中，由于热塑料填充模穴，热量由热传导传递至模壁，造成模温发生变化。

　　注射成型的成型周期由合模时间、充填时间、保压时间、冷却时间以及脱模时间所组成，如图 11-31 所示。其中以冷却时间所占比例最大，因此直接影响塑件成型周期长短及产量大小。脱模阶段塑件温度应冷却至低于塑件的热变形温度，以防止塑件残余成型应力松弛现象或脱模外力所造成的翘曲及变形。

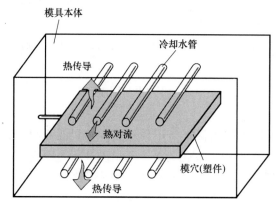

图 11-30　经由水管以传导及对流方式将塑件冷却

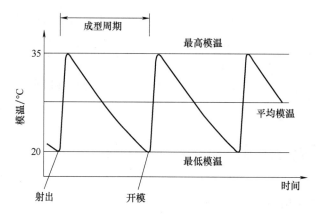

图 11-31　典型的模温变化周期

2. 影响塑件冷却速率的因素

冷却分析的目的在于得到合理的冷却时间及成型周期，并进一步优化冷却系统设计，使塑件各部的冷却效果均匀而有效率，避免因冷却不均造成塑件的翘曲变形问题。下面将影响塑件冷却速率的因素归纳如下：

（1）塑件设计方面　塑件厚度：成型制品厚度越厚，冷却时间越长。一般而言，冷却时间 t 约与塑件厚度 h 的二次方成正比。即

$$t \propto h^2 \tag{11-2}$$

也就是厚度加倍，冷却时间增加至四倍。

（2）开模方式

1）塑料平均温度分布可用来评估可能的热点所在，作为冷却水管安排的参考，配合冷却分析，设计适宜的冷却水管路安排。

2）模材选择：模材的热导率越高，将热量自塑料传递而出的效果越佳，冷却时间越短。

3）冷却水管配置方式：冷却水管越靠近模穴，管径越大，数目越多，冷却效果越佳，冷却时间越短。

4）冷却液流量：冷却液流量越大（一般须达到湍流为佳），冷却液以热对流方式移除热量效果越佳。

5）冷却液性质：冷却液的黏度及热扩散系数也会影响模具热传效果。冷却液黏度越低、热扩散系数越高、温度越低，冷却效果越佳。

（3）塑料选择　塑料的热扩散系数 α 定义为

$$\alpha = \frac{k}{\rho c_p} \tag{11-3}$$

式中，k 为热导率 $[J/(s \cdot cm \cdot K)]$；ρ 为密度 (g/cm^3)；c_p 为比定压热容 $[J/(g \cdot K)]$。

塑料的热扩散系数越高，代表热传导效果越佳，或是塑料比定压热容低，温度容易发生变化；因此热量容易散逸，热传效果较佳，所需冷却时间较短。常见材料的热扩散系数见表 11-2。

表 11-2　常见材料的热扩散系数

塑料材料		热扩散系数/	模具材料		热扩散系数/
中文名称	英文缩写	$(10^{-3} m^2/h)$	中文名称	英文名称或牌号	$(10^3 m^2/h)$
苯乙烯-丙烯腈-丁二烯共聚物	ABS	0.480	铝	Aluminum	187
聚甲醛	POM	0.456	铍铜	Berylliun Copper	155
聚甲基丙烯酸甲酯	PMMA	0.557	钢	H13	29.4
环氧树脂	EP	1.320	钢	P6	46.7
聚酰胺（尼龙）	PA	0.398	钢	P20	36.3
聚苯醚	PPO	0.555	钢	S7	24.2
聚丙烯	PP	0.254	钢	414SS、420SS	25.1
聚碳酸酯	PC	0.452	—		
聚酯	PET	0.489	—		
聚乙烯	PE	0.681	—		
聚苯乙烯	PS	0.312	—		
聚氯乙烯	PVC	0.389	—		

（4）加工参数设定　加工参数包括料温、模穴及模仁温度、顶出温度等。料温越高，模温越高，顶出温度越低，所需冷却时间越长。注射成型常见塑料料温及模温设定见表 11-3。

表 11-3　注射成型常见塑料料温及模温设定

塑料名称		设定料温/℃	设定模温/℃
中文全称	英文缩写		
苯乙烯-丙烯腈-丁二烯共聚物	ABS	200~270	50~90
苯乙烯-丙烯腈共聚物	AS（SAN）	220~280	40~80

（续）

塑料名称		设定料温/℃	设定模温/℃
中文全称	英文缩写		
苯烯腈-苯乙烯-丙烯酸酯共聚物	ASA	230~260	40~90
通用级聚苯乙烯	GPPS	180~280	10~70
高抗冲击级聚苯乙烯	HIPS	170~260	5~75
低密度聚乙烯	LDPE	190~240	20~60
高密度聚乙烯	HDPE	210~270	30~70
聚丙烯	PP	250~270	20~60
玻璃纤维增强聚丙烯	GRPP	260~280	50~80
聚 4-甲基戊烯	TPX	280~320	20~60
乙酸纤维素	CA	170~250	40~70
聚甲基丙烯酸甲酯	PMMA	170~270	20~90
软质聚氯乙烯	FPVC	170~190	15~50
硬质聚氯乙烯	RPVC	190~215	20~60
尼龙 6	PA6	230~260	40~60
尼龙 66	PA66	260~290	40~80
聚甲醛	POM	180~220	60~120
聚苯醚	PPO	220~300	80~110
玻璃纤维增强聚苯醚	GRPPO	250~345	80~110
聚碳酸酯	PC	280~320	80~100
玻璃纤维增强聚碳酸酯	GRPC	300~330	100~120
聚砜	PSF	340~400	95~160
玻璃纤维增强聚对苯二甲酸丁二醇酯	GRPBT	245~270	65~110
玻璃纤维增强聚对苯二甲酸乙二醇酯	GRPET	260~310	95~140
聚对苯二甲酸丁二醇酯	PBT	330~360	200
聚对苯二甲酸乙二醇酯	PET	340~425	65~175
聚醚砜	PES	330~370	110~150
聚醚醚酮	PEEK	360~400	160~180
聚苯硫醚	PPS	300~360	35~80/120~150

3. 冷却时间的粗略估算

若塑件的几何形状简单，塑料温度分布均匀，冷却时间可由求解简化的瞬时热传导方程加以估算。

（1）平板形塑件　其宽度与厚度比 $W/h>10\sim15$ 或长度与厚度比 $L/h>10\sim15$，其中 W、L 及 h 分别为塑件的宽度、长度及厚度，如图 11-32 所示。

塑件中心温度到达顶出温度所需时间

$$t_c = \frac{h^2}{\alpha\pi^2}\ln\left(\frac{4}{\pi}\times\frac{T_m-T_w}{T_e-T_w}\right) \tag{11-4}$$

塑件平均温度到达顶出温度所需时间

$$t_a = \frac{h^2}{\alpha\pi^2}\ln\left(\frac{8}{\pi^2}\times\frac{T_m-T_w}{T_e-T_w}\right) \tag{11-5}$$

（2）圆柱形塑件　其长径比 $L/D>10\sim15$，其中 L 及 d 分别为塑件的长度及直径，如图 11-33 所示。

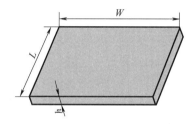

图 11-32　平板形塑件

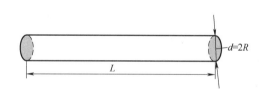

图 11-33　圆柱形塑件

塑件中心温度到达顶出温度所需时间

$$t_c = 0.173\frac{R^2}{\alpha}\ln\left(1.6023\frac{T_m-T_w}{T_e-T_w}\right) \tag{11-6}$$

塑件平均温度到达顶出温度所需时间

$$t_a = 0.173\frac{R^2}{\alpha}\ln\left(0.6916\frac{T_m-T_w}{T_e-T_w}\right) \tag{11-7}$$

式（11-4）~式（11-7）中，h 为平板形塑件厚度（mm）；d 为圆柱形塑件直径（mm）；R 为圆柱形塑件半径（mm）；T_m 为冷却起始阶段塑料温度（℃）；T_w 为模具温度（℃）；T_e 为塑件顶出温度（℃），一般介于模温与料温之间；α 为塑料的热扩散系数（m²/s）。

由以上公式可知，冷却时间约与塑件厚度成二次方关系。也就是塑件厚度加倍，冷却时间将提高至四倍。因此塑件厚度影响冷却时间甚巨。一般而言，塑件厚度最大的部分所需冷却时间最长，影响成型周期最显著。

11.3.2　冷却瞬间变量分布情形

在冷却分析过程中，对于瞬间变量分布的掌握，主要在于塑件、模面温度变化及热通量分布，现将判图重点详述如下。

1. 冷却温度分布判图重点

冷却温度代表冷却过程结束瞬间，塑件温度分布情形。其判图重点在于：

1）塑件温度是否已降至顶出温度以下。由此可判断冷却时间是否够长，使塑件温度够低，足以抵抗脱模外力防止变形。

2）注意塑件温度分布是否反映厚度分布。厚度较大区域通常冷却速率较慢，温度较厚度较小区域稍高。特别是在肋部，温度下降较其他区域慢，所需冷却时间较长。若温差过大，易造成塑件翘曲变形以及凹痕等问题。

3）从塑件两侧表面温度判断，若温度均匀代表冷却效率佳、冷却时间够长；反之，若温度分布差异性大，应注意局部模温较高处是否有热量累积现象，原因可能是冷却效率较差、塑件厚度影响或塑温度较高区域。

2. 模面温差分布判图重点

塑件两侧模面，通常指凸、凹模面，或是动模面及定模面。由于模具与塑件之间的热传现象所影响，塑件厚度分布不同就会造成热传速率的差异，又因为冷却水管分布及冷却效率的不同，造成塑件两侧模具本体的温度就会有不同分布情形。模面温差指在冷却过程结束瞬间模穴两侧模面的温度差异分布情形。其判图重点在于：

冷却过程结束时，模面温差分布是否均匀。一般而言，模面温差越低，代表塑件两侧温差越低，塑件不易因温度差异造成的热应力而产生翘曲变形的现象。模面温差分布越均匀，塑件越不易因成型制品各处热应力不均而造成产品翘曲变形的问题。

1）模面温差较大区域是否由于塑件厚度分布造成？或是由于冷却水管配置以及冷却效率不一造成？

2）建议模面温差范围为 5~10℃，以避免温差过大造成产品翘曲变形。

3. 模面热通量分布

热通量指单位面积的热传速率，一般正比于热导率及温差。由热通量分布情形可判别热传速率好坏。由于模具与塑料之间的热传现象，塑料厚度分布造成热传速率的差异，以及冷却水管分布及冷却效率的不同，造成塑料两侧模具本体的热通量有分布情形，如图 11-34 所示。凸、凹模面热通量指在冷却过程中模穴两侧模面的周期时间平均热通量分布情形。其判图重点在于：

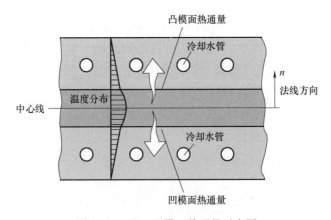

图 11-34　凸、凹模面热通量示意图

1）冷却过程结束时，热通量分布是否均匀。一般而言，热通量越高，代表热传速率越高，热量移除速率越快，该区域为冷却效率较佳区域。

2）由热通量分布可评估冷却水管冷却效率。热通量越高代表该冷却水管移除热量速率较快；热通量较低代表该区域冷却速率较低，可考虑重新配置冷却水管。

11.4　翘曲分析技术指引

11.4.1　翘曲分析背景知识

1. 注射过程中塑件的收缩现象

注射成型过程中塑件的收缩行为可以分成以下几个阶段来讨论：

（1）流动及保压过程的收缩　由于温度及压力变化，引发塑料的比体积和密度也发生变化。塑件在保压阶段的收缩情形主要取决于保压程度大小，也就是塑料补偿收缩的程度。因此收缩率受到保压压力及保压时间影响：保压压力越大，保压时间越长，成型制品收缩率越低。

（2）冷却过程的收缩　由浇口凝固开始至塑件脱模为止。此阶段塑料持续冷却，且无热塑料持续补入，因此塑件重量保持固定，体积逐渐收缩使塑件密度提高，收缩行为取决于塑料的压力-体积-温度（PVT）特性。

对于非结晶性塑料而言，影响收缩的主要因素为模温和冷却速率。模温低，冷却速率越快，塑料高分子链的配向性被快速冻结，来不及松弛，因此塑件收缩率较低；反之，若模温较高，冷却速率较慢，分子链配向性程度较高，塑件收缩率较高。

对于结晶性塑料，收缩率主要取决于结晶度的效应。若模温较低，冷却速率快，不易形成结晶，塑件收缩率较低；反之，同非结晶性塑料，若模温较高，冷却速率较慢，高分子链有充分的松弛时间，结晶趋向完整，使塑件收缩率提高。

因此，模温对于结晶性及非结晶性塑料的影响大致是一致的：模温越高，塑件收缩率较高。

（3）脱模至应用阶段的收缩　塑件脱模后未再受到模具约束，属于自由收缩阶段。收缩来源为加工过程中的流动残余应力，以及塑件脱模温度与使用环境温度差造成的热应力。若收缩应力足以克服塑件机械强度，将造成塑件变形；若塑件外壳足以抗拒收缩应力，虽在外观上未发生明显变形，但在塑件内部产生收缩空洞，使塑件最终力学性能受到影响，并成为应力集中源，易于外力作用下发生断裂及破坏。

2. 塑料的压力-体积-温度（PVT）变化情形

塑料的 PVT 关系指的是塑料在加工过程中，在某温度及压力下的体积变化情形。由于塑料的热膨胀系数为正值，因此有受热膨胀现象；加上塑料在高压情形的保压阶段，具有可压缩性，因此塑料体积会随加工过程中的温度及压力变化而改变。在脱模阶段，塑料温度及压力降至接近常温常压，体积也发生相对的收缩现象。因此塑料的 PVT 行为实际上是造成塑件收缩现象的根本因素。

随塑料微观结构不同，塑料表现的 PVT 行为也有差异。结晶性/半结晶性塑料的比体积在定压下会因热膨胀而随温度增加，在定温下会因压缩效应随压力增加而降低。在熔点附近，塑料的比体积呈阶跃式变化。

非结晶性塑料的比体积，在定压下也因热膨胀而随温度增加，在定温下也会因压缩效应随压力增加而降低。但非结晶性塑料无明显熔点，仅有一熔化区域存在，比体积变化是渐变而非阶跃式变化。一般而言，结晶性塑料的收缩率比非结晶性塑料高，如结晶性 PE 的收缩率为 2%，非结晶性 PS 的收缩率为 0.6%，结晶性与非结晶性塑料的比体积关系如图 11-35 所示。

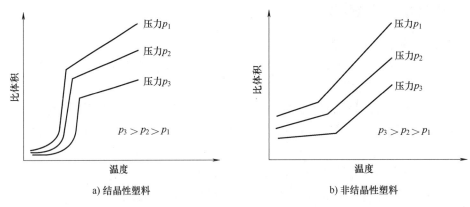

图 11-35 结晶性与非结晶性塑料的比体积关系

一般而言，在相同保压压力及温度条件下，高温区的结晶性塑料，其比体积要比非结晶性塑料高；在低温区则比非结晶性塑料低，且其比体积变化较为明显。保压压力降低时，塑料的比体积较大。保压压力和料温是控制塑件体积和密度的重要因素。

以非结晶性塑料在模穴中自高温冷却固化至常温为例，其比体积变化关系如图 11-36 所示。

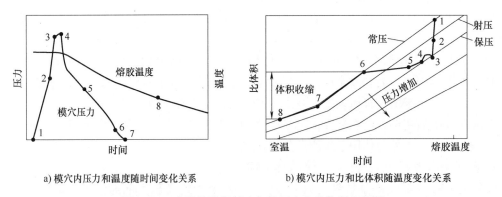

图 11-36 非结晶性塑料冷却的压力和比体积变化图

对图 11-36 做具体解释说明：

1：塑料开始填入模具，压力逐渐升高；1~2：模穴充填阶段，模穴压力逐渐增加至设定的射压；2：模穴充填结束，压力切换至保压压力；2~3：模穴保压/压缩阶段，模穴压力上升至设定保压压力值；3：模穴压力往最高值爬升（30~100MPa）；3~4：保压阶段，由压缩切换至静置段，由于塑料部分回流，造成模穴背压稍微下降；4：保压/静置阶段开始；4~5：静置阶段，由于冷却造成压力下降，固化层厚度逐渐增加，塑料继续补偿收缩造成比体积降低；5：浇口封口，保压/静置阶段结束；5~6：塑料继续冷却收缩，造成压力下降；6：模穴压力降至常压（一个大气压），此时塑件体积与模穴体积相同，塑件开始模内收缩；6~7：定压冷却阶段，塑件持续收缩；7：开模及塑件脱模；7~8：脱模后定压冷却；8：最后达热平衡的塑件。

3. 塑件收缩理论

塑件收缩取决于其热膨胀与可压缩性，也就是塑件的 PVT 关系，塑件脱模后体积遵循 PVT 变化关系，随温度与压力而变化。若室温下的模穴体积为 V_c，塑件脱模后体积为 V，则可定义塑件的体积收缩率 S_V 为

$$S_V = \frac{V_c - V}{V_c} = 1 - \frac{V}{V_c} \tag{11-8}$$

若塑料为各向同性材料，也就是各方向材料物性相同，没有特定方向性，则可定义塑件的线性收缩率 S_L 为：

$$S_L = 1 - \sqrt[3]{1 - S_V} \tag{11-9}$$

一般而言，式（11-9）可以近似为

$$S_L \approx \frac{1}{3} S_V \tag{11-10}$$

也就是线性收缩率约为体积收缩率的 1/3。但是由于注射成型流动过程中造成的分子配向效应，模壁对收缩的限制，使收缩行为呈现非各向同性现象。一般而言，在厚度方向的线性收缩率可用式（11-9）加以估计，而在流动方向的线性收缩率可用式（11-10）加以估计。

常见塑料的线性收缩率见表 11-4。

表 11-4　常见塑料的线性收缩率

塑料名称			线性收缩率（%）
中文名称	英文全称	英文缩写	
尼龙 6	Nylon 6	PA6	1~1.5
玻璃纤维增强尼龙 6	Nylon 6-GF	PA6-GF	0.5
尼龙 66	Nylon 66	PA66	1~2
玻璃纤维增强尼龙 66	Nylon 66-GF	PA66-GF	0.5
低密度聚乙烯	Low-density polyethylene	LDPE	1.5~3
高密度聚乙烯	High-density polyethylene	HDPE	2~3
聚苯乙烯	Polystyrene	PS	0.5~0.7
苯乙烯丙烯腈共聚物	Styrene-Acrylonitrile	SA	0.4~0.6
聚甲基丙烯酸甲酯	Polymethyl methacrylate	PMMA	0.3~0.6
聚碳酸酯	Polycarbonate	PC	0.8
聚甲醛	Polyoxymethylene	POM	2

（续）

塑料名称			线性收缩率（%）
中文名称	英文全称	英文缩写	
硬质聚氯乙烯	Polyvinyl chloride, rigid	RPVC	0.5~0.7
软质聚氯乙烯	Polyvinyl chloride, flexible	FPVC	1~3
苯乙烯-丙烯腈-丁二烯共聚物	Acrylonitrile-Butadiene-Styrene	ABS	0.4~0.6
聚丙烯	Polypropylene	PP	1.2~2
乙酸纤维素	Cellulose acetate	CA	0.5
乙酸丁酸纤维素	Cellulose acetate butyrte	CAB	0.5
丙酸纤维素	Cellulose propionate	CP	0.5

4. 影响塑件收缩的因素

（1）塑料选择

1）塑料平均温度分布。可用来评估可能的热点所在，作为冷却水管安排的参考，配合冷却分析，设计适宜的冷却水管路安排。

2）塑料颗粒选择。塑料若颗粒均匀，受热及冷却均匀，则成形制品温度较为均匀，收缩率较低。

3）塑料性质。相对分子质量分布均匀的塑料，熔融指数均匀，使充模流动稳定，有利于减少收缩。

4）结晶性塑料与非结晶性塑料。对于非结晶性塑料，减少其流动配向的因素；对于结晶性塑料，减少结晶度及稳定结晶条件，均可以降低塑件收缩率。结晶性塑料结晶程度受冷却速率影响，冷却速率越慢，越高比例的分子链可以排列在紧密的晶格中，使结晶度提高，影响收缩性。因此，相对于非结晶性塑料，结晶性或半结晶性塑料的收缩行为受冷却速率影响较大。

5）吸水程度。吸水性较差的塑料，通过干燥可减少收缩。吸水性塑料如 PBT、缩醛、PA66 在脱模后容易发生再吸水现象而使塑件尺寸发生膨胀现象。塑件吸收水分也有塑化效果，使塑件变得更坚韧及富有延展性。

6）熔融指数。选用熔融指数较低和流动性佳的塑料，较易进行保压，且收缩率较低。

7）塑料是否含填料或补强成分。含有填料的复合材料可减少收缩率。

（2）塑件设计方面

1）塑件尺寸。

2）厚度大小。厚度较大的区域，冷却及保压较为困难，所需冷却时间较长，保压效果较差。在脱模后仍保持局部高温，持续冷却。因此在局部厚度较大处，如肋条，容易有局部收缩造成塑件产生凹痕的现象发生。因此，对于有厚度变化的塑件，进浇位置选择在较厚处可有利于保压，即使厚度小处发生固化，仍可顺利传递保压压力，改善收缩现象。

3）厚度变化。塑件厚度均匀会改善收缩，如图 11-37 所示。若塑件厚度分布不均，应考虑由于不同冷却保压效果所导致的收缩差异是否会引起塑件的翘曲变形，以及在厚度过渡区域造成的应力集中问题。

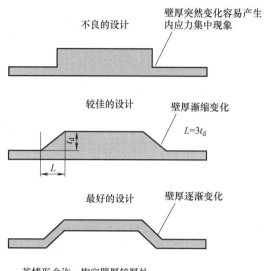

图 11-37　产品厚度与收缩翘曲问题

　　厚度过渡区域（缓冲区域）的内应力集中现象会造成短期或长期翘曲问题，降低塑件力学性能等。塑件可引入补强肋来补强结构强度以减少收缩。肋与塑件壁接触部分应大到足以减缓应力集中问题，克服流动阻力；但也应注意可能引发的凹痕问题。一般而言，凹痕大小受塑料收缩特性影响。通常，肋的设计尺寸如图 11-38 所示，假设产品的厚度为 T，则肋的基底厚度 t 建议为 $(0.4 \sim 0.8)T$，肋的长度 L 建议为 $(2.5 \sim 3.0)T$，脱模角度 α 应大于 $0.5°$，基底圆角半径 R 建议为 $(0.25 \sim 0.40)T$。

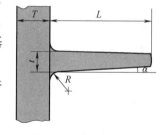

图 11-38　肋的设计尺寸

　　在考虑强度和刚度的条件下，若能利用掏空方式减少塑件厚度，则有助于减少收缩，如图 11-39 所示。

　　（3）模具设计与加工方面

　　1）浇口位置。

　　2）浇口形式与尺寸。浇口截面越有利于流动及保压补料，使塑件收缩率越低。在一般的加工条件下，浇口截面面积越大，越有利于传递压力，使模穴内压及封口压力较高，延长浇口封口时间，提高补料量，降低塑件收缩率。因此将浇口截面面积适当加大有助于减少收缩。

　　3）流道系统。流道截面越有利于流动及保压补料，使塑件收缩率越低，但应考虑冷却及废料问题。流道不可太长，以避免压力损耗，使保压能顺利进行，减少收缩发生。

　　4）模具冷却管配置。

　　5）加工精度。

　　6）顶出系统设计。

　　7）模具的弹性变形。

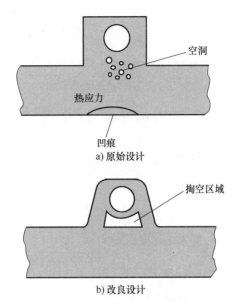

图 11-39　掏空法减少收缩

（4）加工条件设定

1）充填及保压压力。注射成型过程中模穴内压力的变化如图 11-40 所示。保压过程结束，浇口固化瞬间的模穴压力称为封口压力。封口压力越高，塑件收缩率较低；封口压力越低，塑件收缩率较高。若封口压力未能稳定维持，则塑件收缩率会发生波动现象，使塑件尺寸安定性受到影响。封口压力取决于保压压力，提高保压压力可以降低塑件收缩率。因此设定较高的保压压力及较长的保压时间可以降低成型制品收缩率。

一般而言，未加保压的塑件体积收缩率可高达 25%。保压压力应控制到足以补偿收缩效应；但不应过高造成过度保压，使塑件残余应力过高或造成脱模困难。模穴压力对收缩率的影响如图 11-41 所示。

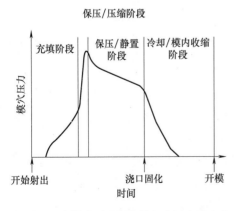

图 11-40　注射成型过程中模穴内压力的变化

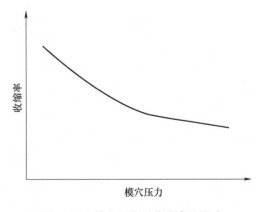

图 11-41　模穴压力对收缩率的影响

2）塑料熔胶温度及料温均匀性。在保压及冷却阶段，若熔胶温度较高，由于塑料状态方程式的关系，比体积差异性较大，通常会使塑件收缩率增加；但有时熔胶温度提高使黏度降低，塑料流动性较好，压力传递较易，有利于保压补料，使塑件密度增加，减少收缩。一般由试验发现，提高注射机料筒温度会降低收缩率，但也会相对延长产品冷却时间，降低生产率。一般而言须控制料筒温度不要过高。料筒温度对收缩率的影响如图 11-42 所示。

3）模温及模温均匀度。模温仅在于浇口封口后开始对塑料收缩性质产生主导作用。模温越低，塑料固化层越厚，高分子链被迅速冻结的区域越宽，分子链配向性在固化层较混乱，因此塑件收缩率较低。因此在加工过程中应控制模温不可过高。模温对收缩率的影响如图 11-43 所示。

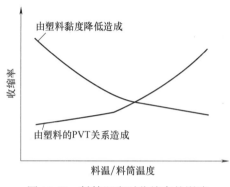

图 11-42　料筒温度对收缩率的影响

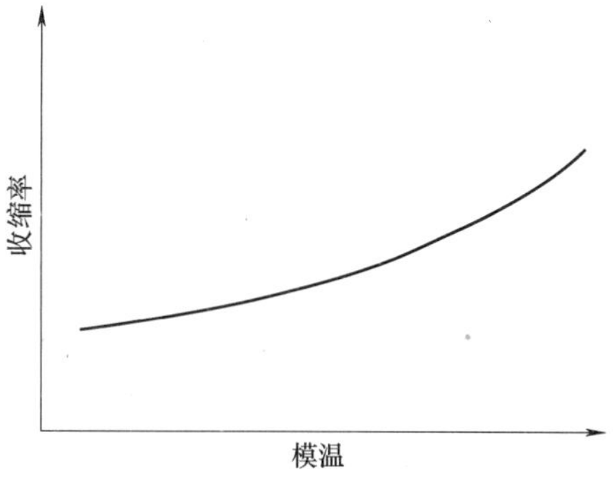

图 11-43　模温对收缩率的影响

4）冷却时间。

5）充填及保压时间。填模速率指单位时间内填入模穴的熔胶量，取决于射速大小，也就是充填/保压设定。提高填模速率会加强塑料高分子链的排向特性，使收缩率提高；另外，提高填模速率使塑料因为剪切率提高而有黏度降低的现象，使流动性较佳；加上塑料通过浇口的黏滞加热现象，使塑料在浇口封口前的填模保压较为容易进行，反使塑件收缩率降低。因此，在加工过程中为降低塑件收缩率，可适当提高注射速率。填模速率对收缩率的影响如图 11-44 所示。

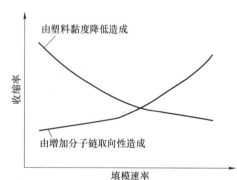

图 11-44　填模速率对收缩率的影响

6）塑件顶出温度。

7）锁模力大小。

8）回火与脱模后处理。

5. 不均匀收缩与塑件翘曲变形

若塑件发生不均匀收缩，往往造成内应力分布不均。若此应力超过塑件刚度，将造成塑件翘曲及变形，影响塑件尺寸的安定性。

（1）造成塑件翘曲变形的因素

1）塑件冷却不均造成的不对称热收缩。

2）不均匀体积收缩。

3）流动配向造成的塑料物性各向异性。

4）几何效应造成的差异热应变。

（2）方向收缩现象　塑料在充填过程中由于流动配向的原因，使分子链发生配向现象。被配向的高分子链在流动方向及垂直流动方向受到的拉伸情形各异，使收缩行为也有所不同，称为方向收缩性。一般而言，流动方向收缩率比垂直流动收缩率高。这是因为流动方向塑料高分子链被伸张的情形较严重，恢复未伸张状态的趋势较大。由于流动配向所造成的差异收缩现象往往造成塑件的翘曲变形，因此若能打散分子配向性将有助于收缩的均匀性，减少方向收缩造成的翘曲变形。方向收缩现象如图 11-45 所示。

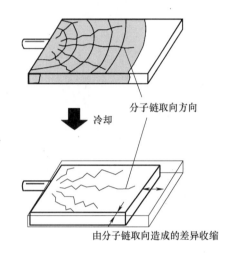

冷却

分子链取向方向

由分子链取向造成的差异收缩

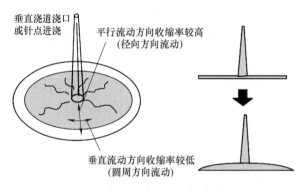

垂直浇道浇口
或针点进浇

平行流动方向收缩率较高
（径向方向流动）

垂直流动方向收缩率较低
（圆周方向流动）

图 11-45　方向收缩现象

（3）差异冷却现象　若冷却水管设计不当，模穴、模仁材质不同，或塑件设计问题，均会使塑件两侧模面（凸模面及凹模面）冷却速率不均。冷却速率的差异造成塑料自加工温度冷却至室温时，在厚度方向发生热收缩：接触较热模面的塑料收缩量比接触较冷模面者高。在厚度方向的差异收缩造成塑件的翘曲变形。

若顶出温度较低，塑料弹性模量较高，塑件较为坚硬，或是塑件具有补强件如肋条等，塑件不易变形。不均匀的冷却速度虽未造成塑件外观尺寸改变，但会造成塑件内应力。内应力会使塑件降低抗环境应力造成的龟裂现象，降低塑件耐冲击强度，并使塑件在组装或应用时发生翘曲变形的可能性提高。

若顶出温度较高、塑料弹性模量较低或是塑件未加补强，则不均匀的冷却效应容易造成塑件翘曲变形，如图 11-46 所示。

有时由于塑件设计问题，也会造成冷却不均的现象。如塑件在转角区域，模仁侧在内部，热传面积较模穴侧小，因此冷却速率较低。模仁侧的塑料温度较高，脱模后收缩量较大；模穴侧由于热传面积较大，冷却速率较高，塑料温度较低，收缩量较小。因此在塑件转角处容易发生差异冷却现象引发的塑件翘曲行为。

（4）模穴压力差效应　保压压力较高有助于降低塑件收缩率。但在充填及保压过程中，模穴压力在接近浇口处最高，随塑料流动损耗而递减，至塑料前缘压力最低。对于流动长度及厚度小的件，此种压力分布情形尤其严重，如图 11-47 所示。模穴压力较高区域收缩率较低，模穴压力较低区域则收缩率较高。因此在浇口附近由于模穴压力较高，塑件收缩情形比流动末端处低，因此造成差异收缩使塑件发生翘曲变形。

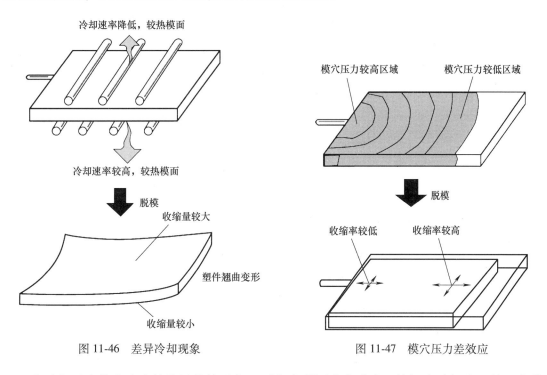

图 11-46　差异冷却现象　　　　　图 11-47　模穴压力差效应

为避免压力分布造成的差异收缩现象，可考虑利用多点进浇，缩短流动长度，使压力分布较为均匀，如此可以使收缩较为均匀，减缓翘曲现象。

6. 利用补强肋来减少塑件翘曲变形

1）若无凹痕问题，利用较厚的补强肋可减少翘曲变形问题，如图 11-48 所示。

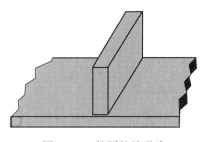

图 11-48　较厚的补强肋

2）利用成对补强肋或分段补强肋，如图 11-49 所示。

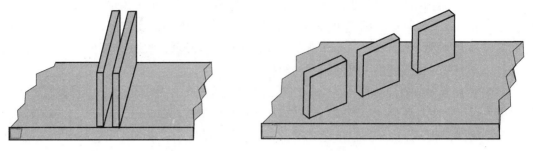

图 11-49　成对补强肋及分段补强肋

11.4.2　翘曲瞬间变量分布情形

1. 位移分布判图重点

位移分布以不同颜色显示塑件在成型完毕脱模后因收缩所产生的位移量。以 x 方向位移为例，代表塑件在坐标系（取决于图形创建文件时的参考坐标）x 方向的位移变化 u。正值代表塑件变形方向为正 x 方向，负值代表沿 $-x$ 方向的变形量，如图 11-50 所示。

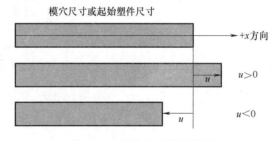

图 11-50　单方向位移示意图

y 方向位移 v 及 z 方向位移 w 意义也相同。

最大位移量除上塑件在该方向的尺寸 L 可视作该方向的线性收缩率，即

$$x \text{ 方向的最大位移量} \approx |u_{\max} - u_{\min}|$$

$$x \text{ 方向的线性收缩率} \approx \frac{|u_{\max} - u_{\min}|}{L_x} \times 100\%$$

位移分布越对称代表塑件收缩均匀，不易发生翘曲变形。翘曲分析可分别显示塑件的总位移以及由不均匀模温所造成的位移，后者是造成不均匀收缩及翘曲变形的主要原因。

2. 凸、凹模面温度分布判图重点

由于模具与塑料之间的热传现象，塑料厚度分布造成热传速率的差异，以及冷却水管分布及冷却效率的不同，造成塑料两侧模具本体的温度有分布情形。凸、凹模面温度指在冷却过程结束瞬间模穴两侧模面的温度分布情形，如图 11-51 所示。

凸、凹模面温度与翘曲分析的解图重点在于以下几点：

1）模面模温分布反映出模温分布是否均匀，冷却水管安排是否适当，是否因模面模温分布不均造成热应力（各点位移量不同）与塑件收缩变形。

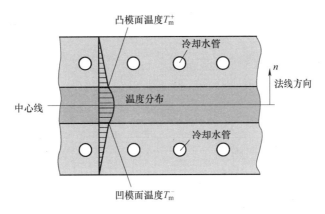

图 11-51　凸、凹模面温度示意图

2）判断两侧模面温差分布是否均匀，一般而言，模面温差越低，代表塑件两侧温度差异性越低，塑件不易因温度差异造成力矩而产生翘曲变形的现象。模面温差分布越均匀，塑件较不易因成型制品各处收缩不均而造成产品翘曲变形的问题。

3）建议模面温差范围为 5~10℃，以避免温差过大造成产品翘曲变形。

3. 体积收缩率分布判图重点

体积收缩率以不同颜色代表塑件在脱模后，冷却至室温时（25℃），体积收缩率分布情形。体积收缩率越大代表收缩越厉害，若分布不均代表塑件因收缩不均匀可能发生翘曲变形的问题。其判图重点在于：体积收缩率分布是否均匀，是否由于厚度差异、模温分布、模面温差分布不均造成局部体积收缩率过高的问题。

附　录

附录 A　模具设计技术指引

塑料注射成型的产品制作主要是将完成的产品设计转至模具设计，完成模具设计后再进行模具制作，完成模具制作后便可进行试模、修模及量产。其中整体的程序及模具设计非常重要，本部分即针对相关技术进行说明。

A.1　绪论

完整的注射成型程序分析包括注射及成型两大部分。本部分重点在于介绍一些简单的注射成型理论分析，探讨各种影响注射产品质量的可能因素，对注射成型时常见的一些困扰，针对其形成原因加以介绍，并就模具设计的基本考虑因素加以简介，尝试使日常的一些实践经验可以与理论相结合，同时希望能使读者对计算机辅助模具设计的理论背景有一个初步了解。

A.2　注射成型工艺过程

注射成型基本上是一个非稳态的周期性过程。所谓非稳态是指整个注射成型工艺过程是随时间变化的，而非一成不变；周期性则指注射成型是一个周而复始的过程。一个典型的注射成型工艺过程是由以下步骤组成：

（1）塑料的预塑化与熔化　最初用螺杆的机械力量及电热器的热能，将进料单元的粒状或条状固体塑料熔融后并赋予高压，完成注射前准备。

（2）熔融塑料的注射　螺杆倒退再前进将塑胶推进并注射。此时塑胶自贮池流经喷嘴、注入口、流道、浇口而进入型腔，完成充填过程，如图 A-1a 和图 A-2 所示。

（3）保压　在高分子塑胶已完全填满型腔状态下，继续施以高压并追加注入更多塑胶，来预补偿因冷却而造成的塑料体积收缩，并确保型腔完全填满，如图 A-1b 所示。

（4）静置　将模具置于固定压力下静置，来减小产品的收缩现象。若为热塑性塑料，常配合冷却来加强结晶及固化；反之，若为橡胶或热固性塑料，则配合加热来加强交联及熟化，如图 A-1b 所示。

（5）顶出固化塑料　打开型腔，将成品、流注系统及废料顶出，如图 A-1c 所示。

重复步骤（1）~（5），整个注射成型过程可用图 A-1 表示。

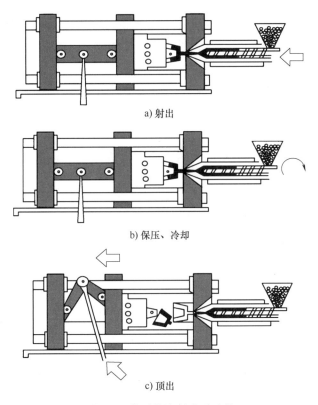

a) 射出

b) 保压、冷却

c) 顶出

图 A-1　典型的注射成型过程

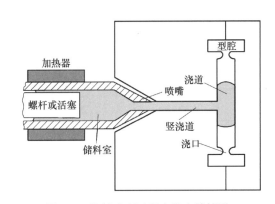

图 A-2　注射成型过程中的充填情形

　　由于高分子塑胶是属于黏弹性流体，即具有流体的黏性特性及固体的弹性特性相混而成的特殊流变特性，在理论分析上十分复杂，因而一般在工程分析上多将其视为纯黏性流体来处理；再者，高分子塑胶具有渐褪记忆的特性，也就是虽然高分子塑胶对加工过程中外界所施加的应力或应变会将之"记忆"起来而以弹性效应表现出来，但若加工时间够长，此"记忆"将因应力松弛而逐渐"消褪"掉，因此越接近成品阶段的加工程序对其将来成品的残余应力、翘曲变形等效应越显著；而越早施加的加工程序对产品的影响力越小，甚至会随时间而消褪掉。因此，影响成型产品力学性质最显著者，应是型腔内充填、保压及冷却等过程，熔胶在螺杆中的流变行为及应力应变作用固然会有影响，但因高分子本身渐褪记忆的特性，影响有限。因此，模具设计在加工产品质量控制上扮演了举足轻重的角色。

A.3 模具的基本结构与分类

模具的作用在于赋予高分子塑胶产品所需的尺寸、形状，保持塑胶在模腔中以完成保压、冷却固化乃至于顶出。

下面针对注射成型模具的各部分基本结构及分类方式进行介绍。常见的模具有以下两种：

1. 两板模

两板模是最简单的一种模具，由动模和定模两部分构成。其中，定模部分含有模腔以容纳塑料熔胶射入，是固定的；动模部分则连接于注射机的移动模板上，通常含有顶出机构，如顶出销或顶出板，用于将凝固后的成型制品顶出模腔。两板模及开模情形如图 A-3 所示。

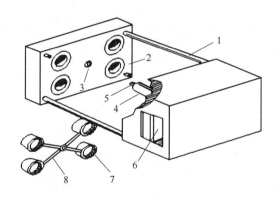

图 A-3 两板模及开模情形

1—导销 2—分离板 3—模腔 4—注入口顶出器 5—成型塑件 6—分离的流道系统 7—产品 8—分流道

已塑化完全的塑料熔胶从喷嘴进入模具，流经注入口衬套、注入口或竖浇口分流至各流道（流道又称为浇道），再经浇口而进入并充填模腔，后经保压、冷却过程凝固成型，通过顶出销将成型制品连同流道、浇口、注入口等废料一起从模腔顶出，再利用人工或自动的方式将产品与废料分离。废料包括浇口、流道、注入口废料及毛边，可重新粉碎后回收再利用，通常回收料与母料之比在 1∶5 左右。

2. 三板模

利用三板模可以在成型过程中自动分离浇口、流道及注入口废料。三板模及开模情形如图 A-4 所示。固定模板与可动模板间加入一片流道模板用以容纳流道系统，开模时流道系统与模腔板即自动分开，既可免去再分离成型制品与废料的麻烦，也不影响废料的回收。

3. 模具的基本结构

典型的模具结构如图 A-5 所示。

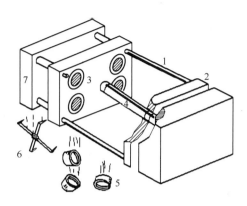

图 A-4　三板模及开模情形

1—导销　2—分离板　3—模腔　4—注入口顶出器　5—成型塑件　6—分离的流道系统　7—流道板

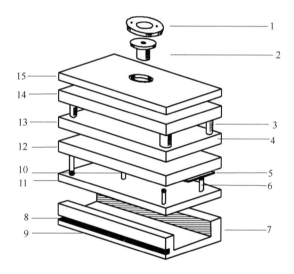

图 A-5　典型的模具结构

1—定位环　2—注入口衬套　3—导销　4—模仁　5—顶出板　6—顶出销　7—C杆　8—狭槽　9—顶出器套盖
10—注入口顶出器　11—顶出器固定板　12—支承板　13—B板　14—A板　15—顶部夹板

4. 型腔

注射成型模具主要由型腔赋予成型制品的最终形状，因此型腔可定义为模具中赋予成型制品形状的零组件，主要由以下两部分组成：

1）模腔，也称为模具的"母模""凹模"，赋予成型制品的外部形状，位于模板的模穴板上。

2）模芯或模仁，也称为模具的"公模""凸模"，赋予成型制品的内部形状，位于模板的模芯板上。当模板闭合时，模穴与模芯间的空间即构成型腔。

图 A-6 所示为简单圆形容器的模具，可明显看出它由模芯板与模穴板两大部分组成。

5. 模穴与模芯

一般而言，模穴的主要要求为填料迅速，容易脱模，表面须光滑；模芯的要求则为须维持整个模穴温度均匀。

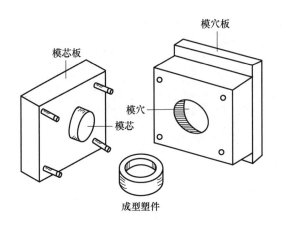

图 A-6　简单圆形容器的模具

6. 整体式模具

整体式模具由整块钢材加工或浇注而成，无须借助模箍而可单独使用。由于其强度高，尺寸小，制作成本低，多用于单型腔模具。

7. 嵌件型模具

嵌件型模具利用嵌件及模箍相互组合的方式来装配模具。它多用于较复杂的模具及多型腔模具，以简化加工程序，降低开模成本。嵌件由许多钢材小拼块经加工而成，构成凸模部分者称为模芯嵌件，构成凹模部分者称为模穴嵌件。一般嵌件形状多为圆形或矩形，如图 A-7 所示。模箍为有洞的钢块或钢板，以容纳嵌件镶嵌其上。

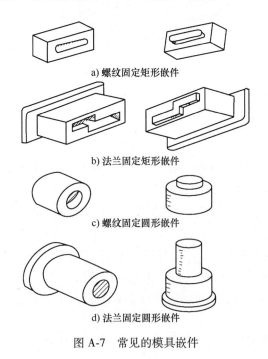

图 A-7　常见的模具嵌件

8. 对位圈或定位圈

定位圈的作用在于导正注射机喷嘴位置与模具注入口，避免出料不顺。有时除了定位的功能外，在模具外壁薄而注射压力高时，往往须借助定位圈来保持注入口套于模具的中心。

9. 进料系统

对多型腔模具而言，需要采用进料系统将塑料平均分配到每个模穴中。进料系统主要由流道及浇口两大部分组成。

10. 注入口及注入口衬套

注入口或竖浇口的作用在于将自喷嘴注射的熔融塑料导入模具的流道系统。外围衬套则称为注入口衬套。模具的注射系统如图 A-8 所示。

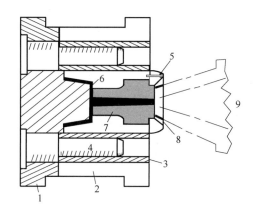

图 A-8　模具的注射系统

1—可动模板　2—固定模板　3—导套　4—导柱　5—定位圈　6—进料系统（流道）
7—注入口或竖流道　8—注入口衬套　9—注射机喷头

11. 进料系统

为确保板间模芯与模穴能保持对中，使成型制品侧壁厚度均匀，通常在两模板上各设立导柱及导套，以确保模板合并时能导正位置，如此即使在高模压下仍能保持模芯与模穴对中，以确保产品质量。

12. 流道

流道为连接注入口与型腔（模穴）进口（即浇口）而在模板上加工出来的通道。其表面应越光滑越好，以免阻碍塑料流动。一般流道往往随成型品顶出成为废料，因此其口径不可太大以免浪费，但又不得太小以免阻碍流动或使黏滞生热的效应过剧。流道设计是模具设计的重要课题，将在后面章节加以介绍。

13. 浇口

浇口是连接流道及模穴的细小通道或孔道。其截面面积与流道相较而言相当小，因此有利于成型制品与流道系统的分离。

14. 其他模具各部术语

图 A-9 所示为典型注射模具各部分名称，这些术语在模具设计中甚为重要。

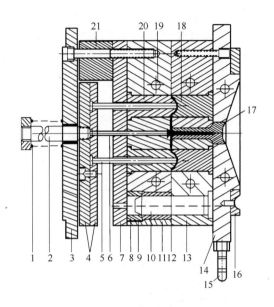

图 A-9　典型注射模具各部分名称

1—压缩弹簧　2—顶出杆　3—可动模板　4—顶出器或退模器及顶出器固定板　5—顶出销
6—中央注入口顶出器　7—支承板　8—直衬套　9、13—模穴固定板　10—主销　11—肩式衬套
12—分型面　14—固定模板　15—冷却管线连接栓　16—定位环　17—注入口衬套
18、20—模穴嵌件　19—冷却管线　21—支承柱

A.4　模穴充填过程

　　模穴充填虽仅占整个注射成型周期相当短的时间，但由于它是保压、冷却过程的起始，且整个成型制品的质量几乎取决于充填过程好坏，因此了解模穴充填过程及其物理现象是相当重要的。只有了解塑料在模穴内的流动充填机制，才能掌握适当的加工条件及正确的模具设计观念，确保成型制品质量。下面针对塑料在模穴中的充填过程及所伴随的现象加以介绍。

　　如前所述，一般而言对充填过程的理论分析多由三种基本流动方式着手。图 A-10 所示为分析流动过程常用的三种基本流动方式，无论流动多复杂，均可视作此三种基本流动方式的组合。

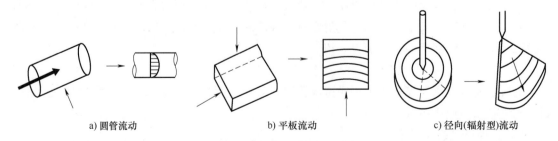

a) 圆管流动　　　　　　　　　b) 平板流动　　　　　　　　　c) 径向(辐射型)流动

图 A-10　模穴充填的三种基本流动方式

A.4.1　模穴充填现象

首先对最简单的模穴——矩形模穴的充填情形加以观察。

White 在 1974 年曾对许多模穴的充填情形做了相关研究，根据其研究所得可以了解模穴充填的大致情形。White 在试验时采用透明模具以便于观察充填过程中塑料的流动情形，配合三种不同塑料（PS、LDPE 及 HDPE），改变加工条件以研究不同材料参数及加工参数对充填行为的影响，如图 A-11 所示。

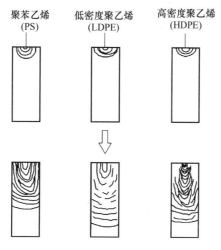

图 A-11　不同材料参数对充填行为的影响

图 A-12 所示为在低注射速率（12.7cm/min）观察到的结果示意图。模温与塑料温度均保持在 200℃，且塑料因流速缓慢，黏滞特性加热量可忽略，因此充填过程可视为恒温流动。由观察可知，塑料进入模穴开始充填时，其流动行为大致可分为三个区域，如图 A-13 所示。在 200℃时，PS 的黏度约为 8Pa·s，PE 的黏度约为 2Pa·s，因此 PS 的黏度较高，流动阻力较大，使充填速度较慢。另外，三者在全展流区域，流动波前为一平坦的扁平状，此为恒温充填的情形。

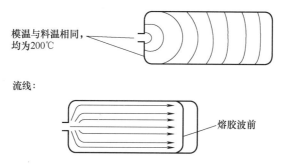

图 A-12　恒温状态下矩形模具的充填情形（White 的试验结果）

非恒温的充填情形如图 A-14 所示，此时模具为冷模，模温为 80℃，塑料温度为 200℃，注射速率为低注射速率（127cm/min）。从流动分析来看，流动方式也可划分为三个区域，但流动波前（塑料前缘）不再为平坦的扁平状，而是呈现曲线状（抛物线形）。这是因为模

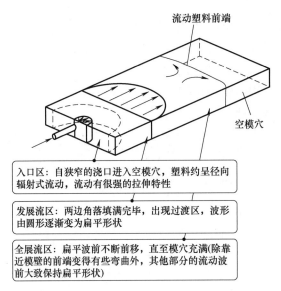

图 A-13　恒温充填矩形模具的理论分析

温低，塑料熔胶接触模壁即冷却固化而产生静止区域，因此在角落及两侧的这些固化层使流动方式受到改变。由图 A-15 也可明显看出 PS 与 LDPE 两种不同流动行为，PS 的流动波前比 LDPE 的曲率大（曲率大小由观察知 PS>LDPE>HDPE），此乃因 PS 黏度对温度的敏感度比 PE 高，因此黏度变化随模内温度变化较明显，使速度分布也较为显著。且 PS 壁上的固化层也较厚。这是由 PS 流动性较差所造成的。LDPE 的固化层附近可发现有微黄棕色调的结晶产生，随时间增加越加明显。

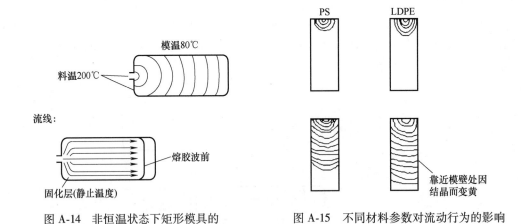

图 A-14　非恒温状态下矩形模具的　　　　图 A-15　不同材料参数对流动行为的影响
　　　　充填情形（White 的试验结果）

由非恒温充填的观察可发现与恒温充填主要有三点差别：①由浇口经模穴中心到塑料前缘的沟道效应较大；②流动波前曲率较大；③PS 在模壁附近有变黄现象。前两点是由于塑料随温度改变其流变特性的结果。对高分子塑料而言，温度升高会使黏度降低；反之，温度下降会使黏度上升。而此对温度变化的敏感度视塑料种类而定。在非恒温充填时，由于冷模与热料的热传递，使模内温度呈现一分布状况，由中间的高温区递减至固化层附近的低温区。在模壁附近由于温度较低，因此黏度较高，流动阻力较大，造成塑料在中间（温度较高，黏度较低）流动较快（称为沟道效应）。塑料在模穴中心的沟道效应，加上模穴壁上固化层使流动区域变窄，造成流动波前呈现曲线状而非平坦状。各种塑料所呈现的波前曲率不同即反映在其黏度受温度影响程度上，请参见图 A-16 中的分析。

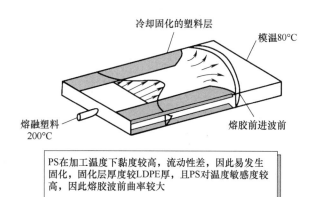

PS在加工温度下黏度较高，流动性差，因此易发生固化，固化层厚度较LDPE厚，且PS对温度敏感度较高，因此熔胶波前曲率较大

图 A-16　非恒温充填矩形模具的理论分析

PS 磺化的原因在于流动所造成的结晶，磺化越来越厉害的原因是结晶度增加的结果，在靠近模壁处应力最大，分子链顺向性也最高，因此有利于 PS 结晶，如图 A-17 所示。

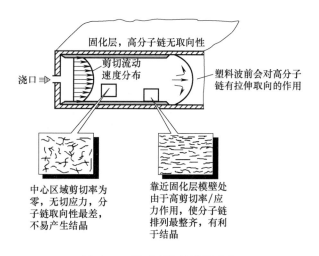

图 A-17　流动引发的结晶现象

流动引发结晶往往使结晶较易产生于靠近模壁处。除流动引发结晶外，冷却速度也是重要的考虑因素。一般而言，结晶速度为晶核（即结晶中心）产生速度与晶核成长速度的乘积。熔融塑料晶核产生速度是温度越低越快，而成长速度取决于分子链扩散（即重排）的速度，与温度成正比。因此，若模具太薄或模温与料温相差太大，此时热传速率高，靠近模壁处由于温度最低，晶核产生速度最快，但因快速冷却固化，反而使晶核来不及成长，因此

结晶程度反而较低；反之，在模具中心，因周围高分子是热量的良绝缘体，始终保持在高温状态，因此，晶核成长较快，使结晶较易产生于中间部分。因此结晶产生的位置与速率，是流动及热传两种因素相互竞争的结果。

若将注射速度提高为 508cm/min，此时会有喷流现象产生。LDPE 会喷至对面模壁上，开始推迭，然后伴随充模，使整个充填过程变得混乱复杂而难以控制，如图 A-18 所示。

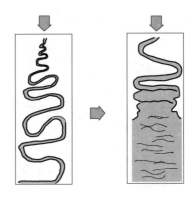

图 A-18　模温 80℃、射速提高为 508cm/min 时 LDPE 呈现的
喷流效应（White 的试验结果）

图 A-19 所示为复杂模具的充填行为分析，在理论分析上涉及流过弯角的回流，收缩流动，膨胀流动，漩涡现象，高分子塑料的流变行为及可能伴随的弹性现象等。其理论解析更为复杂，须依靠计算机来进行。

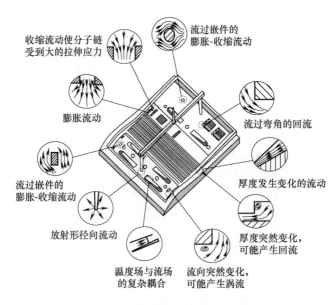

图 A-19　复杂模具的充填行为分析

A. 4. 2　常用塑料的收缩率

常用塑料的收缩率见表 A-1。

表 A-1　常用塑料的收缩率

塑料种类	收缩率（%）	塑料种类	收缩率（%）
聚乙烯（低密度）	1.5~3.5	尼龙 6	0.8~2.5
聚乙烯（高密度）	1.5~3.0	尼龙 6（30%玻璃纤维）	0.35~0.45
聚丙烯	1.0~2.5	尼龙 9	1.5~2.5
聚丙烯（玻璃纤维增强）	0.4~0.8	尼龙 11	1.2~1.5
聚氯乙烯（硬质）	0.6~1.5	尼龙 66	1.5~2.2
聚氯乙烯（半硬质）	0.6~2.5	尼龙 66（30%玻璃纤维）	0.4~0.55
聚氯乙烯（软质）	1.5~3.0	尼龙 610	1.2~2.0
聚苯乙烯（通用）	0.6~0.8	尼龙 610（30%玻璃纤维）	0.35~0.45
聚苯乙烯（耐热）	0.2~0.8	尼龙 1010	0.5~4.0
聚苯乙烯（增韧）	0.3~0.6	乙酸纤维素	1.0~1.5
ABS（抗冲）	0.3~0.8	乙酸丁酸纤维素	0.2~0.5
ABS（耐热）	0.3~0.8	丙酸纤维素	0.2~0.5
ABS（30%玻璃纤维增强）	0.3~0.6	聚丙烯酸酯类塑料（通用）	0.2~0.9
聚甲醛	1.2~3.0	聚丙烯酸酯类塑料（改性）	0.5~0.7
聚碳酸酯	0.5~0.8	聚乙烯乙酸乙烯	1.0~3.0
聚砜	0.5~0.7	氟塑料 F-4	1.0~1.5
聚砜（玻璃纤维增强）	0.4~0.7	氟塑料 F-3	1.0~2.5
聚苯醚	0.7~1.0	氟塑料 F-2	2
改性聚苯醚	0.5~0.7	氟塑料 F-46	2.0~5.0
氯化聚醚	0.4~0.8	酚醛塑料（木粉填料）	0.5~0.9
酚醛塑料（石棉填料）	0.2~0.7	三聚氰胺甲醛（纸浆填料）	0.5~0.7
酚醛塑料（云母填料）	0.1~0.5	三聚氰胺甲醛（矿物填料）	0.4~0.7
酚醛塑料（棉纤维填料）	0.3~0.7	聚邻苯二甲酸二丙烯酯（石棉填料）	0.28
酚醛塑料（玻璃纤维填料）	0.05~0.2	聚邻苯二甲酸二丙烯酯（玻璃纤维填料）	0.42
脲醛塑料（纸浆填料）	0.6~1.3		
脲醛塑料（木粉填料）	0.7~1.2	聚间苯二甲酸二丙烯酯（玻璃纤维填料）	0.3~0.4

附录 B　注射模具术语和常用塑料中英文对照

B.1　注射模具术语中英文对照

注射模具术语中英文对照见表 B-1。

B-1　注射模具术语中英文对照

1	浇注系统	feed system	31	喉塞	pipe plug
2	进料位置	gate location	32	喉管	buffle
3	浇口	gate	33	塑料管	plastic tube
4	浇口形式	gate type	34	模具零件	mould components
5	侧浇口	edge gate	35	三板模	three-plate mould
6	点浇口	pin-point gate	36	两板模	two-plate mould
7	直接浇口	direct gate	37	模架（坯）	mould base
8	环形浇口	ring gate	38	支承柱（头）	support pillar
9	盘形浇口	disk gate	39	拉料杆	sprue puller
10	潜伏浇口	submarine gate	40	先复位机构	early return
11	扇形浇口	fan gate	41	先复位杆	early return bar
12	护耳浇口	tab gate	42	弹簧柱	spring rod
13	浇口大小	gate size	43	弹簧	die spring
14	转浇口	switching gate	44	波子弹簧	ball catch
15	浇注口直径	sprue diameter	45	定位销	dowel pin
16	流道	runner	46	内模管位	core/cavity inter-lock
17	热流道	hot runner	47	推杆	ejector pin
18	冷流道	cold runner	48	有托推杆	stepped ejector pin
19	圆形流道	round runner	49	推管	ejector sleeve
20	梯形流道	trapezoidal runner	50	推管型芯	ejector pin
21	模流分析	mould flow analysis	51	推块	ejector pad
22	流道平衡	runner balance	52	扁推杆	ejector blade
23	热射嘴	hot sprue	53	推板	push bar
24	热流道板	hot manifold	54	锁扣	latch
25	发热管	cartridge heater	55	活动臂	lever arm
26	探针	thermocouples	56	复位杆	return pin
27	插头	connector plug	57	撬模槽	ply bar score
28	插座	connector socket	58	斜度锁	taper lock
29	密封圈	seal ring	59	直身锁（边锁）	side lock
30	冷却水	water line	60	锁模块	lock plate

（续）

61	扣基	parting screw	98	螺纹型芯	threaded core
62	螺钉	lock set	99	导柱	leader pin/guide pin
63	山打螺钉	S. H. S. B	100	导套	bushing/guide bushing
64	尼龙塞	nylon latch lock	101	推件固定板导套	ejector guide bushing
65	气阀	valves	102	推件固定板导柱	ejector guide pin
66	分型面排气槽	parting line venting	103	流道板导套	support bushing
67	老化	aging	104	流道板导柱	support pin
68	光泽	gloss	105	斜导柱	angle pin
69	双色注射	double-shot	106	弯销	dog-leg cam
70	线切割	wire cut	107	滑块	slide
71	电火花加工	EDM	108	斜滑块	angled-lift splits
72	铜电极	copper electrode	109	斜顶	angle from pin
73	计算机数控	CNC	110	楔紧块	wedge
74	隔片	buffle	111	耐磨板	wear plate
75	定位圈	locating ring	112	压条（块）	plate
76	浇口套	sprue bushing	113	限位钉	stop pin
77	固定板	retainer plate	114	斜顶（斜推杆）	angle ejector rod
78	托板	support plate	115	雕字	engrave
79	垫板/支承板	backing plate	116	基准	datum
80	定位板	locating plate	117	注射压力	injection pressure
81	挡板	stop plate	118	成型压力	moulding pressure
82	方铁	spacer block	119	锁模力	mould clamping force
83	模具底板	bottom clamp plate	120	开模力	mould opening force
84	定模板	fixed plate	121	抽芯力	core pulling
85	动模板	moving plate	122	抽芯距	core-pulling distance
86	推板	stripper plate/ejector plate	123	抛光	buffing
87	推件底板	ejector support plate	124	飞边	flash/buns
88	推件固定板	ejector retainer plate	125	流痕	ripples
89	导板	guide plate	126	填充不足	short shot
90	滑板	slide plate	127	收缩凹痕	sink marks
91	隔热板	insulated plate	128	熔接痕	weld line
92	定模型腔	cavity	129	银纹	spray marks
93	动模型芯	core	130	拉丝	string
94	活动型芯	movable core	131	顶白	stress marks
95	定模镶件	cavity insert	132	气纹	vent marks
96	动模镶件	core insert	133	翘曲	warpage
97	镶针	core pin	134	公差	tolerance

（续）

135	注射周期	moulding cycle	143	黏结剂	adhesive
136	分型线	mould parting line	144	催化剂	accelerator
137	排气	breathing	145	添加剂	additive
138	填充剂	filler	146	抗氧化剂	antioxidant
139	阻燃剂	flame retardant	147	抗静电剂	antigtatic agent
140	聚合物	polymer	148	着色剂	colorant
141	树脂	resin	149	稳定剂	stabilizer
142	润滑剂	lubricant	150	增塑剂	plasticizer

B.2 常用塑料英文缩写与中文全称对照

常用塑料英文缩写与中文全称对照见表 B-2。

B-2 常用塑料英文缩写与中文全称对照

英文缩写	中文全称对照	英文缩写	中文全称对照
ABS	丙烯腈-丁二烯-苯乙烯共聚物	LDPE	低密度聚乙烯塑料
AS	丙烯腈-苯乙烯共聚物	MBS	甲基丙烯酸甲酯-丁二烯-苯乙烯塑料
AMMA	丙烯腈-甲基丙烯酸甲酯共聚物	MDPE	中密度聚乙烯
ASA	丙烯腈-苯乙烯-丙烯酸酯共聚物	MF	三聚氰胺-甲醛树脂
CA	乙酸纤维素	MP	三聚氰胺-酚醛树脂
CAB	乙酸丁酸纤维素	PA	聚酰胺（尼龙）
CAP	乙酸丙酸纤维素	PAA	聚丙烯酸
CEF	甲酸纤维素	PAN	聚丙烯腈
CF	甲酚-甲醛树脂	PB	聚丁烯
CMC	羧甲基纤维素	PBA	聚丙烯酸丁酯
CN	硝酸纤维素	PC	聚碳酸酯
CP	丙酸纤维素	PCTFE	聚三氯氟乙烯
CS	酪蛋白	PDAP	聚邻苯二甲酸二烯丙酯
CTA	三醋酸纤维素	PE	聚乙烯
EC	乙基纤维素	PEO	聚环氧乙烷
EP	环氧树脂	PET	聚对苯二甲酸乙二酯
EPD	乙烯-丙烯-二烯三元共聚物	PF	酚醛树脂
ETFE	乙烯-四氟乙烯塑料	PI	聚酰亚胺
EVA	乙烯-乙酸乙烯酯共聚物	PMCA	聚 α-氯代丙烯酸甲酯
EVAL	乙烯-乙烯醇共聚物	PMMA	聚甲基丙烯酸甲酯
FEP	全氟（乙烯-丙烯）塑料	POM	聚甲醛
HDPE	高密度聚乙烯塑料	PP	聚丙烯
HIPS	高抗冲聚苯乙烯	PPO	聚苯醚

（续）

英文缩写	中文全称对照	英文缩写	中文全称对照
PPOX	聚氧化丙烯	PVK	聚-N-乙烯基咔唑
PPS	聚苯硫醚	PVP	聚-N-乙烯基吡咯烷酮
PPSU	聚苯砜	SAN	苯乙烯-丙烯腈塑料
PS	聚苯乙烯	TPEL	热塑性弹性体
PSU	聚砜	TPES	热塑性聚酯
PTFE	聚四氟乙烯	TPUR	热塑性聚氨酯
PUR	聚氨酯	UF	脲-甲醛树脂
PVAC	聚乙酸乙烯酯	UP	不饱和聚酯树脂
PVAL	聚乙烯醇	UHMWPE	超高分子量聚乙烯
PVB	聚乙烯醇缩丁醛	VCE	氯乙烯-乙烯塑料
PVC	聚氯乙烯	VCEV	氯乙烯-乙烯-乙酸乙烯共聚物
PVCA	聚氯乙烯乙酸乙烯酯	VCMA	氯乙烯-丙烯酸甲酯共聚物
PVDC	聚偏二氯乙烯	VCMMA	氯乙烯-甲基丙烯酸甲酯塑料
PVDF	聚偏二氟乙烯	VCOA	氯乙烯-丙烯酸辛酯塑料
PVF	聚氟乙烯	VCVAC	氯乙烯-乙酸乙烯塑料
PVFM	聚乙烯醇缩甲醛	VCVDC	氯乙烯-偏二氯乙烯塑料

注：其他塑料英文缩写及中文全称见 GB/T 16288—2008《塑料制品的标志》附录 A。

参 考 文 献

[1] 王群，叶久新. 塑料成型工艺及模具设计［M］. 2版. 北京：机械工业出版社，2019.

[2] SHOEMAKER J. Moldflow 设计指南［M］. 傅建，姜勇道，赵国平，译. 成都：四川大学出版社，2010.

[3] 陈艳霞. Moldflow 2018 模流分析从入门到精通：升级版［M］. 北京：电子工业出版社，2018.

[4] 刘海彬，刘引烽. Moldex3D 模流分析技术与应用［M］. 北京：化学工业出版社，2019.

[5] 沈洪雷，刘峰. Moldflow 注射成型过程模拟实例教程［M］. 北京：电子工业出版社，2014.

[6] 杨卫民，鉴冉冉. 聚合物 3D 打印与 3D 复印技术［M］. 北京：化学工业出版社，2018.

[7] 张维合，邓成林. 汽车注塑模具设计要点与实例［M］. 北京：化学工业出版社，2016.

[8] 屈华昌，吴梦陵. 塑料成型工艺与模具设计［M］. 4版. 北京：高等教育出版社，2018.

[9] 张维合. 塑料成型工艺与模具设计［M］. 北京：化学工业出版社，2014.

[10] 池成忠. 注塑成型工艺与模具设计［M］. 北京：化学工业出版社，2010.

[11] 李德群，黄志高. 塑料注射成型工艺及模具设计［M］. 2版. 北京：机械工业出版社，2009.

[12] 翟豪瑞，王小松，熊新，等. 用 Moldex3D 对副仪表盘热流道浇口时序的优化［J］. 现代塑料加工应用，2017，29（6）：54-56.

[13] 翟豪瑞，葛晓宏，陈长秀，等. 基于 Moldex3D 碳罐本体优化分析及模具设计［J］. 模具工业，2018，44（1）：40-45；52.

[14] 王秀梅，翟豪瑞. 玻纤增强汽车注塑件成型工艺优化分析及模具设计［J］. 汽车实用技术，2018（9）：108-111.

[15] 翟豪瑞，王磊，孟辉，等. 汽车前门窗框热流道浇口位置变更设计研究［J］. 盐城工学院学报（自然科学版），2019，32（3）：17-23.

[16] 陶俊，翟豪瑞，洪学浩. 车门内饰板优化分析及模具设计［J］. 工程塑料应用，2020，48（1）：81-85.

[17] 翟豪瑞，尹浩，项伟能，等. 某 SUV 保险杠饰条成型缺陷预估及工艺参数优化［J］. 模具工业，2021，47（11）：7-12.

[18] 翟豪瑞，葛晓宏，陶康. 运用 Moldex3D 模流分析改善某空气滤清器成型的表面质量［J］. 模具工业，2016，42（3）：50-54.

[19] 石鑫. 汽车安全气囊盖注射模具设计与分析［D］. 淮南：安徽理工大学，2019.

[20] 陶康. 卫浴注射件残余应力控制和检测工艺开发［D］. 厦门：厦门理工学院，2017.

[21] ZHAI H R，XING X，ZHENG Z A，et al. Research on Changed Design of Gate Position of Window Frame of Automobile Front Door［J］. IOP Conference Series Materials Science and Engineering，2019，627（1）：012008.